技工院校“十四五”规划室内设计专业系列教材
中等职业技术学校“十四五”规划艺术设计专业系列教材

室内装饰工程预算与招投标

刘彩霞 林秀琼 张 煜 主 编
刘莉萍 副主编

华中科技大学出版社
http://www.hustp.com
中国·武汉

内容简介

本书根据室内设计专业市场的岗位工作要求，结合室内设计专业基本知识和专业技能实践编写而成。主要内容包括室内装饰工程预算概述、室内装饰工程预算费用与定额、室内装饰工程的工程量计算、室内装饰工程的工程量清单及清单计价、室内装饰工程招投标等。全书贯彻"工学结合"的人才培养理念，结合"项目教学法"特点，重点突出，理论知识与技能操作相结合。本书可作为技工院校和中等职业技术学校室内设计专业的教材，也可作为室内设计从业人员的培训教材。

图书在版编目(CIP)数据

室内装饰工程预算与招投标/刘彩霞，林秀琼，张煜主编. —武汉：华中科技大学出版社，2022.1
ISBN 978-7-5680-7876-4

Ⅰ. ①室… Ⅱ. ①刘… ②林… ③张… Ⅲ. ①室内装饰-建筑预算定额-教材 ②室内装饰-招标-教材 ③室内装饰-投标-教材 Ⅳ. ①TU723.3

中国版本图书馆 CIP 数据核字(2022)第 006044 号

室内装饰工程预算与招投标
Shinei Zhuangshi Gongcheng Yusuan yu Zhaotoubiao

刘彩霞 林秀琼 张 煜 主编

策划编辑：金 紫
责任编辑：陈 忠
封面设计：金 金
责任监印：朱 玢
出版发行：华中科技大学出版社(中国·武汉) 电话：(027)81321913
武汉市东湖新技术开发区华工科技园 邮编：430223
录 排：华中科技大学惠友文印中心
印 刷：湖北新华印务有限公司
开 本：889mm×1194mm 1/16
印 张：12.25
字 数：414 千字
版 次：2022 年 1 月第 1 版第 1 次印刷
定 价：48.00 元

技工院校“十四五”规划室内设计专业系列教材
中等职业技术学校“十四五”规划艺术设计专业系列教材
编写委员会名单

总主编

文健，教授，高级工艺美术师，国家一级建筑装饰设计师。全国优秀教师，2008 年、2009 年和 2010 年连续三年获评广东省技术能手。2015 年被广东省人力资源和社会保障厅认定为首批广东省室内设计技能大师，2019 年被广东省教育厅认定为建筑装饰设计技能大师。中山大学客座教授，华南理工大学客座教授，广州大学建筑设计研究院室内设计研究中心客座教授。出版艺术设计类专业教材 120 种，拥有自主知识产权的专利技术 130 项。主持省级品牌专业建设、省级实训基地建设、省级教学团队建设 3 项。主持 100 余项室内设计项目的设计、预算和施工，内容涵盖高端住宅空间、办公空间、餐饮空间、酒店、娱乐会所、教育培训机构等，获得国家级和省级室内设计一等奖 5 项。

合作编写单位

（1）合作编写院校

广州市工贸技师学院
佛山市技师学院
广东省交通城建技师学院
广东省理工职业技术学校
台山敬修职业技术学校
广州市轻工技师学院
广东省华立技师学院
广东花城工商高级技工学校
广东省技师学院
广州城建技工学校
广东岭南现代技师学院
广东省国防科技技师学院
广东省岭南工商第一技师学院
广东省台山市技工学校
茂名市交通高级技工学校
阳江技师学院
河源技师学院
惠州市技师学院
广东省交通运输技师学院
梅州市技师学院
中山市技师学院
肇庆市技师学院
江门市新会技师学院
东莞市技师学院
江门市技师学院
清远市技师学院
山东技师学院
广东省电子信息高级技工学校
东莞实验技工学校
广东省粤东技师学院
珠海市技师学院
广东省机械技师学院
广东省工商高级技工学校
广东江南理工高级技工学校
广东羊城技工学校
广州市从化区高级技工学校
广州造船厂技工学校
海南省技师学院
贵州省电子信息技师学院

（2）合作编写组织

广东省集美设计工程有限公司
广东省集美设计工程有限公司山田组
广州大学建筑设计研究院
中国建筑第二工程局有限公司广州分公司
中铁一局集团有限公司广州分公司
广东华坤建设集团有限公司
广东翔顺集团有限公司
广东建安居集团有限公司
广东省美术设计装修工程有限公司
深圳市卓艺装饰设计工程有限公司
深圳市深装总装饰工程工业有限公司
深圳市名雕装饰股份有限公司
深圳市洪涛装饰股份有限公司
广州华浔品味装饰工程有限公司
广州浩弘装饰工程有限公司
广州大辰装饰工程有限公司
广州市铂域建筑设计有限公司
佛山市室内设计协会
佛山市拓维室内设计有限公司
佛山市星艺装饰设计有限公司
佛山市三星装饰设计工程有限公司
广州瀚华建筑设计有限公司
广东岸芷汀兰装饰工程有限公司
广州翰思建筑装饰有限公司
广州市玉尔轩室内设计有限公司
武汉半月景观设计公司
惊喜（广州）设计有限公司

序言

技工教育是中国职业技术教育的重要组成部分，主要承担培养高技能产业工人和技术工人的任务。随着“中国制造 2025”战略的逐步实施，建设一支高素质的技能人才队伍是实现规划目标的必备条件。如今，技工院校的办学水平和办学条件已经得到很大的改善，进一步提高技工院校的教育、教学水平，提升技工院校学生的职业技能和就业率，弘扬和培育工匠精神，打造技工教育的特色，已成为技工院校的共识。而技工院校高水平专业教材建设无疑是技工教育特色发展的重要抓手。

本套规划教材以国家职业标准为依据，以培养学生的综合职业能力为目标，以典型工作任务为载体，以学生为中心，根据典型工作任务和工作过程设计教材的项目和学习任务。同时，按照职业标准和学生自主学习的要求进行教材内容的设计，结合理论教学与实践教学，实现能力培养与工作岗位对接。

本套规划教材的特色在于，在编写体例上与技工院校倡导的“教学设计项目化、任务化，课程设计教、学、做一体化，工作任务典型化，知识和技能要求具体化”紧密结合，体现任务引领实践的课程设计思想，以典型工作任务和职业活动为主线设计教材结构，以职业能力培养为核心，将理论教学与技能操作相融合作为课程设计的抓手。本套规划教材在理论讲解环节做到简洁实用，深入浅出；在实践操作训练环节体现以学生为主体的特点，创设工作情境，强化教学互动，让实训的方式、方法和步骤清晰明确，可操作性强，并能激发学生的学习兴趣，促进学生主动学习。

为了打造一流品质，本套规划教材组织了全国 40 余所技工院校共 100 余名一线骨干教师和室内设计企业的设计师（工程师）参与编写。校企双方的编写团队紧密合作，取长补短，建言献策，让本套规划教材更加贴近专业岗位的技能需求和技工教育的教学实际，也让本套规划教材的质量得到了充分保证。衷心希望本套规划教材能够为我国技工教育的改革与发展贡献力量。

技工院校“十四五”规划室内设计专业系列教材
中等职业技术学校“十四五”规划艺术设计专业系列教材 总主编

教授 / 高级技师 **文健**

2020 年 6 月

前言

室内装饰工程预算与招投标是室内设计专业的一门必修基础课。室内装饰工程预算是以室内装饰工程项目为对象，以单位估价法和工程量清单计价法为主要计算方法，将室内装饰工程项目的人工费、材料费以及总价进行提前核算的工程造价方法。室内装饰工程招标投标是建设单位和施工单位进行室内装饰装修工程承发包交易的一种手段和方法。

本书参考建筑装饰工程项目管理和工程造价管理及建筑装饰预概算的基本原理，并结合住房和城乡建设部《建设工程工程量清单计价规范》(GB50500-2013)和《房屋建筑与装饰工程工程量计算规范》(GB50854-2013)，以及现行国家及地方关于装饰工程的费用规定文件精神等内容编写完成。本书的内容主要包括室内装饰工程预算概述、室内装饰工程预算费用与定额、室内装饰工程的工程量计算、室内装饰工程的工程量清单及清单计价、室内装饰工程招投标等。

本书在编写过程中得到了广东省技师学院、广东省交通城建技师学院和广东省理工职业技术学校广大师生及企业人员的大力支持，在此表示衷心的感谢。本书项目一及项目四由刘彩霞编写，项目二由张煜编写，项目三由林秀琼和刘莉萍编写，项目五由刘彩霞、林秀琼、刘莉萍共同编写。由于编者学识及掌握的资料有限，书中遗漏、欠妥之处在所难免，敬请广大读者批评指正。

刘彩霞

2021 年 10 月

课时安排（建议课时 84）

项目	课程内容	课时	
项目一　室内装饰工程预算概述	室内装饰工程预算概述	4	4
项目二　室内装饰工程预算费用与定额	学习任务一　室内装饰工程费用构成	4	12
	学习任务二　室内装饰工程预算定额	4	
	学习任务三　室内装饰工程消耗量定额	4	
项目三　室内装饰工程的工程量计算	学习任务一　建筑面积计算	8	36
	学习任务二　楼地面工程清单工程量的计算	4	
	学习任务三　墙柱面装饰工程清单工程量的计算	4	
	学习任务四　天棚装饰工程清单工程量的计算	4	
	学习任务五　门窗和木结构装饰工程清单工程量的计算	4	
	学习任务六　油漆、涂料、裱糊装饰工程清单工程量的计算	4	
	学习任务七　室内构件装饰工程清单工程量的计算	4	
	学习任务八　施工措施项目工程量的计算	4	
项目四　室内装饰工程的工程量清单及清单计价	学习任务一　室内装饰工程的工程清单及清单计价概述	4	20
	学习任务二　工程量清单的编制	4	
	学习任务三　工程量清单计价	4	
	学习任务四　室内家装空间装饰工程预算案例分析	4	
	学习任务五　室内公装空间装饰工程预算案例分析	4	
项目五　室内装饰工程招投标	学习任务一　室内装饰工程招投标概述	4	12
	学习任务二　工程量清单计价与室内装饰工程招投标	4	
	学习任务三　室内装饰工程招投标报价实例	4	

目　录

项目一　室内装饰工程预算概述

教学目标

（1）专业能力：了解室内装饰工程预算的基本概念。

（2）社会能力：通过实际室内装饰工程作业流程分析，提升学生对室内装饰工程预算的认知。

（3）方法能力：实践操作能力、专业图纸识图能力、资料整理和归纳能力。

学习目标

（1）知识目标：了解室内装饰工程预算的基本概念和工作流程。

（2）技能目标：能够在实际案例中总结不同类型室内装饰工程预算作业的流程。

（3）素质目标：具备一定的计算能力和制表能力。

教学建议

1. 教师活动

（1）教师前期收集不同类型的室内装饰工程预算表，运用多媒体课件、教学视频等多种教学手段，进行室内装饰工程预算的讲解。

（2）深入浅出、通俗易懂地引导学生对室内装饰工程预算表进行分析和要点讲解。

2. 学生活动

（1）认真听课，加强对室内装饰工程预算的认知。

（2）能分析室内装饰工程预算表，并能进行归纳和总结。

一、学习问题导入

室内装饰工程是建筑工程的一个重要分支，与建筑工程有着紧密的联系。因此，建筑工程预算的基本原理和理论，对室内装饰工程预算起着指导作用。室内装饰工程预算是以室内装饰工程项目为对象，以单位估价法和工程量清单计价法为主要计算方法，将室内装饰工程项目的人工费、材料费以及总价进行提前核算的工程造价类学科。

二、学习任务讲解

（一）室内装饰工程预算基本知识

1. 室内装饰工程预算的基本概念

室内装饰是建筑装饰的一个分支，是以美学为基础，以各种装饰材料为依托，通过一定的技术、艺术手段和施工工艺来美化室内环境的装饰艺术门类。室内装饰工程涉及建筑结构与构造、环境气氛渲染、材料选用、施工工艺、声光效果等诸多方面。因此，从事室内装饰设计的人员，必须具备良好的艺术审美能力和美术修养；从事室内装饰工程施工的人员，必须深刻领会设计意图，仔细阅读施工图样，精心制定施工计划，并认真付诸实施，确保工程质量。

室内装饰工程预算详细介绍了室内装饰工程造价的形成、费用构成及计算方法，装饰工程预算表的编制，招投标装饰工程的工程量清单与工程量清单报价的编制，工程量计算的原则与方法及分部、分项工程量的计算方法等主要内容。

2. 室内装饰工程作业流程

室内装饰工程作业流程主要包括以下工作内容（图 1-1）。

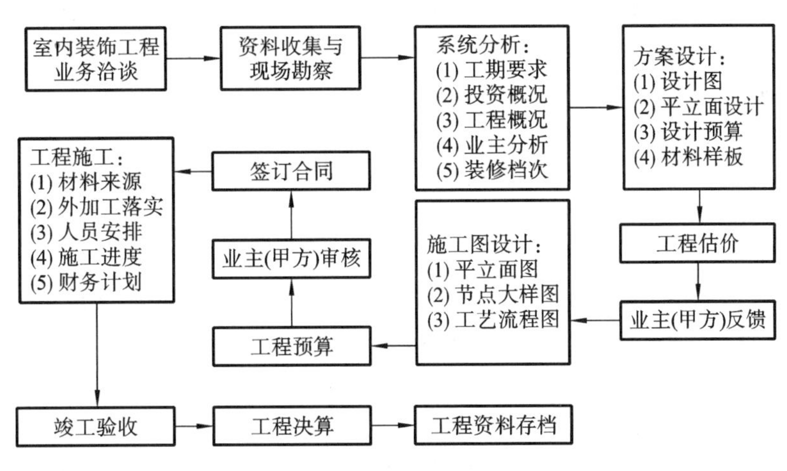

图 1-1　室内装饰工程作业流程

（1）业务洽谈。

装饰企业承接每一项室内装饰工程业务，从与业主（甲方）接触洽谈开始，就必须将业主（甲方）的意见与要求记录下来，并通过相互沟通信息和意见达成合作意向。洽谈记录的内容包括工程性质（如商场、写字楼、歌舞厅、餐厅、住宅等）、工程地点（某市某区某街某号）、经营方式（如自营、出租、零售、批发等），还包括业主有何爱好与要求、现场状况、方案设计和室内装饰工程施工完成的时间等。

（2）资料收集与现场勘查。

在方案设计之前，首先应做好有关设计资料的收集和施工现场的调查、勘查等准备工作，其中包括业主（甲方）的经济实力、地位与背景，装饰工程所处的位置，施工现场的交通情况，现有设施情况等。此外，还需要向业主索取原建筑图样资料和业主的投资意向等信息。

（3）系统分析。

系统分析又称为可行性分析，主要是对业主能否接受承接人的意见所做的具体分析，如拟定的完工日期业主是否满意，交付使用日期定在什么时间才能达到业主的要求，室内装饰工程报价业主是否接受，以及根据设计要求如何选用施工队伍与人员等。

(4) 方案设计。

室内装饰方案设计主要由设计人员根据业主(甲方)的意见和要求确定，如该工程的建筑面积、艺术造型、使用功能、投资大小、档次高低、材料选用等都是装饰设计的主要依据。方案设计图纸包括室内平面布置图和室内装饰效果图，主要反映室内空间的布局、交通流线、平面尺寸和空间的立体效果。

(5) 工程估价。

室内装饰工程估价是指概算估价，即根据方案设计图估算工程大概所需的费用。概算估价的计算方法是，根据工程的难易程度及所用材料的面积乘以单价，加上所需人工费和按规定应收取的各项费用之和；也可以根据工程所用材料和装饰档次，估算出每平方米的造价，再乘以建筑装饰面积。

(6) 业主反馈。

在装饰方案设计与概算估价完成后，应及时交与业主审核，尽量向业主阐述自己的观点，并与业主交换意见。在听取业主意见与要求之后，对设计方案和概算估价做进一步优化和调整。

(7) 施工图绘制和室内工程预算报价。

施工图是施工技术人员组织施工的主要依据，为了满足施工图设计的要求，设计人员绘制施工图时，要注意图样中各种尺寸、标高、材料等必须标注清晰。施工图是与业主签订工程合同、结算工程价款的依据，也是装饰企业组织工程、核算工程成本、确定经营盈利的主要依据。室内工程预算报价是依据完整的施工图进行的工程量价格核算。要求计算工程量要精细，套用定额要正确，按规定计取费用，不要漏项、错算和重算，以免造成不必要的经济损失。关于室内装饰工程预算的项目划分，工程量计算规则，取费标准，内容组成，编制原则依据、方法与步骤等都有严格的规范和要求。

(8) 业主审核。

室内装饰工程预算和施工进度计划提交给业主后，业主应及时组织专业人员进行审核。如有不同意见或发现有较大出入时，业主应就其明细项目情况给予说明，便于及时修改，以免日后造成工程纠纷。

(9) 签订合同。

施工合同是业主和承包商双方针对某项室内装饰工程任务，经双方共同协商签订协议，共同遵守并具有法律效力的文本。合同内容主要包括合同依据、施工范围、施工期限、工程质量、取费标准、双方职责、奖惩规定及其他。

(10) 工程施工。

工程施工是室内装饰工程项目的具体实施，施工过程中要做好工程质量管理，以及质量监督与质量控制，凡是不符合质量标准要求的项目，必须返工重做，直到达到质量标准要求为止。同时，还要加强现场施工管理，主要包括施工人员的管理、财务管理、材料管理和机具管理等。

(11) 竣工验收及工程决算。

室内装饰工程完工后，还需要会同业主、质检部门检查工程质量及缺陷，并限期改正；清理现场，做到工完场清；试水试电，填写竣工报表，办理交工验收手续，计算工程成本及收益，并做好竣工决算等。

(二) 室内装饰行业特点

室内装饰行业是指围绕室内装饰工程，从事设计、施工、项目管理、材料制造等多种业务的综合性新兴行业。在我国，根据国家标准《国民经济行业分类》(GB/T4754-2017)，室内装饰行业是建筑业的三个大类之一。就专业特点而言，室内装饰行业具有以下特点。

(1) 室内装饰行业集文化、艺术、技术于一体，包括室内装饰工程六面体、空间和室内外环境的装饰艺术处理。

(2) 室内装饰行业为智力、技术、管理密集型行业，它采用高新技术，倡导资源节约、环境保护、优质优价，以提高其产值及利润。它以创造性的室内设计为前提，以选择性更强的装饰材料为基础，通过高水准、精细化的装饰施工，使室内空间具有显著的文化和艺术美感，且具有优良的质量、完善的功能、新颖的造型和稳定的性能。

(3) 室内装饰行业从行业上隶属建筑业，从产业上划分属第二产业。该行业既能为社会创造财富，为国家提供积累，又能促进消费结构的调整，美化环境，提高人民的生活质量。同时，能带动建材、轻工、纺织、冶金、旅游、房地产、金融、贸易等50多个行业的发展。

(三) 建筑装饰等级与标准

1. 建筑装饰等级

根据不同的建筑类型，可将建筑物分为不同的装饰等级，见表1-1。

表1-1 建筑装饰等级

建筑装饰等级	建筑物类型
一级	大型博览馆，大剧院，纪念性建筑，大型邮电、交通建筑，大型贸易建筑，大型体育馆，高级宾馆，高级住宅
二级	广播通信建筑，医疗建筑，商业建筑，普通博览建筑，邮电、交通、体育建筑，旅游建筑，高等院校建筑，科研建筑
三级	居住建筑、生活服务性建筑、普通行政办公楼、中小学建筑

2. 建筑装饰标准

建筑装饰等级为一级的建筑物，其门厅、走道、梯及房间的内、外装饰标准见表1-2。建筑装饰等级为二级的建筑物，其门厅、走道、楼梯及房间的内、外装饰标准见表1-3。建筑装饰等级为三级的建筑物，内墙面用混合砂浆、纸筋灰浆、内墙涂料，局部油漆；外墙面局部贴面砖，大部分用水刷石、干粘石、外墙涂料。楼地面局部为水磨石，大部分为水泥砂浆。除幼儿园、文体用房外，一般不用木地板、花岩石板、铝合金门窗、墙纸等。

表1-2 一级建筑的内外装饰标准

装饰部位	内装饰及材料	外装饰及材料
天棚	铝合金装饰板、塑料装饰板、装饰吸声板、塑料墙纸(布)、玻璃天棚，喷涂高级涂料等	各种面砖、外墙涂料、局部石材
门窗	铝合金门窗、一级木材门窗、高级五金配件、窗帘盒、窗台板，喷涂高级油漆	各种铝合金门窗、钢窗、遮阳板、卷帘门窗、电子感应门
设施	各种花饰、灯具、空调、自动扶梯、高档卫生洁具	

表1-3 二级建筑的内外装饰标准

装饰部位		内装饰及材料	外装饰及材料
墙面		装饰抹灰	各种面砖、外墙涂料、局部石材
楼地面		水磨石、大理石、地毯、各种塑料地板	
天棚		胶合板、钙塑板、吸声板、各种涂料	外廊、雨棚底部参照天棚内装饰
门窗		窗帘盒	
卫生间	墙面	水泥砂浆、瓷砖内墙裙	普通钢、木门窗，主入口铝合金门
	地面	水磨石、马赛克	
	天棚	磨合砂浆、纸筋灰浆、涂料	
	门窗	普通钢木门窗	

(四) 室内装饰工程项目的概念和特点

1. 室内装饰工程项目的概念和内容

室内装饰工程项目是在一定的约束条件下，具有特定目标的室内装饰装修工程项目。室内装饰工程项目主要包括以下内容。

(1) 水电工程项目:主要是指水路、电路、气路的铺装,使用到的材料有强弱电线、水管、气管、穿线管以及锁扣等。

(2) 泥工工程项目:主要是指室内墙地面装饰材料的铺装,包括石材、瓷砖的铺装等。

(3) 木工工程项目:主要是指室内天花造型、装饰立面造型和各种类型柜子的制作等。

(4) 油漆工程项目:主要是指墙面、顶面刮灰、找平、打磨,粉刷乳胶漆等。材料包含腻子粉、胶水、底漆、面漆。

2. 室内装饰工程项目的特点

(1) 有一定的约束条件。

室内装饰工程项目必须有限定的材料消耗、限定的时间、空间要求和相应的规定标准。一项室内装饰工程项目要在特定的室内空间、某个时间段、额定的资金、达到约定的室内装饰效果等约束条件下进行。

(2) 具有明确的目标。

室内装饰工程项目有明确的目标,包含成果性的目标及其他需要满足条件的目标。项目需要在规定的时间内,用一定的资金,建造出质量上合乎标准、造型上美观、功能上满足使用要求的室内空间。

(3) 具有阶段性。

室内装饰工程项目项目从开始到结束可分成若干阶段,这些阶段构成了项目的整个周期。每一个项目阶段都以它的某种可交付成果的完成为标志,如设计阶段要交付设计方案,水电工程阶段要完成水电工程的质量验收等。

三、学习任务小结

通过本节课的学习,我们了解了室内装饰工程预算的基本概念和室内装饰工程的作业流程,以及室内装饰行业的特点、等级与标准。课后,同学们要多收集和阅读关于室内装饰预算的资料和信息,归纳和总结室内装饰工程预算的编制特点,为后续的课程打好基础。

四、课后作业

1. 室内装饰工程作业流程包括哪些内容?
2. 建筑装饰等级有哪些?一级和二级建筑装饰的标准有哪些?

项目二　室内装饰工程预算费用与定额

学习任务一　室内装饰工程费用构成

学习任务二　室内装饰工程预算定额

学习任务三　室内装饰工程消耗量定额

学习任务一　室内装饰工程费用构成

教学目标

（1）专业能力：了解室内装饰工程费用的构成知识。

（2）社会能力：对室内装饰工程费用构成有总体认识，能对室内装饰工程的收入和支出情况做总体计划。

（3）方法能力：信息收集能力、数据统筹能力、费用计算能力。

学习目标

（1）知识目标：了解室内装饰工程费用的构成板块和人工费、材料费、施工机械使用费的计算公式。

（2）技能目标：掌握室内装饰工程各费用的计算方法。

（3）素质目标：遵纪守法，自觉遵守职业道德和行业规范，培养严谨、认真、刻苦的学习态度，树立求真务实的工作作风。

教学建议

1. 教师活动

教师通过前期准备的室内装饰工程项目造价清单，向学生讲解室内装饰工程项目的费用构成，让学生对室内装饰工程各组成费用有直接认识，并掌握各种费用的计算方法。

2. 学生活动

仔细聆听教师的专业讲解，认真完成室内装饰工程项目计算例题，培养认真细心的计算习惯。

一、学习问题导入

各位同学，大家好！本节课我们一起来学习室内装饰工程费用的构成。室内装饰工程的费用主要包括人工费、材料费、施工机具使用费、企业管理费、利润、规费和税金。每一个分项的费用又包括若干细节，需要同学们认真学习和领会。

二、学习任务讲解

室内装饰工程费用构成如下。

1. 人工费

室内装饰工程费用中的人工费是指按照工资总额构成规定，支付给直接从事室内装饰装修工程施工作业的生产工人和附属生产单位工人的各项费用。计算人工费的基本要素有两个，即人工工日消耗量和人工日工资单价。

(1) 人工工日消耗量。

人工工日消耗量是指在正常施工生产条件下，完成室内装饰分项工程消耗的某种技术等级的人工工日数量。它由分项工程所综合的各个工序劳动定额包括的基本用工和其他用工两部分组成。

(2) 人工日工资单价。

人工日工资单价是指施工企业平均技术熟练程度的生产工人在每个工作日（国家法定工作时间内）按规定从事施工作业应得的日工资总额。

人工费的基本计算公式为

$$人工费=\sum(人工日消耗量\times人工日工资单价)$$

$$人工日工资单价=\frac{生产工人平均月工资(计时、计件)+平均月(资金+津贴补贴+特殊情况下支付的工资)日工资单价}{年平均每月法定工作日}$$

2. 材料费

室内装饰工程费用中的材料费，是指工程施工过程中耗费的各种原材料、辅助材料、构配件、零件、半成品或成品、工程设备的费用。其中工程设备是指构成或计划构成永久工程一部分的机电设备、金属结构设备、仪器装置及其他类似的设备和装置。计算材料费的基本要素是材料消耗量和材料单价。

(1) 材料消耗量。

材料消耗量是指在合理使用材料的条件下，生产建筑安装产品（分部分项工程或结构构件）必须消耗的一定品种、规格的原材料、辅助材料、构配件、零件、半成品或成品等的数量。它包括材料净用量和材料不可避免的损耗量。

(2) 材料单价。

材料单价是指建筑材料从其来源地运到施工工地仓库直至出库形成的综合平均单价，其内容包括材料原价（或供应价格）、材料运杂费、运输损耗费、采购及保管费等。

材料费的基本计算公式为

$$材料费=\sum(材料消耗量\times材料单价)$$

$$材料单价=\{(材料原价+运杂费)\times[1+运输损耗率(\%)]\}\times[1+采购保管费率(\%)]$$

3. 施工机具使用费

室内装饰工程费用中的施工机具使用费，是指施工作业所发生的施工机械、仪器仪表使用费或其租赁费。

(1) 施工机械使用费。

施工机械使用费是指施工机械作业发生的使用费或租赁费。构成施工机械使用费的基本要素是施工机械台班消耗量和机械台班单价。施工机械使用费的基本计算公式为

$$施工机械使用费 = \sum(施工机械台班消耗量 \times 机械台班单价)$$

施工机械台班单价通常由折旧费、大修理费、经常修理费、安拆费及场外运输费、人工费、燃料动力费和税费组成。

(2) 仪器仪表使用费。

仪器仪表使用费是指工程施工所需使用的仪器仪表的摊销及维修费用。仪器仪表使用费的基本计算公式为

仪器仪表使用费=工程使用的仪器仪表摊销费+维修费

4. 企业管理费

企业管理费是指室内装饰工程企业组织施工生产和经营管理所需的费用,主要包括以下内容。

(1) 管理人员工资。管理人员工资是指按规定支付给管理人员的计时工资、奖金、津贴补贴、加班加点工资及特殊情况下支付的工资等。

(2) 办公费。办公费是指企业管理办公用的文具、纸张、账表、印刷、邮电、书报、办公软件、现场监控、会议、水电、集体取暖降温(包括现场临时宿舍取暖降温)等费用。

(3) 差旅交通费。差旅交通费是指职工因公出差、调动工作的差旅费、住勤补助费、市内交通费和误餐补助费,职工探亲路费,劳动力招募费,职工退休、退职一次性路费,工伤人员就医路费,工地转移费以及管理部门使用的交通工具的油料、燃料等费用。

(4) 固定资产使用费。固定资产使用费是指管理和试验部门及附属生产单位使用的属于固定资产的房屋、设备、仪器等的折旧、大修、维修或租赁费。

(5) 工具用具使用费。工具用具使用费是指企业施工生产和管理过程中使用的不属于固定资产的工具、器具、家具、交通工具和检验、试验、测绘、消防用具等的购置、维修和摊销费。

(6) 劳动保险和职工福利费。劳动保险和职工福利费是指由企业支付的职工退职金、按规定支付给离休干部的经费、集体福利费、夏季防暑降温补贴、冬季取暖补贴、上下班交通补贴等。

(7) 劳动保护费。劳动保护费是指企业按规定发放的劳动保护用品(如工作服、手套、防暑降温饮料品)的支出以及在有碍身体健康的环境中施工的保健费用等。

(8) 检验试验费。检验试验费是指施工企业按照有关标准规定,对建筑以及材料、构件和建筑安装物进行一般鉴定、检查所发生的费用,包括自设试验室进行试验所耗用的材料等费用,不包括新结构、新材料的试验费,对构件做破坏性试验及其他特殊要求检验试验的费用和建设单位委托检测机构进行检测的费用。对此类检测发生的费用,由建设单位在工程建设其他费用中列支;但对施工企业提供的具有合格证明的材料进行检测不合格的,该检测费用由施工企业支付。

(9) 工会经费。工会经费是指企业按《中华人民共和国工会法》规定的全部职工工资总额比例计提的工会经费。

(10) 职工教育经费。职工教育经费是指按职工工资总额的规定比例计提,企业为职工进行专业技能和职业技能培训、专业技术人员继续教育、职工职业技能鉴定、职业资格认定以及根据需要对职工进行各类文化教育所发生的费用。

(11) 财产保险费。财产保险费是指施工管理用财产、车辆等的保险费用。

(12) 财务费。财务费是指企业为施工生产筹集资金或提供预付款担保、履约担保、职工工资支付担保等所发生的各种费用。

(13) 税金。税金是指企业按规定缴纳的房产税、车船使用税、土地使用税、印花税等。

(14) 其他。包括技术转让费、技术开发费、投标费、业务招待费、绿化费、广告费、公证费、法律顾问费、审计费、咨询费、保险费等。

企业管理费一般采用取费基数乘以费率的方法计算。取费基数有三种,分别是以分部分项工程费为计算基础、以人工费和机械费合计为计算基础及以人工费为计算基础。工程造价管理机构在确定计价定额中的企业管理费时,应以定额人工费或定额人工费与机械费之和作为计算基数,其费率应根据历年积累的工程造价资料,辅以调查数据确定,计入分部分项工程和措施项目费中。

5. 利润

利润是指施工企业完成所承包工程获得的盈利，由施工企业根据企业自身需求并结合建筑市场实际自主确定。工程造价管理机构在确定计价定额中利润时，应以定额人工费或定额人工费与机械费之和作为计算基数，其费率应根据历年积累的工程造价资料，并结合建筑市场实际确定，以单位（单项）工程测算，利润在税前建筑安装工程费的比重可按不低于5%且不高于7%的费率计算。利润应列入分部分项工程和措施项目费中。

6. 规费

（1）规费的内容。

规费是指按国家法律、法规规定，由省级政府和省级有关权力部门规定必须缴纳或计取的费用，主要包括社会保险费、住房公积金和工程排污费。其中，社会保险费包括以下五种费用。

①养老保险费：企业按照国家规定标准为职工缴纳的基本养老保险费。

②失业保险费：企业按照国家规定标准为职工缴纳的失业保险费。

③医疗保险费：企业按照国家规定标准为职工缴纳的基本医疗保险费。

④生育保险费：企业按照国家规定为职工缴纳的生育保险费。

⑤工伤保险费：企业按照国务院制定的行业费率为职工缴纳的工伤保险费。

住房公积金是企业按国家规定标准为职工缴纳的住房公积金。工程排污费是企业按国家规定缴纳的施工现场工程排污费。

（2）规费的计算。

①社会保险费和住房公积金。社会保险费和住房公积金应以定额人工费为计算基础，根据工程所在地省、自治区、直辖市或行业建设主管部门规定费率计算。

社会保险费和住房公积金＝工程定额人工费×（社会保险费和住房公积金费率）

社会保险费和住房公积金费率可以每万元发承包价的生产工人人工费和管理人员工资含量与工程所在地规定的缴纳标准综合分析取定。

②工程排污费。工程排污费应按工程所在地环境保护等部门规定的标准缴纳，按实际发生计取列入。

其他应列而未列入的规费，按实际发生计取列入。

7. 税金

室内装饰工程税金是指国家税法规定的应计入室内装饰工程费用的营业税、城市维护建设税、教育费附加及地方教育费附加。

（1）营业税。

营业税是按计税营业额乘以营业税税率确定。其中室内装饰企业营业税税率为3%。其计算公式为

应纳营业税＝计税营业额×3%

（2）城市维护建设税。

城市维护建设税是为筹集城市维护和建设资金，稳定和扩大城市、乡镇维护建设的资金来源，而对有经营收入的单位和个人征收的一种税。

城市维护建设税按应纳营业税额乘以适用税率确定，计算公式为

应纳税额＝应纳营业税额×适用税率

城市维护建设税的纳税地点在市区的，其适用税率为营业税的7%；所在地为县镇的，其适用税率为营业税的5%；所在地为农村的，其适用税率为营业税的1%。城市维护建设税的纳税地点与营业税纳税地点相同。

（3）教育费附加。

教育费附加按应纳营业税额乘以3%确定，计算公式为

应纳税额＝应纳营业税额×3%

（4）地方教育费附加。

地方教育费附加通常按应纳营业税额乘以2%确定，各地方有不同规定的，应遵循其规定，计算公式为

应纳税额=应纳营业税额×2%

地方教育费附加应专项用于发展教育事业，不得从地方教育费附加中提取或列支征收或代征手续费。

在工程造价的计算过程中，上述税金通常一并计算。由于营业税的计税依据是含税营业额，城市维护建设税、教育费附加和地方教育费附加的计税依据是应纳营业税额，而在计算税金时，往往已知条件是税前造价，即人工费、材料费、施工机具使用费、企业管理费、利润、规费之和。因此税金的计算往往需要将税前造价先转化为含税营业额，再按相应的公式计算缴纳税金。

为了简化计算过程，可以直接将三种税合并为一个综合税率，按下式计算应纳税额

应纳税额=税前造价×综合税率(%)

其中，综合税率的计算因纳税地点所在地的不同而不同。

上述计算出的费用仅仅是室内装饰工程的工程费，作为投资者，还需要计算设备及工器具购置费、工程建设其他费、预备费、建设期贷款利息。工程总价形成过程如下

$$\text{单项工程概算造价} = \sum \text{单位工程概预算造价} + \text{设备及工器具购置费}$$

$$\text{建设项目全部工程概算造价} = \sum \text{单项工程概预算造价} + \text{工程建设其他费} + \text{预备费} + \text{建设期贷款利息}$$

三、学习任务小结

通过本节课的学习，我们了解了室内装饰工程费用的构成情况，主要包括人工费、材料费、施工机械使用费、企业管理费和税费。课后，同学们要多收集和阅读关于室内装饰预算的资料和信息，结合实际的室内装饰工程预算清单和报表进行学习。

四、课后作业

简述室内装饰工程费用的构成。

学习任务二　室内装饰工程预算定额

教学目标

（1）专业能力：了解定额的分类和特性，了解室内装饰工程预算定额的概念、作用、编制原则、编制依据以及内容构成和编制步骤。

（2）社会能力：能够灵活运用室内装饰工程预算定额进行费用计算。

（3）方法能力：熟悉装饰工程预算定额的编制方法，掌握人工、材料、机械消耗量指标和预算单价计算方法。

学习目标

（1）知识目标：通过学习室内装饰工程预算定额的编制，掌握定额中分项工程定额指标的确定，以及人工消耗量、材料消耗量和机械使用消耗量指标的计算方法。

（2）技能目标：能完成人工消耗量、材料消耗量和机械使用消耗量指标的计算，能够灵活套用室内装饰工程预算定额进行费用计算。

（3）素质目标：培养学生的逻辑思维能力和计算能力。

教学建议

1. 教师活动

教师展示《广东省房屋建筑与装饰工程综合定额（2018）》资料图片，让学生对室内装饰工程预算定额有直观的认识。然后教师讲解定额在计算人工费、材料费、机械使用费中所起的作用。

2. 学生活动

仔细聆听教师的专业讲解，认真完成课堂室内装饰工程预算定额计算例题，培养认真细心的计算习惯。

一、学习问题导入

各位同学，大家好！本节课我们一起来学习室内装饰工程预算定额的概念、作用、编制原则、编制依据和内容构成。

二、学习任务讲解

（一）工程定额概述

（1）工程定额的概念。

工程定额是指在正常施工条件下，完成一定计量单位的合格建筑产品或完成一定量的工作所消耗资源的数量标准。工程定额是一个综合概念，是建设工程造价管理和计价中各类定额的总称。

（2）工程定额的分类。

工程定额的内容和形式是由运用它的需要决定的，因此定额种类的划分也是多样化的。

①按编制程序和用途分类。

按编制程序和用途分类，工程定额可分为施工定额、预算定额、概算定额、概算指标、投资估算指标。

a. 施工定额是完成一定计量单位的某一施工过程或基本工序所需消耗的人工、材料、机械数量标准。施工定额属于施工企业定额的范畴，它是施工企业组织生产和加强管理的内部使用定额。施工定额以某一施工过程的工序作为编制对象，项目划分得很细，是各类工程定额中分项最细、子目最多的一种生产性定额。

b. 预算定额是以工程中的分项工程，即以在施工图纸上和工程实体上都可以区分开的产品为测定对象，其内容包括人工、材料和机械台班使用量三个部分。经过计价后，可编制单位估价表。它是编制施工图预算（设计预算）的依据，也是编制概算定额、概算指标的基础。预算定额在施工企业被广泛用于编制施工准备计划，编制工程材料预算，确定工程造价考核企业内部各类经济指标等。因此，预算定额是用途最广泛的一种定额。

c. 概算定额是以完成单位扩大分项工程或扩大结构构件所需消耗的人工、材料和施工机械台班的数量及费用为标准的计价性定额。概算定额是编制扩大初步设计概算、设计阶段确定建设项目投资额的依据。概算定额是在预算定额基础上的综合扩大，项目划分粗细与扩大初步设计的深度一致，每一综合分项概算定额都包含了多项预算定额。

d. 概算指标是以单位工程为研究对象，反映完成一个规定计量单位建筑安装产品的经济消耗指标。概算指标以更为扩大的计量单位来编制，是概算定额的扩大与合并，其内容包括人工、材料、机械台班三个基本部分，同时列出了各结构分部工程量以及单位建筑工程的造价。

e. 投资估算指标是以建设项目、单项工程、单位工程作为研究对象，反映建设项目总投资以及各项费用构成的经济指标。它的概略程度与可行性研究阶段相适应，是在项目建议书和可行性究阶段编制投资估算、计算投资需要量时使用的一种定额。投资估算指标常常根据历史的预、决算资料和价格变动等资料编制，但其编制基础仍离不开预算定额和概算定额。

②按定额构成要素分类。

按定额构成要素分类，工程定额可分为劳动消定额、材料消耗定额和机械台班消耗定额三种。

a. 劳动消耗定额，简称劳动定额或人工定额，是在正常的施工技术和组织条件下，完成规定计量单位的合格的建筑安装产品所消耗的人工工日的数量标准。劳动定额的主要表现形式是时间定额，但同时也表现为产量定额，时间定额和产量定额互为倒数关系。

b. 材料消耗定额，简称材料定额，是在正常的施工技术和组织条件下，完成规定计量单位的合格的建筑安装产品所消耗的原材料、成品、半成品、构配件、燃料等资源的数量标准。

c. 机械台班消耗定额，简称机械定额，是在正常的施工技术和组织条件下，完成规定计量单位的合格的建筑安装产品所消耗的施工机械台班的数量标准。机械台班定额的主要表现形式是时间定额，但同时也表现为产量定额，两者互为倒数关系。

③按主编单位和管理权限分类。

按主编单位和管理权限分类，工程定额可分为全国统一定额、行业统一定额、地区统一定额、企业定额、补充定额五种。

a. 全国统一定额是由国家建设行政主管部门综合全国工程建设中技术和施工组织管理的情况进行编制，并在全国范围内适用的定额。

b. 行业统一定额是考虑到各行业部门专业工程特点以及施工生产和管理水平编制的定额。

c. 地区统一定额包括省、自治区、直辖市定额。地区统一定额主要考虑地区性特点，对全国统一定额水平做适当调整和补充编制而成。

d. 企业定额是施工单位根据本企业的施工技术、机械设备和管理水平编制的人工、材料和施工机械台班的消耗量标准。企业定额在企业内部使用，是企业综合素质的标志。企业定额水平一般高于国家现行定额，能够满足企业生产技术发展、企业管理和市场竞争的需要。在工程量清单计价模式下，企业定额作为施工企业进行建设工程投标报价的计价依据，发挥着越来越大的作用。

e. 补充定额是指随着设计、施工技术的发展，在现行定额不能满足需要的条件下，为补充缺陷所编制的定额。补充定额只能在指定范围内使用，可以作为以后修订定额的基础。以上各种定额虽然适用于不同的情况和用途，但是它们是一个互相联系的、有机的整体，在实际中配合使用。

（3）工程定额的特性。

①科学性：工程定额必须与生产力发展水平相适应，反映工程消耗的普遍客观规律。工程定额管理在理论、方法和手段上适应现在科学技术和信息社会发展的需要。

②系统性：工程建设具有庞大的系统性，类别多、层次多，要求有与之相适应的多样性、多层次性的定额。

③统一性：国民经济的发展，需要借助某些标准、定额、参数等对工程进行规划、组织、调节、控制，所以要求这些标准、定额、参数等在一定范围内是统一的尺度，才能实现上述职能，才能利用它对项目的决策、设计方案、投标报价、成本控制进行比选和评价。

④权威性：工程定额的权威性在一些情况下具有经济法规性质。权威性反映统一的意志和统一的要求，也反映信誉和信赖程度以及定额的严肃性。

⑤稳定性和实效性：定额反映的是一定时期的生产力水平，一旦与生产力发展不相适应时就必须修改。从一段时间来看，定额是稳定的，从长期来看，定额是变动的。

（二）室内装饰工程预算定额概述

由于室内装饰工程已成为建筑工程中一个独立的单位工程，需单独进行招标与投标。这样，现行建筑工程预算定额就难以满足装饰工程的需要。为了正确编制室内装饰工程预算，确定标底和进行投标报价，各省、自治区、直辖市以《全国统一建筑装饰装修工程消耗量定额》(GJD101—2002)为依据，都分别编制了适合本地区室内装饰工程市场需要的室内装饰工程预算定额，并与现行的建筑工程预算定额配套使用。

1. 室内装饰工程预算定额的概念

确定完成一定计量单位的合格的装饰分项工程或建筑配件所需消耗的活劳动与物化劳动（即人工、材料、机械台班和基价）的数量标准，称为室内装饰工程预算定额。室内装饰工程预算定额是装饰行业具有很强政策性的技术经济法规之一，是由国家主管机关或被授权单位编制并颁发的一种法令性指标。它反映国家对完成单位装饰产品基本构造要素（即每一单位装饰分项工程或建筑配件）所规定的人工、材料、机械台班消耗和基价的数量限额。

2. 室内装饰工程预算定额的特点

由于室内装饰工程是在建筑结构成型以后对建筑内部空间进行的再设计、再施工，是建筑技术与艺术的有机结合，因此，装饰产品的生产要求操作工人不仅要有精湛的技术，还应具备一定的艺术素养。在选材用料方面，不仅要同设计所创造出的美观的空间环境、惬意的空间氛围相适应，而且要同城市形象、小区布局以及周边环境相协调。所以，室内装饰工程预算定额与一般的建筑工程预算定额有着较大的差异，其特点主要表现在以下几个方面：

（1）新工艺、新材料的项目较多；

(2) 文字说明难以表达清楚的分部，以图示说明较多(如灯具安装分部)；

(3) 采用系数计算的项目较多；

(4) 因为装饰的工艺需要，定额中增加了一些铲除项目；

(5) 由于装饰材料的品种、规格繁多，价格差异较大，因此，装饰工程预算定额按照“量”“价”分离的原则编制，以便于正确计算工程造价。

3. 室内装饰工程预算定额的作用

室内装饰工程预算定额作为计算装饰工程预算造价的重要依据，其作用主要体现在以下几方面：

(1) 编制室内装饰工程预算，合理确定室内装饰工程预算造价的依据；

(2) 室内装饰设计方案进行技术经济比较以及对新型装饰材料进行技术经济分析的依据；

(3) 招投标过程中建设单位(业主)编制工程标底、施工企业(承包商)进行投标报价的依据；

(4) 施工单位编制装饰工程施工组织设计，确定装饰施工所需人工、材料及机械种类、机械台班需用量的依据；

(5) 编制室内装饰工程竣工结算的依据；

(6) 室内装饰施工企业考核工程成本，进行经济核算的依据；

(7) 编制室内装饰工程概算定额和概算指标的基础。

4. 室内装饰工程预算定额的编制依据

室内装饰工程预算定额的编制依据如下：

(1) 国家及有关部门的政策和规定；

(2) 现行的设计规范、国家工程建设标准强制性条文、施工技术规范和规程、质量评定标准和安全操作规程等建筑技术法规；

(3) 通用的标准设计图纸、图集，有代表性的典型设计图纸、图集；

(4) 有关的科学试验、技术测定、统计分析和经验数据等资料，成熟推广的新技术、新结构、新材料和先进管理经验的资料；

(5) 现行的施工定额，国家和各省、自治区、直辖市过去颁发或现行的预算定额及编制的基础资料；

(6) 现行的工资标准、材料市场价格与预算价格、施工机械台班预算价格。

5. 室内装饰工程预算定额的内容构成

室内装饰工程预算定额一般由下列内容组成。

(1) 总说明。

总说明主要阐述预算定额的编制原则、编制依据、适用范围和定额的作用，说明编制定额时已经考虑和未考虑的因素，以及有关规定和定额的使用方法等。

(2) 建筑面积计算规则。

建筑面积计算规则严格、系统地规定了计算建筑面积的内容范围和计算规则，从而使全国各地区的同类建筑产品的计划价格有一个科学的可比性。如对同类型结构的工程可通过计算单位建筑面积的工程量、造价、用工、用料等，进行技术经济分析和比较。

(3) 分部工程说明。

每一分部工程即为定额的每一章，在说明中介绍了该分部中所包括的主要分项工程、工作内容及主要施工过程，阐述了各分项工程量的计算规则、计算单位、界限的划分，以及使用定额的一些基本规定和计算附表等。

(4) 分项工程定额项目表。

这是预算定额的主要组成部分，是以分部工程归类并以分项工程排列的。在项目表的表头中说明了该分项工程的工作内容；在项目表中标明了定额的编号、项目名称、计量单位，列有人工、材料、机械消耗量指标和工资标准(或工资等级)、材料预算价格、机械台班单价，以及据此计算出的人工费、材料费、机械费和汇总的定额基价(即综合单价)。有的项目表下部还列有附注，说明了设计要求与定额规定不符时怎样进行调整，以及其他应说明的问题。

(5) 附录或附表。

这部分列在预算定额的最后面。例如，某市的预算定额的附录包括砂浆配合比表、混凝土配合比表、材料预算价格、地模制作价格表、金属制品制作价格表等。

6. 室内装饰工程预算定额的编制步骤

(1) 准备阶段：任务是成立编制机构，拟定编制方案，确定定额项目，全面收集各项依据资料。

(2) 编制初稿阶段：在定额编制的各种资料收集齐全之后，就可进行定额的测算和分析工作，并编制初稿。

(3) 审查定稿阶段：定额初稿完成后，应与原定额进行比较，测算定额水平，分析定额水平提高或降低的原因，然后对定额初稿进行修正。通过测算并修正定稿之后，即可拟写编制说明和审批报告，并一起呈报主管部门审批。

7. 分项工程定额指标的确定

分项工程定额指标的确定包括如下内容：

(1) 确定定额项目及其内容；

(2) 定额计量单位与计算精度的确定；

(3) 工程量计算；

(4) 计算和确定预算定额中各消耗量指标；

(5) 编制预算定额基价；

(6) 编制预算定额项目表格，编写预算定额说明。

(三) 室内装饰工程预算定额中各项消耗量指标的确定方法

室内装饰工程预算定额是一种综合定额，它除了规定活劳动与物化劳动消耗的数量标准外，还规定了应完成的工作内容、质量标准及安全要求等内容。

1. 人工消耗量指标的确定方法

室内装饰工程预算定额中人工消耗量指标是指完成该分项工程所必需的各种用工量之和。其指标量是根据定额编制方案中综合取定的有关工程数据和现行劳动定额通过计算而得的。

(1) 人工消耗量指标的构成因素。

①基本用工：指完成某一分项工程的主要用工，即定额工作内容中所规定的各主要工序用工和机械操作用工。如铝合金门窗制作、安装项目中的型材矫正、放样下料、切割断料、钻孔组装、制作搬运、现场搬运、安装、校正框扇、裁安玻璃、装配五金配件、周边塞口、清扫等工序用工。

②辅助用工：是指预算定额中基本用工以外的材料加工等用工。如现场所发生的材料加工等用工，墙体抹灰时砂浆搅拌用工；劳动定额所规定的运输距离以内的砂、水泥等材料运输用工等。

③材料及半成品超运距用工：是指编制预算定额时，材料、半成品等运输距离超过劳动定额(或施工定额)所规定的运输距离而增加的工日数量。

④人工幅度差：主要是指预算定额和劳动定额由于水平不同而引起的水平差。另外还包括在正常施工条件下，劳动定额中没有包含的用工因素，如各工种工程之间工序搭接及工种相互交叉所需的停歇时间；工程质量检查和隐蔽工程验收而影响工人操作的时间；施工机械临时维修和移动位置所发生的无法避免的停歇时间；工种配合所造成的产品损坏而增加维修用工时间；难以预测的细小工序和少量用工时间等。

(2) 人工消耗量指标的确定方法。

①基本用工计算，其计算式为

$$\text{基本用工} = \sum(\text{工序工程量} \times \text{相应时间定额})$$

②辅助用工计算，其计算式为

$$\text{辅助用工} = \sum(\text{所需加工材料工程量} \times \text{相应时间定额})$$

③超运距用工计算，其计算式为

$$\text{超运距用工} = \sum(\text{超运距材料及半成品工程量} \times \text{相应时间定额})$$

④人工幅度差，其计算式为

人工幅度差=(基本用工+辅助用工+超运距用工)×人工幅度差系数

国家规定：装饰预算定额的人工幅度差系数为10%。

在求出基本用工、辅助用工、超运距用工和人工幅度差之后，即可按下式求出该定额项目的人工消耗量指标。即

人工消耗量指标=(基本用工+辅助用工+超运距用工)×(1+人工幅度差系数)=

(基本用工+辅助用工+超运距用工)×(1+10%)

[例 2-1] 计算贴100 m^2 彩釉砖楼地面的人工消耗量。其中，块料、水泥砂浆、中砂运距分别为230 m、150 m、100 m。

解：贴100 m^2 彩釉砖楼地面的人工消耗量的计算结果见表2-1。

表 2-1 100 m^2 彩釉砖楼地面的人工消耗量

项目名称		计算量	单位	时间定额	工日/10 m^2
基本用工+辅助用工	贴彩釉砖地面	10	10 m^2	2.78	27.8
	室内面积 8 m^2 以内	3	10 m^2	0.695	2.085
	刷素水泥浆	10	10 m^2	0.100	1.000
	锯口磨边	2.8	10 m^2	0.45	1.260
超运距用工	块料运输 180 m	10.2	10 m^2	0.069	0.704
	水泥砂浆超运 180 m	10	10 m^2	0.083	0.830
	中砂超运 180 m	1.073	10 m^2	0.103	0.111
人工幅度差		(27.8+2.085+1.0+1.26+0.704+0.83+0.111)×10%			3.379
合计					37.17

2. 材料消耗量指标的确定方法

室内装饰工程预算定额中的主要材料、成品及半成品的消耗量，应以施工定额中的材料消耗量指标为计算基础。若某些项目没有材料、成品及半成品消耗定额时，应选择有代表性的施工图纸，通过综合分析、计算，然后确定其材料消耗量指标。

(1) 室内装饰工程预算定额中材料消耗量指标的构成。

生产合格的单位装饰产品基本构造要素所需消耗的材料数量由以下三部分构成。

①构成产品实体(即产品本身所必须占有)的材料消耗量(简称净用量)。

②产品在生产过程中难以避免的合理损耗量(简称损耗量)。它包括施工操作损耗、场内运输损耗、场内管理损耗。计入材料消耗指标的损耗量，应是在正常条件下采用合理施工方法时所形成的不可避免的合理损耗量。

③周转性材料摊销量。周转性材料是指在装饰施工中多次使用而逐渐消耗的工具性材料。因其不直接构成工程实体，故亦被称作间接性材料消耗。周转性材料在周转使用过程中不断补充，多次反复使用。因此，周转性材料的消耗量是按多次使用、分次摊销的方法计算并计入预算定额的。

(2) 室内装饰工程预算定额中材料消耗量指标的确定方法。

①直接性材料消耗量指标的确定方法。

直接构成工程实体所需消耗的材料称为直接性材料消耗。装饰工程施工中直接性材料消耗量中的损耗量可分为两类：一类是完成合格分项工程产品所需合理损耗的材料；另一类则是可以避免的材料损失。材料消耗量指标中不应包括可以避免的材料损失量。

材料消耗量指标的确定方法包括计算法、观察法、试验法和统计法，现分述如下。

a. 计算法。计算法是用理论计算公式先计算出某一装饰分项工程所需的材料净用量，然后再查找损耗率，从而确定材料消耗量指标的一种方法。该方法主要用于块、板类不易产生损耗、容易确定废料的装饰材料消耗量指标，如各种铝型材、锯材、镶贴材料、玻璃等。

块、板类材料包括块料和砂浆的用量，每 10 m² 块料面层材料净用量的计算如下。

$$块料净用量=\frac{100}{(块料长+灰缝宽)\times(块料宽+灰缝宽)}$$

$$灰缝材料净用量=(100-块料长\times块料宽块料净用量)\times灰缝厚$$

$$结合层材料用量=100\times结合层厚$$

$$材料消耗量=净用量\times(1+损耗率)$$

$$损耗率=\frac{损耗量}{净用量}\times100\%$$

[例 2-2] 某工程大厅地面，设计要求为满铺大理石，缝隙为 5 mm，损耗率为 1%，大理石规格为 400 mm×400 mm，试求每 100 m² 地面所需消耗大理石材料的数量。

解：

$$大理石材料消耗量=\frac{100}{(块料长+灰缝宽)\times(块料宽+灰缝宽)}\times(1+1\%)$$

$$=\frac{100}{0.405\times0.405}\times1.01=616(块)$$

[例 2-3] 已知 1∶3 水泥砂浆贴 150 mm×75 mm×5 mm 外墙面砖，灰缝宽 10 mm，结合层厚 20 mm，面砖损耗率为 6%，砂浆损耗率 2%。试计算每 100 m² 外墙面砖与砂浆的消耗量。

解：

$$面砖净用量=100/[(0.15+0.01)\times(0.075+0.01)]=7352.94(块)$$

$$面砖消耗量=7352.94\times(1+6\%)=7794.12(块)$$

$$灰缝砂浆净用量=(100-0.15\times0.075\times7352.94)\times0.005\ m^3=0.0864\ m^3$$

$$结合层砂浆净用量=100\times0.02\ m^3=2\ m^3$$

$$砂浆消耗量=(0.0864+2)\times(1+2\%)\ m^3=2.13\ m^3$$

b. 观察法。观察法也称施工实验法，即在施工现场对某一装饰分项工程产品的材料消耗量进行实际测算，从而确定该产品材料消耗量的方法。

观察法所选择的观察对象应满足下列要求：

Ⅰ. 建筑装饰结构是典型的；

Ⅱ. 装饰施工符合技术规范要求；

Ⅲ. 装饰材料品种和质量符合设计要求；

Ⅳ. 被指定的施工人员在材料使用和施工质量方面都有较好的成绩。

观察法主要适用于确定材料的损耗量。因为只有通过现场观察，才能区分出哪些是可以避免的损耗，哪些是难以避免的损耗，从而较准确地确定材料损耗量。

例如，完成某一装饰分项工程产品，现场实测某种材料的消耗量为 N，根据设计图纸计算得出该种材料的净用量为 N_0，则单位产品的材料消耗量 m 为

$$m=\frac{N}{n}$$

其中，n 为产品数量。

该种材料的损耗率 P 为

$$P=\frac{N-N_0}{N_0}\times100\%$$

c. 试验法。试验法是在实验室内进行观察和工作，以测定材料消耗量的一种方法。这种方法主要研究半成品强度和各种材料消耗量之间的关系，以获得各种配合比，从而计算出各种材料的消耗量。试验法的优点是能深入细致地研究各种因素对材料的影响，缺点是无法估计施工中某些因素对材料消耗的影响。

d. 统计法。统计法是以现场积累的分部分项工程拨付材料、完成产品数量、完成工作后材料剩余数量的统计资料为基础，经分析计算后确定单位产品材料消耗量的一种方法。

例如，某一分项工程施工时共领料 N_0，项目完成后退回的材料数量为 N_1，则用于该分项工程产品上的材料数量 N 为

$$N=N_0-N_1$$

若完成的产品数量为 n，则单位产品的材料消耗量 m 为

$$m=\frac{N_0-N_1}{n}=\frac{N}{n}$$

统计法简单易行，但不能区分材料消耗的性质，即材料的净用量、不可避免的损耗量与可以避免的损耗量，只能笼统地确定总的消耗量。所以，用该方法确定的材料消耗量指标质量稍差。

②周转性材料摊销量指标的确定方法。

a. 确定周转性材料摊销量的有关因素：

Ⅰ. 一次使用量，即第一次使用时所需新材料的消耗量；

Ⅱ. 周转使用量，即每周转使用一次所需新材料的平均数量；

Ⅲ. 周转次数，指周转材料从第一次使用起(不补充新料)，到材料不能再使用时的使用次数；

Ⅳ. 损耗量，即周转材料每使用一次后因损坏而不能重复使用的材料平均损失量。因损耗量的大小取决于材料的拆除、运输和堆放保养的方法和条件，并随周转次数的增多而加大，所以，一般情况下采用平均补损率来计算；

Ⅴ. 回收量，即在一定的周转次数下平均每周转一次可以回收的材料数量。

b. 周转性材料摊销量的确定方法。

周转性材料摊销量的确定按国家规定用下列计算式进行计算：

$$\text{摊销量}=\text{周转使用量}-\frac{\text{回收量}\times\text{回收折价率}}{1+\text{间接费率}}$$

$$\text{周转使用量}=\frac{\text{一次使用量}+\text{一次使用量}\times(\text{周转次数}-1)\times\text{补损率}}{\text{周转次数}}$$

$$\text{回收量}=\frac{\text{一次使用量}-\text{一次使用量}\times\text{补损率}}{\text{周转次数}}$$

国家规定回收折价率为 50%。

(3) 施工机械台班消耗量指标的确定方法。

室内装饰工程预算定额的施工机械台班消耗量指标，一般是以常用的施工机械规格综合选型，以作业 8 小时为 1 个台班进行计算的。其机械台班消耗量指标一般是以施工定额或技术测定的资料为基础，并考虑有关降效因素，如：机械在工作班内变换工作位置、配套机械相互影响所造成的损失时间；机械操作与手工操作之间交叉作业所引起的不可避免的停歇时间；临时水电线路移动或临时停水停电等因素而引起的机械偶然停歇时间；机械临时维修(如加水、上油等)所引起的停歇时间；由于工程质量检查而影响机械工作的损失时间等。经综合分析后一般按下式估算机械台班的消耗量指标。

$$\text{施工机械台班消耗量指标}=\frac{\text{定额计量单位分项工程量}}{\text{机械台班产量}}$$

三、学习任务小结

通过本节课的学习，我们了解了室内装饰工程预算定额的概念、作用、编制原则、编制依据和内容构成。课后，同学们要通过学习实际的室内装饰预算定额表，分析其编制方法和步骤。

四、课后作业

简述室内装饰工程定额的编制原则。

学习任务三　室内装饰工程消耗量定额

教学目标

(1) 专业能力:了解室内装饰工程消耗量定额的概念、作用、编制依据和编制原则。

(2) 社会能力:能够灵活套用室内装饰工程消耗定额进行费用计算。

(3) 方法能力:计算能力、制表能力。

学习目标

(1) 知识目标:了解室内装饰工程消耗量定额的概念、作用、编制依据、编制原则、组成及其内容。

(2) 技能目标:能利用消耗量定额计算出各分项工程所需的人工、材料、机械台班的数量后汇总得出单位工程的总消耗量;能根据清单项目工程,利用消耗量定额查找相应的人工、材料、机械的数值,完成工程量清单计价。

(3) 素质目标:培养学生的逻辑思维能力和计算能力。

教学建议

1. 教师活动

教师讲解室内装饰工程消耗量定额概念、作用、编制依据、编制原则、组成及其内容,并指导学生进行室内装饰工程消耗量定额计算实训。

2. 学生活动

认真聆听教师讲解室内装饰工程消耗量定额概念、作用、编制依据、编制原则、组成及其内容,并在教师的指导下进行室内装饰工程消耗量定额计算实训。

一、学习问题导入

各位同学，大家好！本节课我们一起来学习室内装饰工程消耗量定额概念、作用、编制依据、编制原则、组成及其内容。

二、学习任务讲解

1. 室内装饰工程消耗量定额概述

为了便于确定室内装饰装修各分部分项工程或结构构件的人工、材料和机械台班等消耗量及相应价值货币量，将消耗量定额按一定的顺序汇编成册，形成预算定额手册。每册预算定额又按建筑装饰构造、施工顺序工程内容及使用材料等分成若干章。每一章又按工程内容、施工顺序等分成若干节。每一节再按工程性质、材料类别等分成若干定额项目(定额子目)。

(1) 室内装饰装修工程消耗量定额的概念。

室内装饰装修工程消耗量定额是确定完成一定计量单位的合格的室内装饰分项工程或者建筑配件所需要消耗的人工、材料和机械台班的数量标准。室内装饰装修工程消耗量定额是室内装饰行业具有很强政策性的技术经济文件，由国家主管机关或被授权单位编制并颁发。它是建筑装饰工程造价计算必不可少的计价依据，反映国家对当今建筑装饰工程施工企业完成建筑装饰产品每一分项工程所规定的人工、材料、机械台班消耗的数量限额。

(2) 室内装饰装修工程消耗量定额的作用。

室内装饰工程消耗量作为计算建筑装饰工程预算造价的重要依据，其主要作用如下：

①它是编制建筑装饰工程预算，合理确定建筑装饰工程预算造价的依据；

②它是建筑装饰设计方案进行技术经济比较以及对新型装饰材料进行技术经济分析的依据；

③它是招标投标过程中招标单位编制工程招标控制价的依据；

④它是编制建筑装饰工程施工组织设计，确定建筑装饰工程施工所需人工、材料及机械需用量的依据；

⑤它是编制建筑装饰工程竣工结算的依据；

⑥它是建筑装饰工程施工企业考核工程成本，进行经济核算的依据；

⑦它是编制建筑装饰工程单位估价表的基础；

⑧它是编制建筑装饰工程概算定额(指标)和估算指标的基础；

⑨它是建筑装饰工程施工企业编制投标报价的参考。

(3) 室内装饰装修工程消耗量定额的编制依据。

①现行的全国统一劳动定额、材料消耗定额和机械台班消耗定额。

②现行的设计规范、施工验收规范、质量评定标准和安全操作规程。

③通用的标准图集、定型设计图样、有代表性的设计图样或图集。

④有关科学试验资料、技术测定资料和可靠的统计资料。

⑤已推广的新技术、新材料、新结构、新工艺。

(4) 室内装饰装修工程消耗量定额的编制原则。

①按社会平均必要劳动量确定定额水平。

在商品生产和商品交换的条件下，确定消耗量定额的消耗量指标，应遵循价值规律的要求，按照产品生产中所消耗的社会评价必要劳动时间确定其定额水平。即在正常施工生产条件下，以平均的劳动强度、平均的劳动熟练程度、平均的技术装备水平来确定完成每一单位分项工程所需的劳动消耗，作为确定预算定额水平的主要原则。

②简明适用。

消耗量定额的内容和形式，既要满足各方面使用的需要(如编制预算、办理结算、编制各种计划和进行成本核算等)，具有多方面的适用性，同时又要简明扼要，层次分明，使用方便。预算定额的项目应尽量完整齐全，要把已成熟和推广的新技术、新材料、新结构、新工艺等项目编入定额。对缺漏项目，要积累资料，尽快补齐。

简明适用的核心是定额项目划分要粗细恰当,步距合理。其中,步距是指同类型工程内容相邻项目之间的定额水平的差距。

贯彻简明适用的原则,还体现在预算定额计量单位的选择,要考虑简化工程量计算的问题。例如,楼地面定额中以“m^2”作为定额的计量单位比用“m”更方便。

(5) 室内装饰装修工程消耗量定额的计量单位。

室内装饰装修工程消耗量定额计量单位的选择见表 2-2 和表 2-3。

表 2-2 消耗量定额计量单位的选择(一)

序 号	构件形体特征和变化规律	计 量 单 位	实 例
1	长、宽、高(厚)三个度量均变化	立方米(m^3)	土方、砌体、钢筋混凝土构件
2	长、宽两个度量变化,高(厚)一定	平方米(m^2)	楼地面、门窗、抹灰、油漆等
3	截面形状、大小固定、长度变化	米(m)	楼梯木扶手、装饰线等
4	设备和材料质量变化大	吨或千克	金属构件、设备制作安装
5	形状没有规律且难以度量	套、台、件	卫生洁具等

表 2-3 消耗量定额计量单位的选择(二)

序 号	项 目	计 量 单 位	小 数 位 数
1	人工	工日	两位小数
2	机械	台班	两位小数
3	钢材	t	三位小数
4	木材	m^3	三位小数
5	水泥	kg	零位小数(取整数)
6	其他材料	与产品计量单位基本一致	两位小数

2. 室内装饰工程消耗量定额的组成及其内容

室内装饰工程消耗量定额的组成内容包括定额说明部分、工程量计算规则、定额项目表和附录等。

(1) 定额说明部分。

定额说明部分包括总说明及各章说明。在总说明中,主要阐述预算定额的用途、编制依据和原则、适用范围、定额中已考虑的因素和未考虑的因素、使用中应注意的事项和有关问题的说明。各章说明是建筑工程预算定额手册的重要内容,它主要说明分部工程定额中所包括的主要分项工程,以及使用定额的一些基本规定、定额的换算方法,同时规定了各分项工程的工程量计算规则和方法。

(2) 工程量计算规则。

工程量计算规则是定额的重要组成部分,它与定额表格配套使用才能正确计算分项工程的人工、材料、机械台班消耗量。

(3) 定额项目表。

定额项目表由工程内容、计量单位、项目表组成。其中,工程内容规定分项工程预算定额所包括的工作内容;项目表是定额手册的主要组成部分,它反映一定计量单位分项工程的人工、材料和机械台班消耗量标准。

(4) 附录。

附录属于使用定额的参考资料,通常列在定额的最后,一般包括工程材料损耗率表,各种砂浆、混凝土配合比表等,可作为定额换算和编制补充定额的基本依据。

3. 室内装饰工程消耗量定额的应用

室内装饰工程消耗量定额的应用主要有两个方面的内容:一方面是利用定额计算出各分项工程所需的劳动、材料、机械台班的数量后汇总得出单位工程的总消耗量;另一方面是根据清单项目工程,利用定额查找相应的人工、材料、机械的数值，完成工程量清单计价。

室内装饰工程消耗量定额的应用如下。

（1）定额的直接套用。

当施工图纸设计的装饰装修工程项目的内容、材料、做法与相对应的定额项目的内容一致时，可直接套用定额中的人工、材料、机械的消耗量。

（2）定额的换算。

在确定某一分项装饰装修工程或结构构件的人工、材料、机械所需量时，如果施工图纸设计项目内容与套用的相应定额项目内容不完全一致，则应按定额规定的范围、内容和方法进行换算。对换算后的定额项目，应在其定额编号后注明“换”字，以示区别，如“4-1 换”。

①定额换算条件。

定额换算必须同时满足两个条件：一是定额子目规定内容与工程项目内容有一部分不相符，并不是所有的内容都不同；二是定额中允许换算的才可以换算，规定不可以换算的就不能换算。

②定额换算的基本思路。

定额换算的基本思路是，根据设计图纸所示装饰装修工程的实际内容，选定某一相关定额子目，按定额规定换入应增加的人工、材料和机械，减去应扣除的人工、材料和机械。这一思路用公式表示为

换算后耗量＝分项定额工料耗量＋换入的工料耗量－换出的工料耗量

③定额换算的类型。

a. 材料配合比不同的换算。

混凝土、砂浆、保温隔热材料等，由于其配合比不同，而引起相应消耗量的变化时，其定额必须进行换算，换算公式为

换算后的材料消耗量＝分项定额材料消耗量＋配合比材料定额用量×（换入配合比材料原料单位用量－换出配合比材料原料单位用量）

b. 按比例换算。

对于定额计量单位为平方米的分项工程，当设计厚度与定额厚度不同时，需进行按比例换算，计算公式为

分项定额换算消耗量＝分项定额消耗量×设计厚度/定额厚度

［例 2-4］ 已知用 1∶2 水泥砂浆砌筑楼面时，人工定额消耗量为 10.27 工日/100 m^2，水泥砂浆定额消耗量为 2.02 m^3/100 m^2，砂浆搅拌机(200 L 以内)台班定额消耗量为 0.50 台班/100 m^2，定额规定厚度为 20 厚，试确定 1∶2 水泥砂浆 18 厚楼面的分项工程主要材料消耗量。

解：确定定额编号：“×-×换”。

换算后的主要工料机消耗量为

人工消耗量＝10.27 工日/100 m^2×18/20＝9.243 工日/100 m^2

1∶2 水泥砂浆用量＝2.02 m^3/100 m^2×18/20＝1.818 m^3/100 m^2

砂浆搅拌机(200 L 以内)台班消耗量为

砂浆搅拌机台班消耗量＝0.50 台班/100 m^2×18/20＝0.45 台班/100 m^2

c. 乘系数换算。

乘系数换算是指在使用某些定额项目时，定额的一部分或全部乘以规定的系数。此类换算比较常见，方法也较为简单，但在使用时应注意以下几个问题。

Ⅰ. 要按定额规定的系数进行换算。

Ⅱ. 要区分定额换算系数和工程量换算系数。前者是换算定额分项中人工、材料、机械的指标量，后者是换算工程量，二者不可混淆。

Ⅲ. 正确确定项目换算的被调内容和计算基数。

乘系数换算的计算公式为

分项定额换算消耗量＝分项定额消耗量×调整系数

d. 其他换算。

其他换算包括直接增加工料法和实际材料用量换算法等。

Ⅰ. 直接增加工料法：必须根据定额的规定具体增加有关内容的消耗量。

Ⅱ. 实际材料用量换算法：当施工图纸设计所采用材料的品种、规格与选套定额项目取定的材料品种、规格不同时，可采用此种换算方法。换算的基本思路是，材料的实际耗用量按设计图纸计算。

（3）编制补充定额。

建筑装饰装修工程施工图纸中的某些工程项目，由于采用了新技术、新材料和新工艺等原因，没有类似定额可供套用，又不属于换算范围，必须编制补充定额项目。

编制补充定额有以下两种方法。

①按照本项目所述消耗量定额的编制方法，计算人工、材料和机械台班消耗量指标。

②参照同类工序、同类型产品消耗量定额的人工、机械台班消耗量指标，而材料消耗量则按施工图纸进行计算或实际测定。

三、学习任务小结

通过本节课的学习，我们了解了室内装饰工程消耗量定额概念、作用、编制依据、编制原则、组成及其内容。课后，同学们要通过学习实际的室内装饰预算定额表，分析其编制方法和步骤。

四、课后作业

简述室内装饰工程消耗量定额的编制原则。

项目三　室内装饰工程的工程量计算

学习任务一　建筑面积计算

学习任务二　楼地面工程清单工程量的计算

学习任务三　墙柱面装饰工程清单工程量的计算

学习任务四　天棚装饰工程清单工程量的计算

学习任务五　门窗和木结构装饰工程清单工程量的计算

学习任务六　油漆、涂料、裱糊装饰工程清单工程量的计算

学习任务七　室内构件装饰工程清单工程量的计算

学习任务八　施工措施项目工程量的计算

学习任务一　建筑面积计算

教学目标

(1) 专业能力:了解建筑物建筑面积的计算方法。

(2) 社会能力:能准确计算出建筑物的建筑面积。

(3) 方法能力:面积计算能力、算数能力。

学习目标

(1) 知识目标:掌握建筑物建筑面积的计算方法和标准。

(2) 技能目标:能准确计算建筑物的建筑面积。

(3) 素质目标:根据建筑面积的计算规则,能准确无误地计算建筑物的建筑面积。

教学建议

1. 教师活动

教师讲解建筑物建筑面积计算的规则和方法,并指导学生进行建筑面积计算实训。

2. 学生活动

认真听教师讲解建筑物建筑面积计算的规则和方法,在教师的指导下进行建筑面积计算实训。

一、学习问题导入

建筑面积是建筑领域的专业术语，它能真实地反映建筑物的建筑规模、各项经济技术指标和技术参数。因国家、地区不同，其定义和量度标准也有所不同。建筑面积是指建筑物(包括墙体)所形成的楼地面面积，也包括附属于建筑物的室外阳台、雨篷、檐廊、室外走廊、室外楼梯等建筑部件的面积。建筑面积由使用面积、辅助面积和结构面积组成。使用面积是指建筑物各层平面中直接为生产或生活使用的净面积的总和。辅助面积是指建筑物各层平面为辅助生产或生活活动所占的净面积的总和，例如居住建筑中的楼梯、走道、厕所、厨房等。结构面积是指建筑物各层平面中的墙、柱等结构所占面积的总和。

二、学习任务讲解

1. 计算建筑面积的作用

(1) 反映建设规划(规模)的重要数据。如新建工厂、学校、医院、商场、住宅小区等，一般用建筑面积来描述；而扩建、改建等，会用建筑面积等来反映建设规模。

(2) 建筑面积是确定各项经济技术指标的基础，是一项重要的宏观经济指标。如建筑面积每平方米的单价，建筑面积每平方米的直接费、间接费、其他费用金额，建筑面积每平方米的人工费、材料费、机械费金额，建筑面积每平方米的人工、砂、碎石、砌体、水泥、商品混凝土、钢筋、装饰砖等主要材料的用量等，都是建筑投资需要了解的经济技术指标。

(3) 建筑面积是计算有关分部分项工程计价的依据。如编制建筑工程预(结)算时，用建筑面积作为工程量套用相应的定额子目可计算满堂脚手架、里脚手架、垂直运输费用、防雷等工程费用。

(4) 建筑面积是选择概算指标和编制概算的主要依据。如编制工程项目投资估算、工程概算时往往用建筑面积、结构类型和总体特征等为计价定额子目计算依据。

(5) 建筑面积是确定工程项目施工工期的依据。

(6) 建筑面积与使用面积、辅助面积、结构面积之间存在着一定比例关系。

综上所述，合理、准确地计算建筑面积是工程造价确定与控制过程中的一项重要工作。建筑面积作为工程项目计量计价的基础，具有统一的计算规范，我国已有多个版本的《建筑工程建筑面积计算规范》。本书以《建筑工程建筑面积计算规范》(GB/T50353-2013)为准。

2. 建筑面积计算规则

(1) 建筑物的建筑面积应按自然层外墙结构外围水平面积之和计算。结构层高在 2.20 m 及以上的，应计算全面积；结构层高在 2.20 m 以下的，应计算 1/2 面积，如图 3-1 所示。

(2) 建筑物内设有局部楼层时，对于局部楼层的二层及以上楼层，有围护结构的应按其围护结构外围水平面积计算，无围护结构的应按其结构底板水平面积计算，且结构层高在 2.20 m 及以上的，应计算全面积；结构层高在 2.20 m 以下的，应计算 1/2 面积，如图 3-2 所示。

(3) 形成建筑空间的坡屋顶，结构净高在 2.10 m 及以上的部位应计算全面积；结构净高在 1.20 m 及以上至 2.10 m 以下的部位应计算 1/2 面积；结构净高在 1.20 m 以下的部位不应计算建筑面积，如图 3-3 所示。

(4) 场馆看台下的建筑空间，结构净高在 2.10 m 及以上的部位应计算全面积；结构净高在 1.20 m 及以上至 2.10 m 以下的部位应计算 1/2 面积；结构净高在 1.20 m 以下的部位不应计算建筑面积。有顶盖无围护结构的场馆看台应按其顶盖水平投影面积的 1/2 计算面积。室内单独设置的有围护设施的悬挑看台，应按看台结构底板水平投影面积计算建筑面积。具体如图 3-4 和图 3-5 所示。

(5) 地下室、半地下室应按其结构外围水平面积计算。结构层高在 2.20 m 及以上的，应计算全面积；结构层高在 2.20 m 以下的，应计算 1/2 面积，如图 3-6 所示。

(6) 建筑物架空层及坡地建筑物吊脚架空层，应按其顶板水平投影计算建筑面积。结构层高在 2.20 m 及以上的，应计算全面积；结构层高在 2.20 m 以下的，应计算 1/2 面积，如图 3-7 所示。

解读：
假设首层建筑面积为S_1，二层建筑面积为S_2；
（1）如首层层高3.5m，二层层高3.0m，则一二层建筑面积为S_1+S_2；
（2）如首层层高3.5m，二层层高2.1m，则一二层建筑面积为$S_1+0.5\times S_2$。

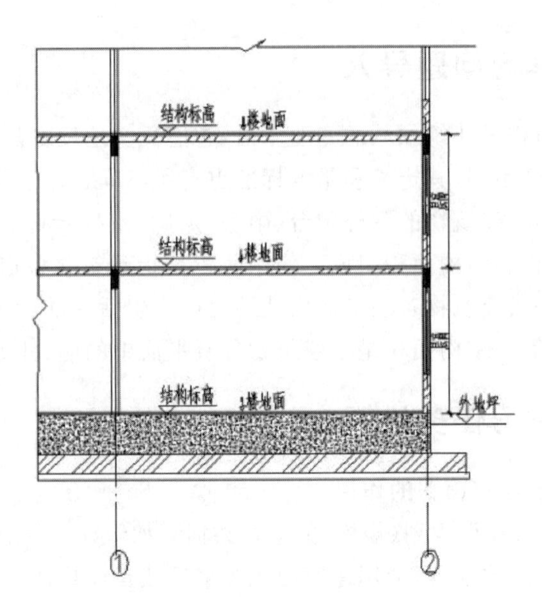

图 3-1 结构层高示意图

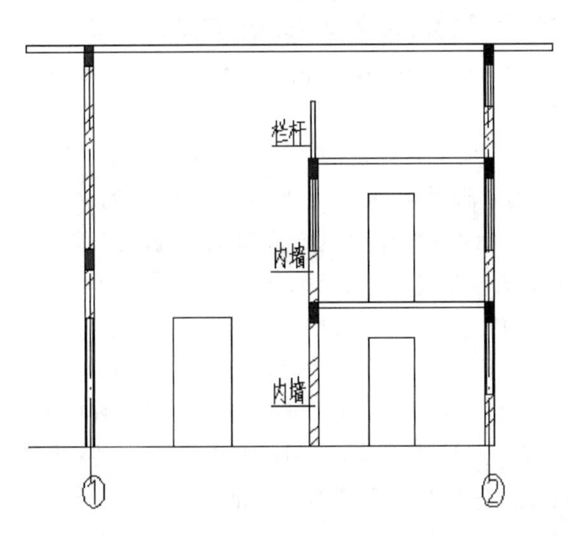

图 3-2 建筑物内局部楼层示意图

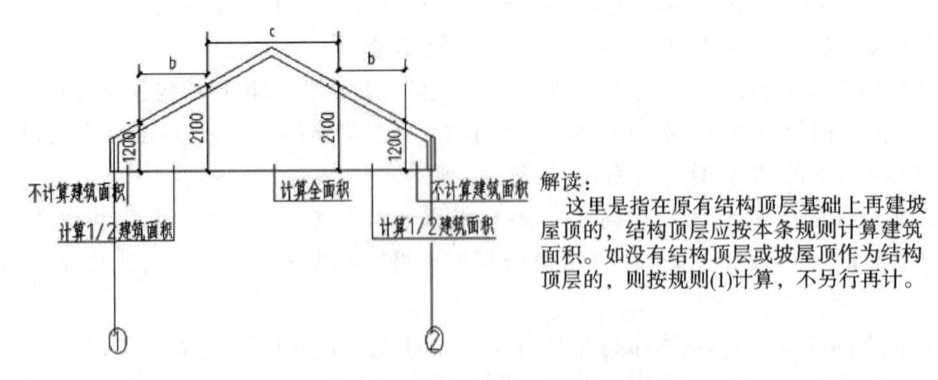

图 3-3 形成建筑空间的坡屋顶示意图

（7）建筑物的门厅、大厅应按一层计算建筑面积。门厅、大厅内设置的走廊应按走廊结构底板水平投影面积计算建筑面积。结构层高在 2.20 m 及以上的，应计算全面积；结构层高在 2.20 m 以下的，应计算 1/2 面积，如图 3-8 所示。

（8）建筑物间的架空走廊，有顶盖和围护结构的，应按其围护结构外围水平面积计算全面积；无围护结构、有围护设施的，应按其结构底板水平投影面积计算 1/2 面积，如图 3-9 所示。

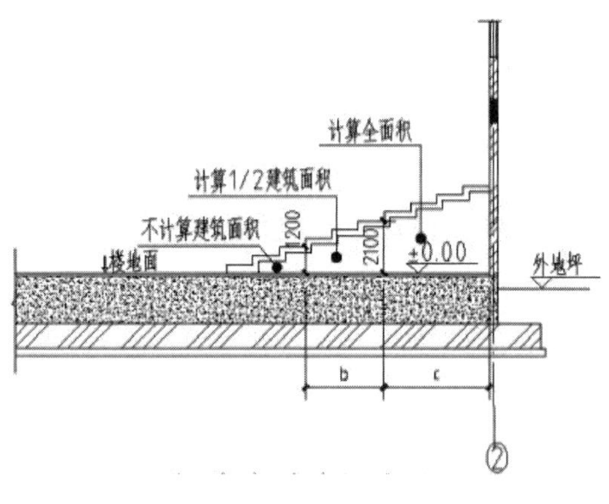

图 3-4　场馆内看台示意图

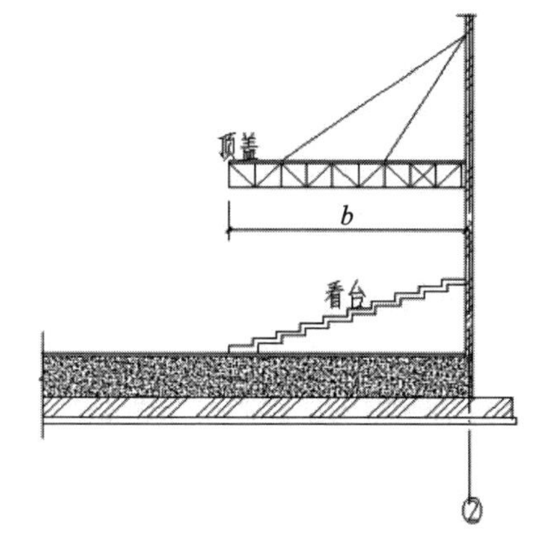

图 3-5　有顶盖看台示意图

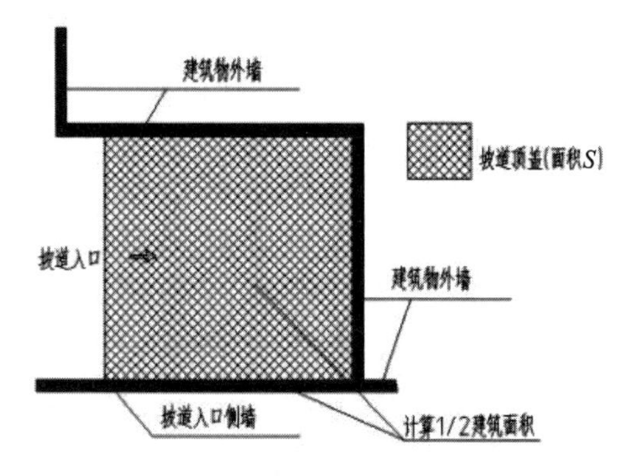

图 3-6　地下空间入口坡道平面图

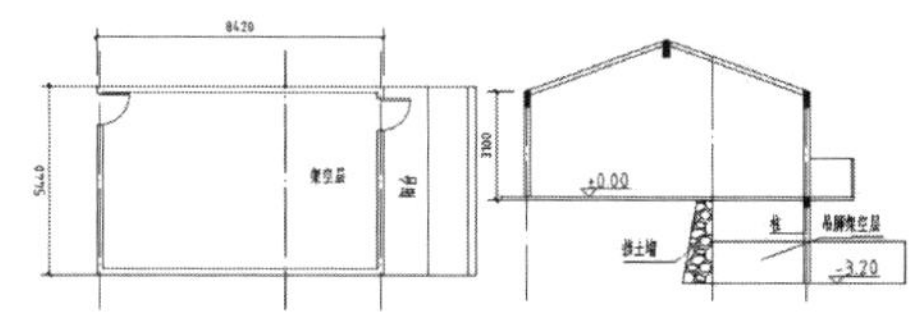

解读：
　　这里的结构层高还是指建筑物的层高，吊脚架空高度不作为计算条件。
　　本图的建筑面积
$S=8.42\times5.44\text{m}^2=45.80\text{m}^2$。

图 3-7　吊脚架空层平面图

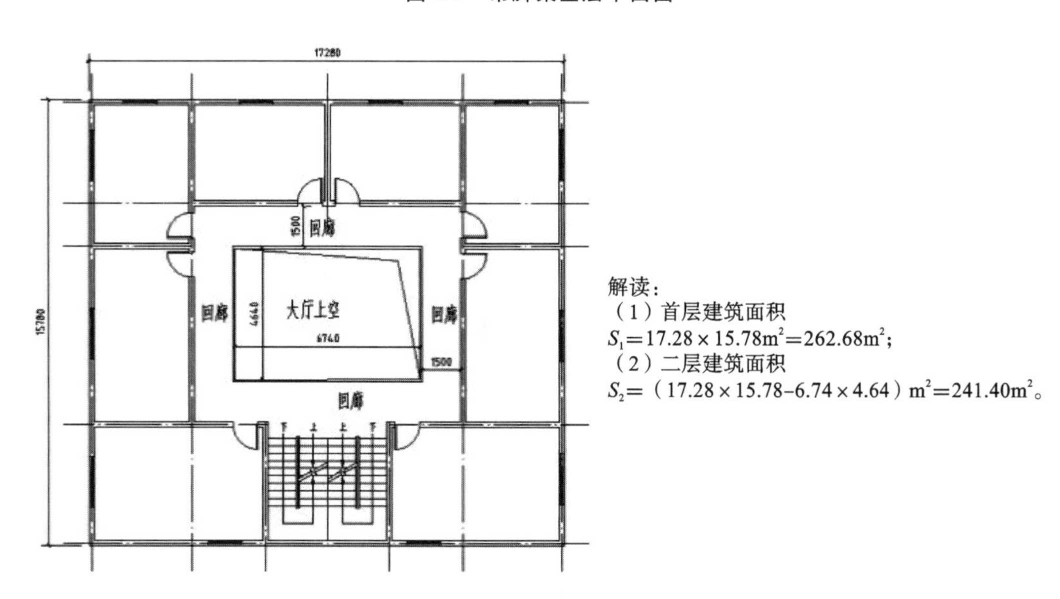

解读：
（1）首层建筑面积
$S_1=17.28\times15.78\text{m}^2=262.68\text{m}^2$;
（2）二层建筑面积
$S_2=(17.28\times15.78-6.74\times4.64)\ \text{m}^2=241.40\text{m}^2$。

图 3-8　二层平面图

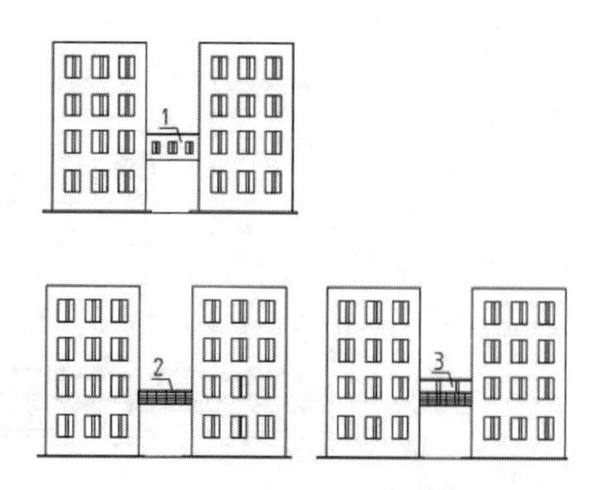

解读：
（1）这条规则不受架空走廊高度及顶盖层高限制。
（2）有顶盖有围护结构的，计算全面积。
（3）有顶盖有围护设施或无顶盖有围护设施的，计算1/2面积。

图 3-9　建筑物间架空走廊示意图

（9）对于立体书库、立体仓库、立体车库，有围护结构的，应按其围护结构外围水平面积计算建筑面积；无围护结构、有围护设施的，应按其结构底板水平投影面积计算建筑面积。无结构层的应按一层计算，有结构层的应按其结构层面积分别计算。结构层高在 2.20 m 及以上的，应计算全面积；结构层高在 2.20 m 以下的，应计算 1/2 面积，如图 3-10 所示。

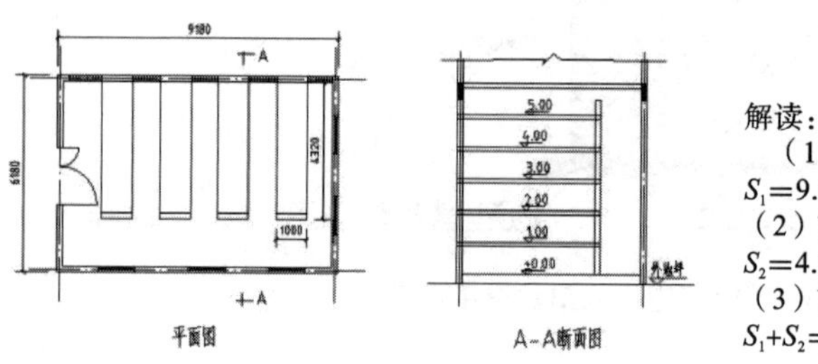

解读：
（1）首层库房建筑面积
$S_1=9.18\times6.18\text{m}^2=56.73\text{m}^2$。
（2）首层书架建筑面积
$S_2=4.32\times1.0\times0.5\times5\times4\text{m}^2=43.20\text{m}^2$。
（3）首层建筑面积合计
$S_1+S_2=(56.73+43.2)\ \text{m}^2=99.93\text{m}^2$。

图 3-10　立体书库示意图

（10）有围护结构的舞台灯光控制室，应按其围护结构外围水平面积计算。结构层高在 2.20 m 及以上的，应计算全面积；结构层高在 2.20 m 以下的，应计算 1/2 面积（若只有一层则不另计算建筑面积），如图 3-11 所示。

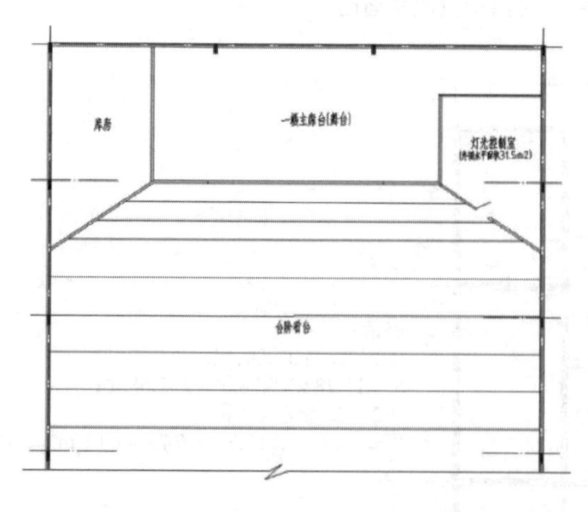

解读：
若本图的灯光控制室的结构层高为2.6m，其外围水平面积为31.5m²，则其建筑面积为31.5m²。

图 3-11　二楼平面示意图

（11）附属在建筑物外墙的落地橱窗，应按其围护结构外围水平面积计算。结构层高在 2.20 m 及以上的，应计算全面积；结构层高在 2.20 m 以下的，应计算 1/2 面积，如图 3-12 所示。

（12）窗台与室内楼地面高差在 0.45 m 以下且结构净高在 2.10 m 及以上的凸（飘）窗，应按其围护结构外围水平面积计算 1/2 面积，如图 3-13 所示。

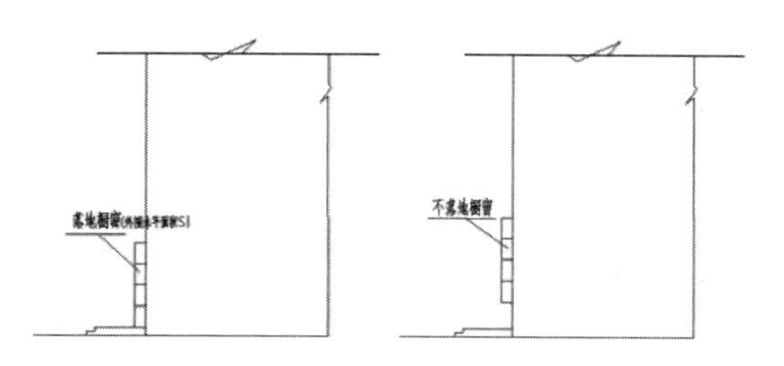

解读：
（1）计算外墙橱窗面积有两个条件，一是橱窗附属于外墙，二是橱窗是落地式的。
（2）面积按围护结构外围水平面积计算。
（3）以橱窗高2.20m为界，大于或等于2.2 m的计算全面积，否则计算1/2面积。

图 3-12 外墙橱窗示意图

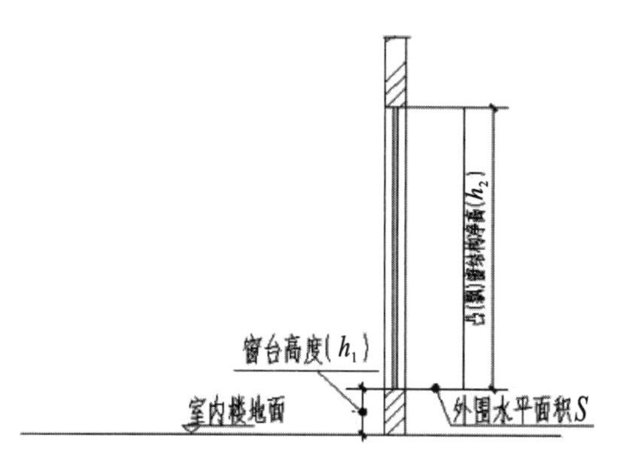

解读：
（1）满足窗台与室内楼地面的高差小于等于0.45m和飘窗结构净高大于等于2.10m两个条件。
（2）建筑面积＝1/2围护结构外围水平面积。

图 3-13 凸窗断面示意图

（13）有围护设施的室外走廊（挑廊），应按其结构底板水平投影面积计算 1/2 面积；有围护设施（或柱）的檐廊，应按其围护设施（或柱）外围水平面积计算 1/2 面积，如图 3-14 所示。

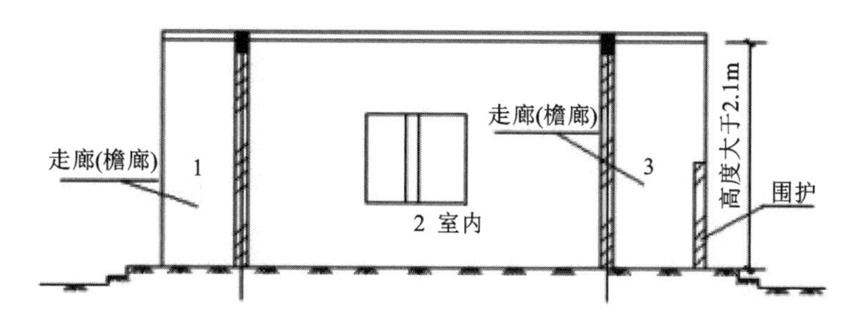

檐廊建筑面积计算示意图

1-不计算建筑面积；2-室内；3-计算1/2建筑面积

图 3-14 檐廊建筑面积计算示意图

（14）门斗应按其围护结构外围水平面积计算建筑面积，且结构层高在 2.20 m 及以上的，应计算全面积；结构层高在 2.20 m 以下的，应计算 1/2 面积，如图 3-15 所示。

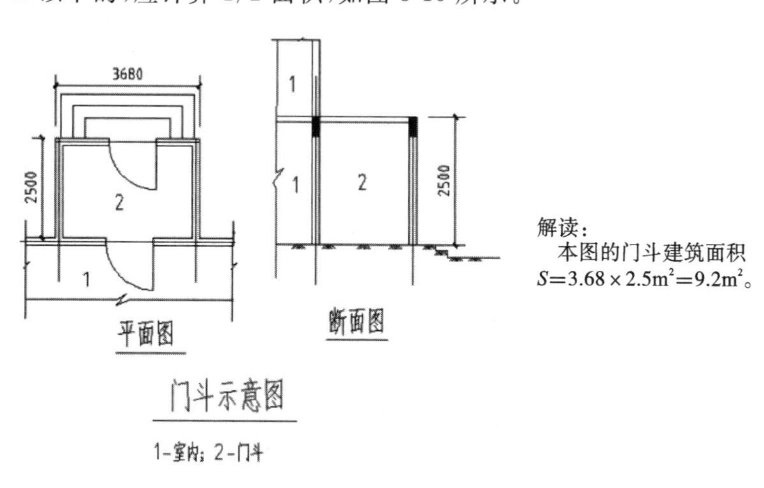

图 3-15 门斗示意图

（15）门廊应按其顶板的水平投影面积的 1/2 计算建筑面积；有柱雨篷应按其结构板水平投影面积的 1/2计算建筑面积；无柱雨篷的结构外边线至外墙结构外边线的宽度在 2.10 m 及以上的，应按雨篷结构板的水平投影面积的 1/2 计算建筑面积，如图 3-16 所示。

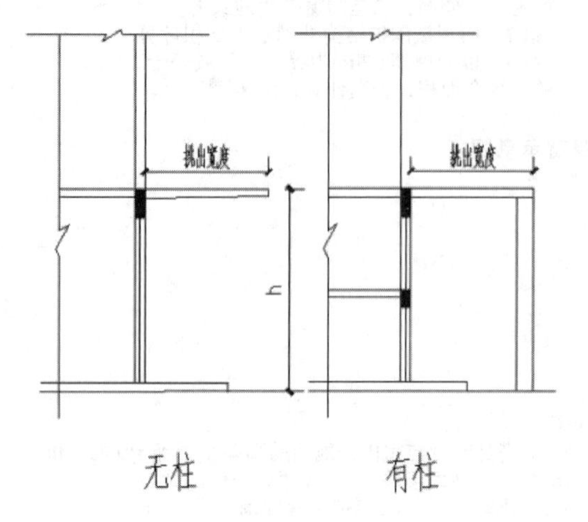

解读：

（1）有柱雨篷的计算：①不受挑出宽度的限制；②不受跨越层数的限制；③建筑面积等于1/2投影面积。

（2）无柱雨篷的计算：①挑出宽度大于等于2.1m；②结构板不跨层数；③建筑面积等于1/2投影面积。

图 3-16　雨篷示意图

（16）设在建筑物顶部的、有围护结构的楼梯间水箱间、电梯机房等，结构层高在 2.20 m 及以上的应计算全面积；结构层高在 2.20 m 以下的，应计算 1/2 面积，如图 3-17 所示。

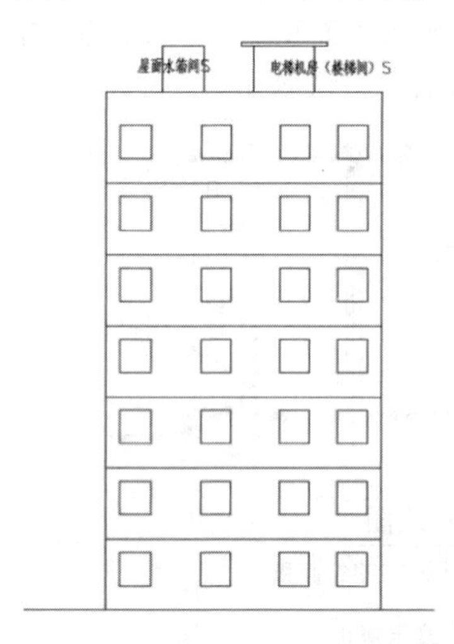

解读：

（1）计算全面积：
①有围护结构；
②结构层高大于等于2.2m；
③建筑面积等于外围水平面积。

（2）计算1/2面积：
①有围护结构；
②结构层高小于2.2m；
③建筑面积等于1/2外围水平面积。

图 3-17　建筑物顶水箱间、电梯机房（楼梯间）示意图

（17）围护结构不垂直于水平面的楼层，应按其底板面的外墙外围水平面积计算。结构净高在 2.10 m 及以上的部位，应计算全面积；结构净高在 1.20 m 及以上至 2.10 m 以下的部位，应计算 1/2 面积；结构净高在 1.20 m 以下的部位，不应计算建筑面积，如图 3-18 所示。

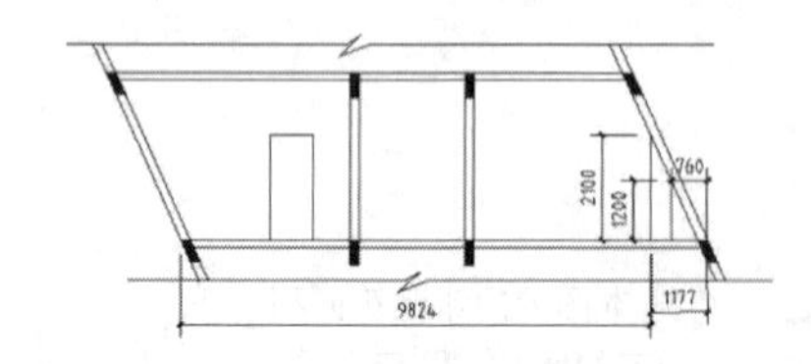

解读：

假如该图外墙纵向长度为10.0m，则其建筑面积

$S=[9.824\times10.0+(1.177-0.76)\times10\times1/2]\mathrm{m}^2=100.33\mathrm{m}^2$。

图 3-18　围护结构不垂直水平楼面的建筑面积计算示意图

（18）建筑物的室内楼梯、电梯井、提物井、管道井、通风排气竖井、烟道，应并入建筑物的自然层计算建筑面积。有顶盖的采光井应按一层计算面积，结构净高在 2.10 m 及以上的，应计算全面积；结构净高在 2.10 m 以下的，应计算 1/2 面积，如图 3-19 和图 3-20 所示。

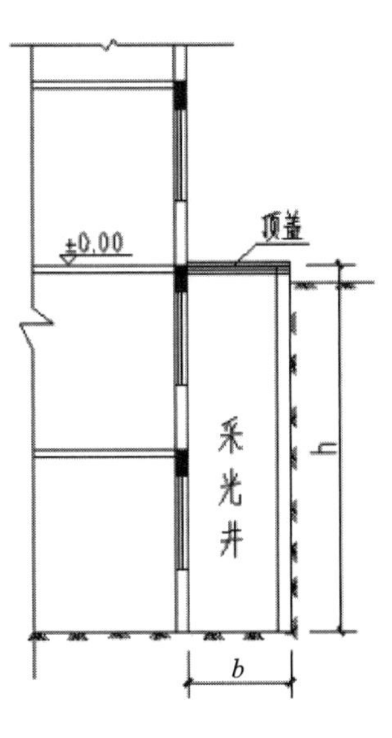

图 3-19　地室采光井示意图

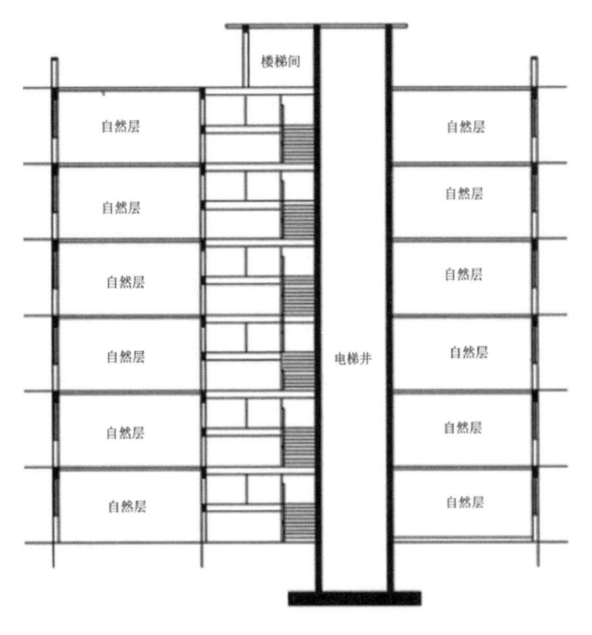

图 3-20　电梯井示意图

(19) 室外楼梯应并入所依附建筑物自然层，并应按其水平投影面积的 1/2 计算建筑面积，如图 3-21 所示。

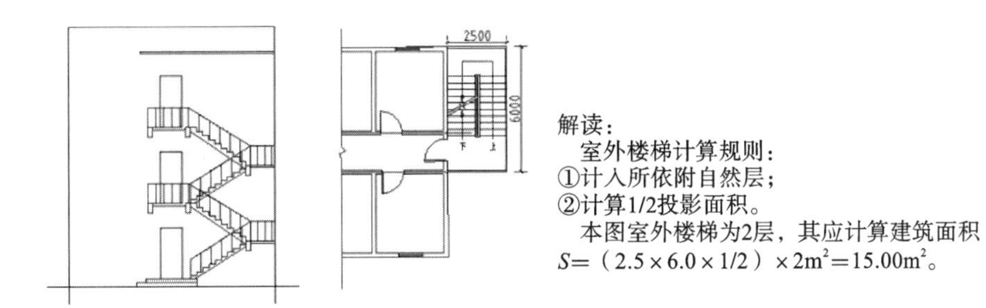

图 3-21　室外楼梯示意图

(20) 在主体结构内的阳台，应按其结构外围水平面积计算全面积；在主体结构外的阳台，应按其结构底板水平投影面积的 1/2 计算建筑面积，如图 3-22 所示。

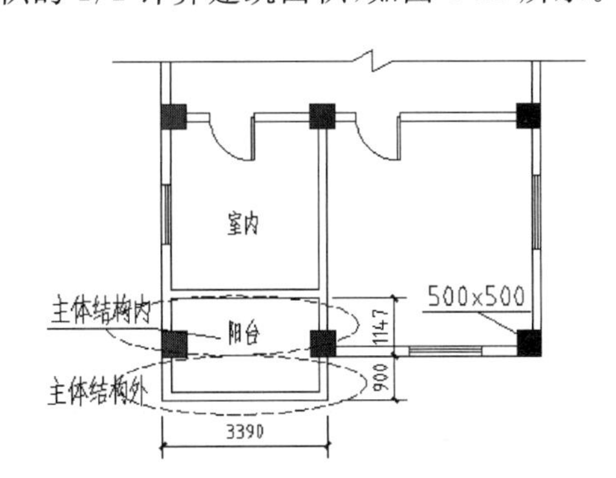

图 3-22　阳台平面示意图

(21) 有顶盖无围护结构的车棚、货棚、站台、加油站、收费站等，应按其顶盖水平投影面积的 1/2 计算建筑面积，如图 3-23 所示。

(22) 以幕墙作为围护结构的建筑物，应按幕墙外边线计算建筑面积。幕墙以其在建筑物中所起的作用和功能来区分，直接作为外墙起围护作用的幕墙，按其外边线计算建筑面积；设置在建筑物墙外起装饰作用的幕墙，不计算建筑面积，如图 3-24 所示。

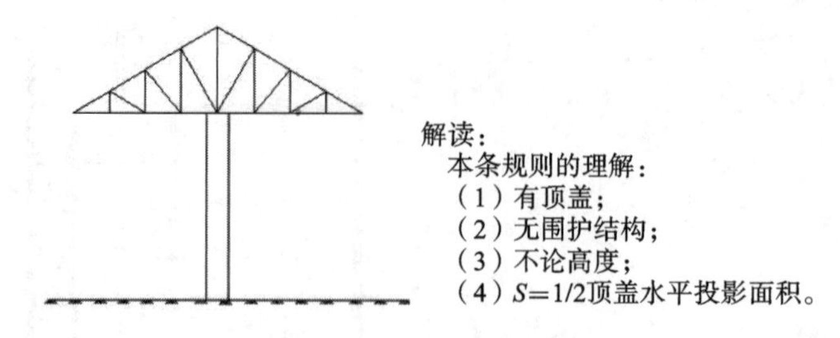

图 3-23　有顶盖无围护的建筑物示意图

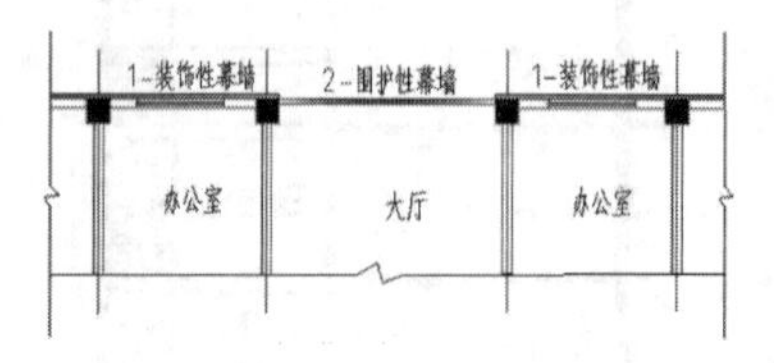

解读：
假设安装围护结构幕墙的两柱之净长为8.0m，幕墙水平结构截面宽为0.09m，则应计建筑面积$S=8.0\times0.09\text{m}^2=0.72\text{m}^2$。

图 3-24　建筑物幕墙示意图

（23）建筑物的外墙外保温层，应按其保温材料的水平截面积计算，并计入自然层建筑面积，如图 3-25 所示。

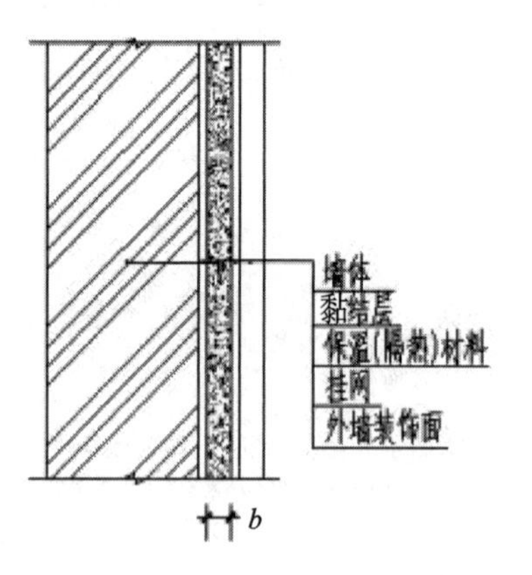

解读：
面积按其保温材料的水平截面积计算，即其按自然层保温材料的水平截面长乘以保温材料厚度计算建筑面积。

图 3-25　建筑外墙外保温(隔热)结构

（24）与室内相通的变形缝，应按其自然层合并在建筑物建筑面积内计算。对于高低联跨的建筑物，当高低跨内部连通时，其变形缝应计算在低跨面积内。对于建筑物内的设备层、管道层、避难层等有结构层的楼层，结构层高在 2.20 m 及以上的，应计算全面积；结构层高在 2.20 m 以下的，应计算 1/2 面积。

3. 不计算建筑面积的范围

（1）与建筑物内不相连的建筑部件，如图 3-26 所示。

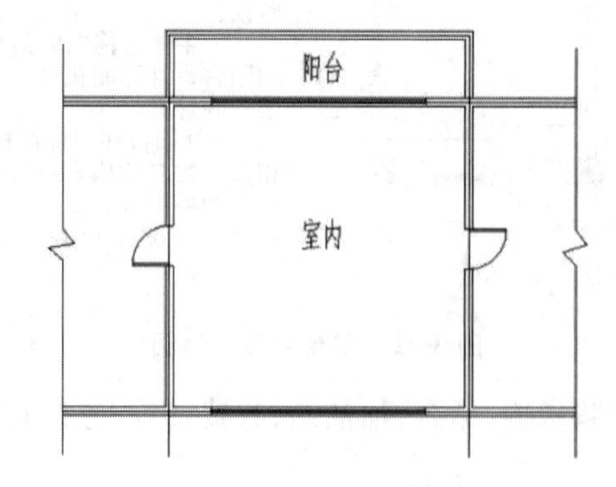

图 3-26　与建筑物不相连的阳台

（2）骑楼、过街楼底层的开放公共空间和建筑物通道，如图 3-27 所示。

（3）舞台及后台悬挂幕布和布景的天桥、挑台等。这里指的是影剧院的舞台及为舞台服务的可供上人

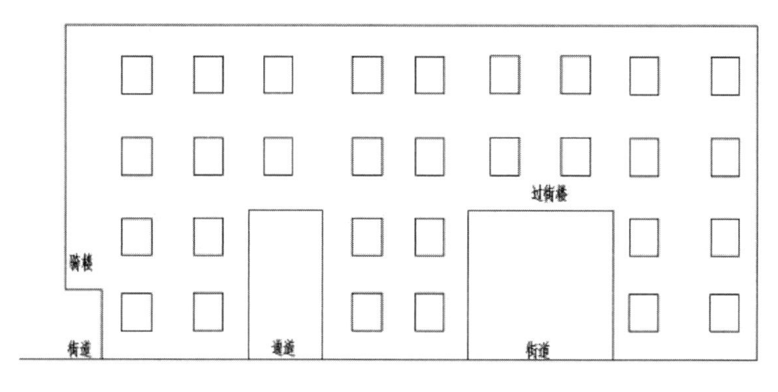

图 3-27　骑楼、过街楼、建筑物通道示意图

维修、悬挂幕布、布置灯光及布景等搭设的天桥和挑台等构件设施。

（4）露台、露天游泳池、花架、屋顶的水箱及装饰性结构构件。

（5）建筑物内的操作平台、上料平台、安装箱和罐体的平台，如图 3-28 所示。

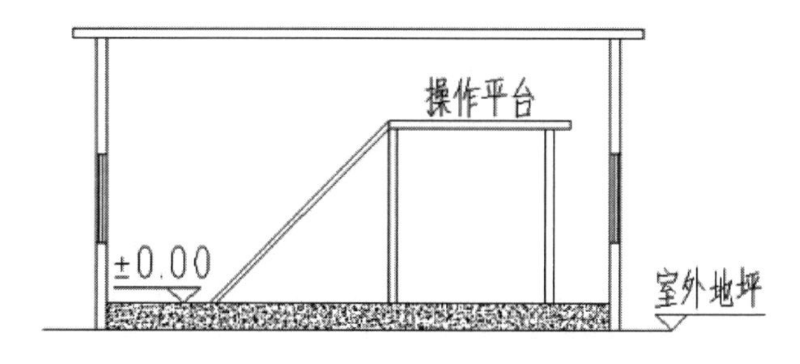

图 3-28　车间内操作平台示意图

（6）勒脚、附墙柱、垛、台阶、墙面抹灰、装饰面、镶贴块料面层、装饰性幕墙，主体结构外的空调室外机搁板（箱）、构件、配件，挑出宽度在 2.10 m 以下的无柱雨篷和顶盖高度达到或超过两个楼层的无柱雨篷。

（7）窗台与室内地面高差在 0.45 m 以下且结构净高在 2.10 m 以下的凸（飘）窗，窗台与室内地面高差在 0.45 m 及以上的凸（飘）窗。

（8）室外爬梯、室外专用消防钢楼梯。专用消防钢楼梯是不计算建筑面积的。当钢楼梯是建筑物唯一通道，并兼作消防通道时，则应按室外楼梯相关规定计算建筑面积，如图 3-29 所示。

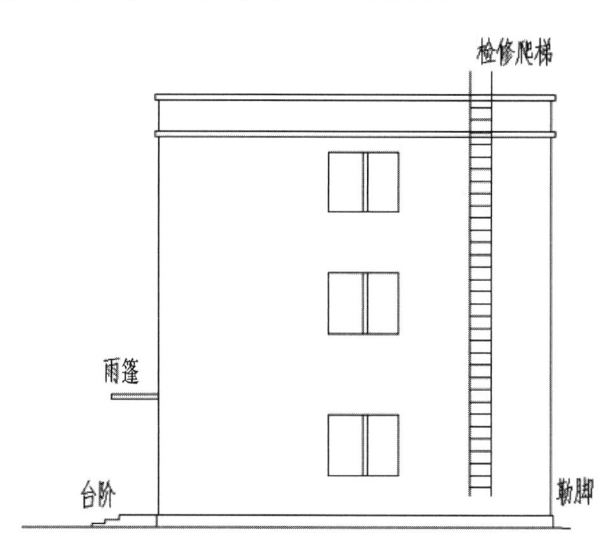

图 3-29　检修爬梯示意图

（9）无围护结构的观光电梯。无围护结构的观光电梯是指电梯轿厢直接暴露，外侧无井壁，不计算建筑面积。如果观光电梯在电梯井内运行时（井壁不限材料），观光电梯井按自然层计算建筑面积。

(10) 建筑物以外的地下人防通道，独立的烟囱、烟道、地沟、油（水）罐、气柜、水塔、贮油（水）池、贮仓、栈桥等构筑物。

三、学习任务小结

通过本节课的学习，同学们对建筑面积的计算规则和计算方法有了全面的了解，同时，也对建筑物建筑面积的计量计价有了初步的理解。课后，同学们要结合实际的工程项目，按照建筑面积测算规则，进行建筑面积计算实训。

四、课后作业

完成一个厂房的建筑面积计算。

学习任务二　楼地面工程清单工程量的计算

教学目标

(1) 专业能力:了解楼地面工程的计量与计价方法。

(2) 社会能力:能辨识楼地面工程的种类。

(3) 方法能力:图纸识别能力、工程量计算能力。

学习目标

(1) 知识目标:掌握楼地面工程的做法及计算方法。

(2) 技能目标:能看懂楼地面工程图纸,并了解其计算方法。

(3) 素质目标:会看图、能计算。

教学建议

1. 教师活动

教师讲解楼地面工程的计量与计价方法,并指导学生进行楼地面工程量计算。

2. 学生活动

认真听教师讲解楼地面工程的计量与计价方法,并在教师的指导下进行楼地面工程量计算。

一、学习问题导入

建筑楼地面工程是建筑物底层地面和多层建筑的楼层地面的总称。建筑物的内部空间由三个立面围成，即楼地面、墙和天棚。建筑工程室内装饰，就是对楼地面工程、墙面、柱面、隔断、天棚的装饰工程。对某建筑物进行工程造价计算时，楼地面工程的工程量计算和计价是其中的重要一环，是不可或缺的工作。

二、学习任务讲解

（一）楼地面工程基础知识

1. 楼地面的构造

楼地面的构造如图 3-30 所示。

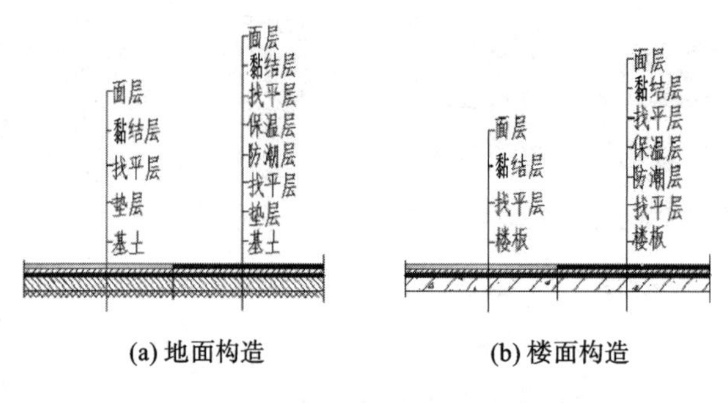

图 3-30　楼地面构造图

2. 楼地面工程图纸解读

(1) 基层：指楼板、夯实土基。在地面，基层是指基土；在楼面，基层是指结构楼板。

(2) 垫层：在基层之上的构造层。地面的垫层可以是灰土、石屑或素混凝土，或两者的叠加；在楼面可以是细石混凝土。

(3) 找平层：指在垫层、楼板或填充层上起找平、找坡或加强作用的构造层，常用水泥砂浆、细石混凝土等。

(4) 保温层：在有隔声、保温等要求的楼面则设置轻质材料的填充层，常用水泥蛭石、水泥炉渣、水泥珍珠岩等。

(5) 防潮层：指起防水、防潮作用的构造层，常用卷材、防水砂浆、沥青砂浆或防水涂料等。

(6) 黏结层：是指面层与下层相结合的中间层，如水泥膏黏结层、水泥浆黏结层、冷底子油黏结层等。

(7) 面层：指直接承受各种荷载作用的表面层，如水泥砂浆、细石混凝土、水磨石、自流平整体面层或地砖、石材、橡胶或塑料、地毯、地板等块料面层。

（二）楼地面工程工程量计算

本书以《建设工程工程量清单计价规范》(GB50500-2013)为依据进行清单工程量计算，以《广东省房屋建筑与装饰工程综合定额(2018)》(下称《综合定额》)为依据对楼地面的工程量计算规则做分析、解读。

1. 内容组成

楼地面装饰工程内容组成如图 3-31 所示。

2. 整体面层及找平层

(1) 整体面层及找平层清单工程量计算见表 3-1。

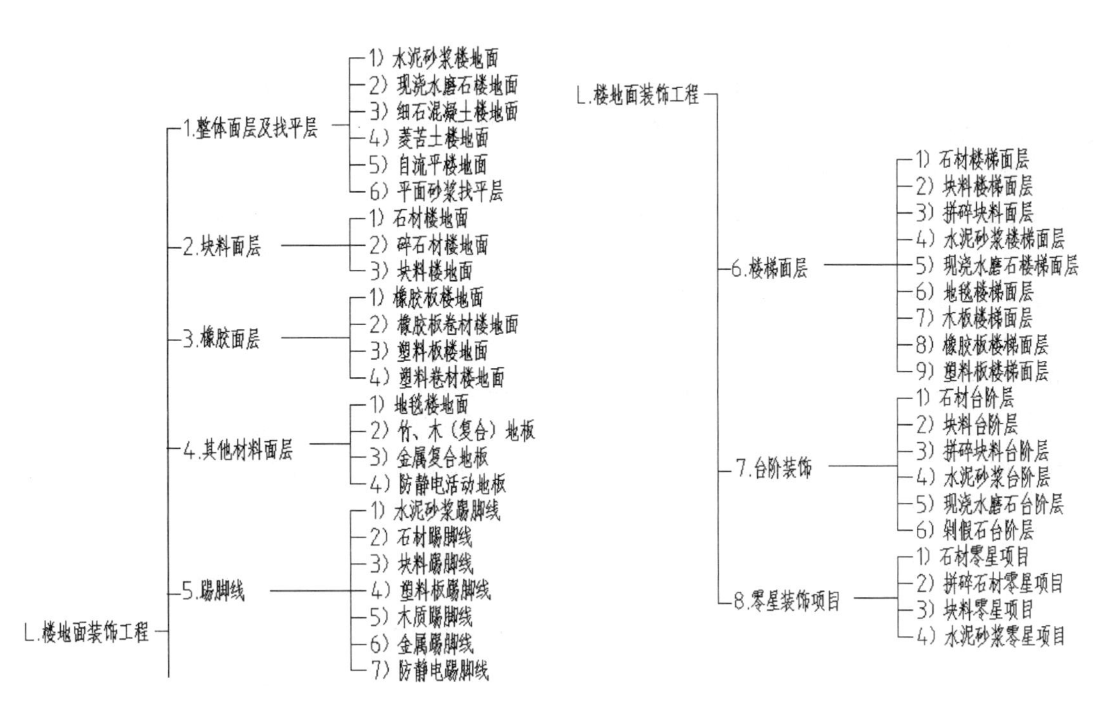

图 3-31　楼地面装饰工程内容组成

表 3-1　整体面层及找平层清单工程量

项 目 名 称	单　位	工程量计算规则	工 程 内 容
垫层	m^3	按设计图示尺寸以立方米计算	材料拌制、铺设(浇筑)、运输
水泥砂浆楼地面	m^2	按设计图示尺寸以面积计算。扣除凸出地面构筑物、设备基础、室内管道、地沟等所占面积,不扣除间壁墙和小于等于 0.3 m^2 的柱、垛、附墙烟囱及孔洞所占面积。门洞、空圈、暖气包槽、壁龛的开口部分不增加面积	1. 基层清理 2. 抹找平层 3. 涂界面剂、涂刷中层漆 4. 馒涂自流平面漆(浆) 5. 拌和自流平浆料 6. 面层及面层处理 7. 嵌缝条安装 8. 磨光、酸洗打蜡 9. 材料运输
现浇水磨石楼地面			
细石混凝土楼地面			
菱苦土楼地面			
自流平楼地面			
平面砂浆找平层		按设计图示尺寸以面积计算	

(2) 整体面层及找平层计价工程量计算见表 3-2。

表 3-2　整体面层及找平层计价工程量

项 目 名 称	单　位	工程量计算规则
垫层	m^3	按设计图示尺寸以立方米计算
找平层	m^2	按设计图示尺寸以面积计算。扣除凸出地面构筑物、设备基础、室内管道、地沟等所占面积,不扣除间壁墙和小于等于 0.3 m^2 的柱、垛、附墙烟囱及孔洞所占面积。门洞、空圈、暖气包槽、壁龛的开口部分不增加面积
整体面层		
水磨石嵌条	m	按设计图示尺寸以米计算
其他	m^2	与对应整体层面的工程量计算
平面砂浆找平层	m^2	按设计图示尺寸以面积计算

(3) 分析及解读。

间壁墙:隔墙的一种,墙体较薄(墙厚在 120 mm 以内),多使用轻质材料(如玻璃、木板、空心石膏板等)构成,待地面面层做好后再施工的墙体(不封顶的间壁墙就是隔断)。

墙垛:墙中凸出墙面的柱状结构。

空圈:指未装门的洞口,也称垭口,可以由此进出房间。空圈常设置在客厅与过道之间、阳台与客厅(或卧室)之间。

门洞:建筑物里预留的用来装门窗的洞口。

壁龛:一个没有门的嵌入式墙柜。

平面砂浆找平层只适合于仅做找平层的平面抹灰。

[例 3-1] 如图 3-32 所示为车库首层建筑平面图,将花岗岩石板面层改为做水泥砂浆找平层 15 mm、上等水磨石整体面(10 mm+15 mm,嵌铜条间距 1 m×1 m)。求室内石屑垫层、素混凝土垫层及地面部分工程量。

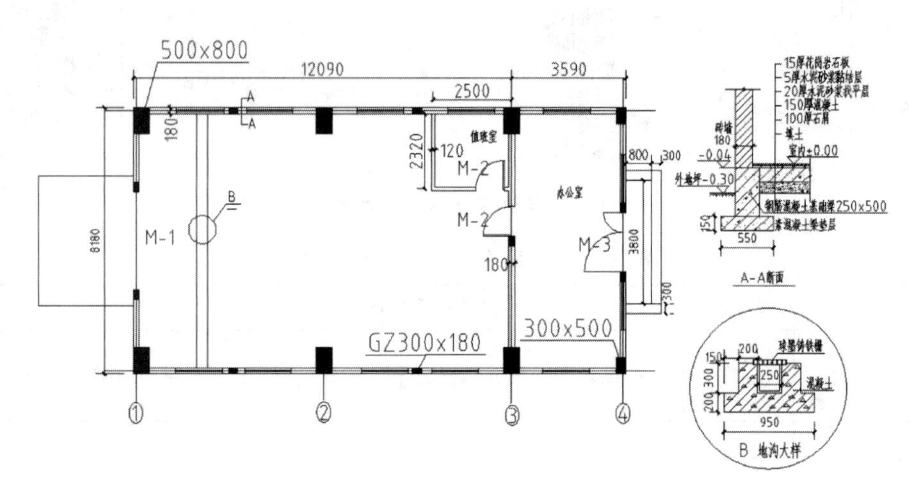

图 3-32 车库首层建筑平面图

解:①清单工程量计算。

a. 100 厚石屑垫层:运用砌筑工程垫层计算规则。

$S=(8.18-0.25\times2)\times(12.09-0.25-0.125)+(8.18-0.25\times2)\times(3.59-0.125-0.25)$

$-(8.18-0.25\times2)\times(0.2+0.25+0.2)$[地沟]

$-(0.8-0.25)\times(0.5-0.25)\times2$[①轴柱]

$-(0.8-0.25)\times0.5\times2$[②轴柱]

$-(0.8-0.25)\times(0.25-0.125)\times4$[③轴柱]

$-(0.5-0.25)\times(0.30-0.25)\times2$[④轴柱]

$=108.54\ m^2$;$V=108.54\times0.1\ m^3=10.85\ m^3$。

b. 150 厚素混凝土垫层:运用现浇混凝土基础计算规则。

面积同石屑垫层,$V=108.54\times0.15\ m^3=16.28\ m^3$

c. 25 厚上等水磨石嵌铜条地面:运用整体面层及找平层计算规则。

$S=(8.18-0.18\times2)\times(12.09-0.18-0.09)+(8.18-0.18\times2)\times(3.59-0.09-0.18)$

$-(8.18-0.18\times2)\times(0.05+0.25+0.05)$[地沟盖格栅]

$-(0.8-0.18)\times0.5\times2$[②轴柱]

$=115.03\ (m^2)$

②计价工程量计算。

a. 100 厚石屑垫层:运用《综合定额》砌筑工程垫层计算规则。计价工程量规则与清单工程量规则相同;$V=10.85\ m^3$。

b. 150 厚素混凝土垫层：运用《综合定额》现浇混凝土基础计算规则。计价工程量规则与清单工程量规则相同；$V=16.28\ \text{m}^3$。

c. 1.15 mm 厚水泥砂浆找平层：运用《综合定额》楼地面之找平层计算规则。计价工程量规则与清单工程量规则相同；$S=115.03\ \text{m}^2$。

25 厚上等水磨石嵌铜条地面：运用《综合定额》楼地面之整体面层及找平层计算规则。计价工程量规则与清单工程量规则相同；$S=115.03\ \text{m}^2$。

铜嵌条：运用《综合定额》楼地面之整体面层及找平层计算规则。

$$
\begin{aligned}
L &= (8.18-0.18\times2)\times((12.09-0.18-0.09-0.35)/1+1+(3.59-0.09-0.18)/1+1) \\
&\quad +(12.09+3.59-0.18-0.35-0.18-0.18)\times((8.18-0.18\times2)/1+1)-0.5\times2[\text{柱}] \\
&=258.23\ (\text{m})
\end{aligned}
$$

③计算说明。

a. 按设计图示尺寸以面积计算。即面积为按设计图标示的尺寸计算的实际净面积，但在计算规则中有指明扣减、不扣减事项规则的除外。

b. 垫层铺在室内的基础梁之间，则以梁宽 0.25 m 计算面积的净长、宽；而水泥砂浆面层是铺在室内的墙之间，则以墙厚 0.18 m 计算面积的净长、宽。

c. 垫层的计算规则是“按设计图示尺寸以立方米计算”，即体积是面积乘以厚度，规则没有指明扣减或不扣减的事项，则是实际的净面积，如图 3-33 所示。

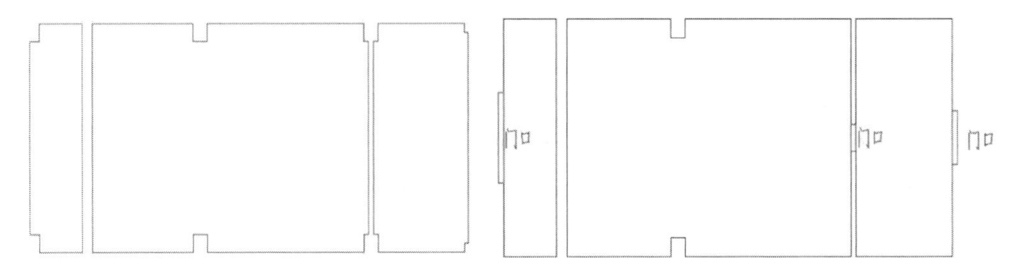

图 3-33　垫层示意图

d. 水泥砂浆面层面积计算规则中有指明扣减和不扣减的事项，则①、③及④轴凸出墙的柱面积为 $0.198\ \text{m}^2$、$0.198\ \text{m}^2$ 及 $0.038\ \text{m}^2$，小于 $0.3\ \text{m}^2$，不扣减，而②轴凸出墙的柱面积为 $0.31\ \text{m}^2$，大于 $0.3\ \text{m}^2$，扣减；值班室墙建在垫层上，属间壁墙，也不扣减；门洞开口（上图的红线）也不增加。

3. 块料面层

（1）块料面层清单工程量计算见表 3-3。

表 3-3　块料面层清单工程量

项目名称	单位	工程量计算规则	工作内容
石材楼地面	m^2	按设计图示尺寸以面积计算。门洞、空圈、暖气包槽、壁龛的开口部分并入相应的工程量内	1. 基层清理 2. 抹找平层 3. 面层铺设、磨边 4. 嵌缝 5. 刷防护材料 6. 酸洗、打蜡 7. 材料运输
碎石材楼地面			
块料楼地面			

（2）块料面层计价工程量计算见表 3-4。

表 3-4 块料面层计价工程量

项目名称	单位	工程量计算规则
找平层	m^2	按设计图示尺寸以面积计算。扣除凸出地面构筑物、设备基础、室内管道、地沟等所占面积，不扣除间壁墙和小于等于 0.3 m^2 的柱、垛、附墙烟囱及孔洞所占面积。门洞、空圈、暖气包槽、壁龛的开口部分不增加面积
块料面层		按设计图示尺寸以面积计算。扣除凸出地面构筑物、设备基础、室内管道、地沟等所占面积，不扣除间壁墙、点缀和小于等于 0.3 m^2 的柱、垛、附墙烟囱及孔洞所占面积。门洞、空圈、暖气包槽、壁龛的开口部分并入相应的工程量内
点缀	个	以个计算
其他	m^2	与对应块料层面的工程量计算

(3) 分析及解读。

点缀：楼地面工程中加以衬托或装饰，使原有楼地面更加美观。

目前房屋装饰工程将门洞、空圈的开口部分的楼地面叫门槛石，一般面层材料与门洞、空圈内外楼地面材料不同，甚至更高档。如是相同的，按规则并入相应的工程量内；如不同，则应分开计算，一般每个开口面积小于 0.5 m^2，较分散，属楼地面的零星装饰项目。

[例 3-2] 如图 3-32 所示为首层车库建筑平面，地面做法为 20 厚水泥砂浆找平，水泥膏铺贴 300 mm×600 mm 麻花花岗岩石板，门槛为新疆黑花岗岩石板，求面层工程量。(M-1：3000 mm×2500 mm，M-2：900 mm×2100 mm，M-3：1800 mm×2500 mm)

解：①清单工程量计算。

300 mm×600 mm 麻花花岗岩石板：运用块料楼地面计算规则。

S＝(8.18－0.18×2)×(12.09－0.18－0.09)＋(8.18－0.18×2)×(3.59－0.09－0.18)
－(8.18－0.18×2)×(0.05＋0.25＋0.05)[地沟盖格栅]
－(0.8－0.18)×(0.5－0.18)×2[①轴柱]
－(0.8－0.18)×0.5×2[②轴柱]
－(0.8－0.18)×(0.25－0.09)×4[③轴柱]
－(0.5－0.18)×(0.30－0.18)×2[④轴柱]
－0.12×(2.5＋2.32)
＝113.59 (m^2)

新疆黑花岗岩石板门槛石：运用块料楼地面计算规则，属零星装饰项目清单。

S＝0.18×(3.0＋0.9＋1.8)＋0.12×0.90
＝1.13 (m^2)

②计价工程量计算。

a. 找平层的工程量：运用《综合定额》楼地面之找平层计算规则。计价工程量规则与清单工程量规则相同。

S＝(8.18－0.18×2)×(12.09－0.18－0.09)＋(8.18－0.18×2)×(3.59－0.09－0.18)
－(8.18－0.18×2)×(0.05＋0.25＋0.05)[地沟盖格栅]
－(0.8－0.18)×0.5×2[②轴柱，面积大于 0.3 m^2]
＝115.03 (m^2)

b. 300 mm×600 mm 麻花花岗岩石板：运用《综合定额》楼地面之石材面计算规则。

S＝(8.18－0.18×2)×(12.09－0.18－0.09)＋(8.18－0.18×2)×(3.59－0.09－0.18)
－(8.18－0.18×2)×(0.05＋0.25＋0.05)[地沟盖格栅]
－(0.8－0.18)×0.5×2[②轴柱，面积大于 0.3 m^2]
＝115.03 (m^2)

新疆黑花岗岩石板门槛石：运用块料楼地面计算规则，属零星装饰项目清单，计价工程量规则与清单工程量规则相同。$S=1.13\ m^2$。

4. 橡胶面层

（1）橡胶面层清单工程量计算见表3-5。

表3-5 橡胶面层清单工程量

项目名称	单位	工程量计算规则	工作内容
橡胶板楼地面	m^2	按设计图示尺寸以面积计算。门洞、空圈、暖气包槽、壁龛的开口部分并入相应的工程量内	1. 基层清理 2. 面层铺贴 3. 压缝条装订 4. 材料运输
橡胶板卷材楼地面			
塑料板楼地面			
塑料卷材楼地面			

（2）橡胶面层计价工程量计算见表3-6。

表3-6 橡胶面层计价工程量

项目名称	单位	工程量计算规则
橡胶面层	m^2	按设计图示尺寸以面积计算。门洞、空圈、暖气包槽、壁龛的开口部分并入相应的工程量内

5. 其他材料面层

（1）其他材料面层清单工程量计算见表3-7。

表3-7 其他材料面层清单工程量

项目名称	单位	工程量计算规则	工作内容
地毯楼地面	m^2	按设计图示尺寸以面积计算。门洞、空圈、暖气包槽、壁龛的开口部分并入相应的工程量内	1. 基层清理 2. 龙骨铺设 3. 基层铺设 4. 固定支架安装 5. 活动面层安装 6. 面层铺贴 7. 刷防护材料 8. 装订压条 9. 材料运输
竹、木(复合)地板			
金属复合地板			
防静电活动地板			

（2）其他材料面层计价工程量计算见表3-8。

表3-8 其他材料面层计价工程量

项目名称	单位	工程量计算规则
找平层	m^2	按设计图示尺寸以面积计算。扣除凸出地面构筑物、设备基础、室内管道、地沟等所占面积，不扣除间壁墙和小于等于$0.3\ m^2$的柱、垛、附墙烟囱及孔洞所占面积。门洞、空圈、暖气包槽、壁龛的开口部分不增加面积
面层		按设计图示尺寸以“m^2”计算。门洞、空圈、暖气包槽、壁龛的开口部分并入相应的工程量内
其他	m^2	与对应层面的工程量计算

（3）分析及解读。

同学们可以在其他书籍了解地毯，竹、木（复合）地板，金属复合地板，防静电活动地板楼地面的相关内容。

［**例 3-3**］ 如图 3-34 所示是二层建筑平面图，房 2 地面做法是：15 厚水泥砂浆找平，50 mm×30 mm 杉枋龙骨，间距为 500 mm×500 mm，水曲柳木地板。求房 2 木地板工程量。（所有墙厚均为 180 mm，门宽为 900 mm）

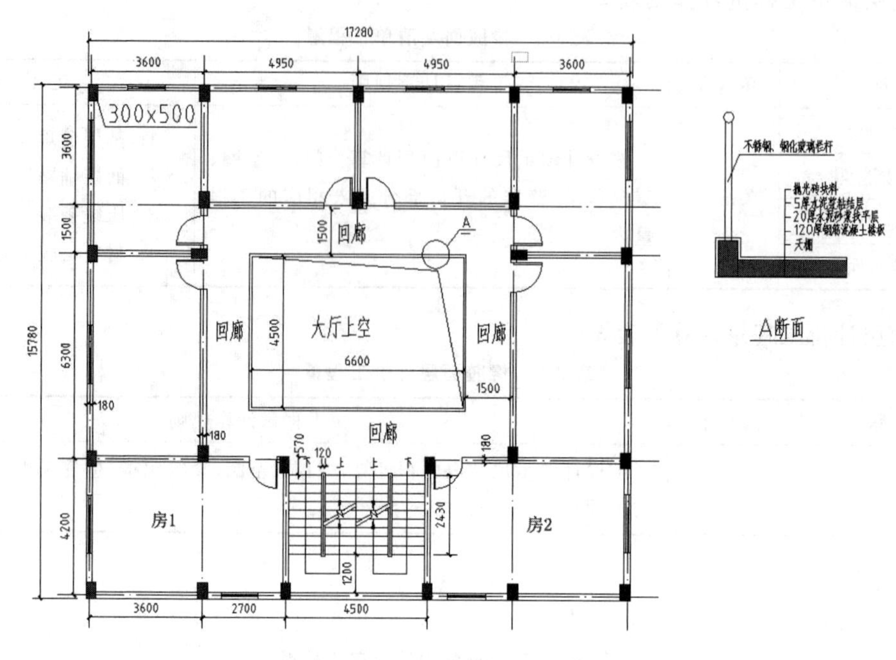

图 3-34　二层建筑平面图

解：①清单工程量计算。

水曲柳木地板：运用其他材料面层计算规则。

$$
\begin{aligned}
S &= (4.2-0.09\times2)\times(3.6+2.7-0.09\times2)+0.18\times0.9 \\
&\quad -(0.25-0.09)\times(0.3-0.18)\times2-(0.5-0.18)\times(0.3-0.18)\times2 \\
&\quad -(0.5-0.18)\times0.3\text{［混凝土柱凸出墙位］} \\
&= 27.55\ (\text{m}^2)
\end{aligned}
$$

②计价工程量计算。

水泥砂浆找平层：运用《综合定额》楼地面之找平层计算规则。

$$
\begin{aligned}
S &= (4.2-0.09\times2)\times(3.6+2.7-0.09\times2) \\
&= 24.6\ (\text{m}^2)
\end{aligned}
$$

龙骨木枋：运用《综合定额》计算。

$$
\begin{aligned}
V &= 0.05\times0.03\times(4.2-0.18)\times[(3.6+2.7-0.18)/0.5+1] \\
&\quad +(6.3-0.18)\times[(4.2-0.18)/0.5+1)] \\
&= 0.0015\times(4.02\times13.24+6.12\times9.1) \\
&= 0.16\ (\text{m}^3)
\end{aligned}
$$

水曲柳木地板：运用《综合定额》楼地面之其他材料面层计算规则。计价工程量规则与清单工程量规则相同。

$$S=27.55\ \text{m}^2。$$

6. 踢脚线

（1）踢脚线清单工程量计算见表 3-9。

表 3-9　踢脚线清单工程量

项目名称	单　位	工程量计算规则	工作内容
水泥砂浆踢脚线	1. m^2 2. m	1. 以平方米计量，按设计图示长度乘以高度以面积计算 2. 以米计量，按延长米计算	1. 基层清理 2. 底层或面层抹灰 3. 基层铺贴 4. 面层铺贴、磨边 5. 擦缝 6. 磨光、酸洗、打蜡 7. 刷防护材料 8. 材料运输
石材踢脚线			
块料踢脚线			
塑料板踢脚线			
木质踢脚线			
金属踢脚线			
防静电踢脚线			

(2) 踢脚线计价工程量计算见表 3-10。

表 3-10　踢脚线计价工程量

项目名称	单　位	工程量计算规则
底层抹灰	m^2	按内墙净长乘以高度计算
踢脚线		按设计图示长度乘以高度以面积计算
其他	m^2	与对应踢脚线的工程量计算

(3) 分析及解读。

踢脚线：指在室内墙体下端与楼地面接触处易被脚踢损坏，被扫把、拖把等弄脏而特意在墙角设置的装饰线条。一般采用石材、块料、塑料板、木质、金属、防静电等材料来做踢脚线，也有直接在墙脚抹水泥砂浆的。

在计算成品踢脚线工程量时，需注意根据实际铺设情况判断是否增加长度或面积情况和位置，包括凸出墙面的柱、垛和门侧面。一般在墙体的阳角及阴角位置处安装踢脚线的做法是将两条对接踢脚线切割为阳(阴)角度的 1/2 后才安装，那么就会增加两个与踢脚线厚度相等的长度。踢脚线详图如图 3-35 所示。

[例 3-4]　在图 3-34 所示的二层建筑平面中，房 1 在墙面水泥石灰砂浆抹灰后做复合板(塑料)踢脚线 100 mm×15 mm，求房 1 踢脚线工程量。(所有墙厚均为 180 mm，门宽为 900 mm)

解：①清单工程量计算。

踢脚线：运用踢脚线工程量规则计算。

$$S = \{(4.2-0.09\times2)\times2+(3.6+2.7-0.09\times2)\times2-0.9$$
$$+(0.5-0.18)\times2+0.18\times2+0.015\times20[\text{凸出墙面柱、门侧面阳角的增加}]\}\times0.1$$
$$=20.68\times0.1$$
$$=2.07\ (m^2)$$

②计价工程量计算。

踢脚线：运用《综合定额》楼地面之踢脚线计算规则。计价工程量规则与清单工程量规则相同。

$S=2.07\ m^2$。

7. 楼梯面层

(1) 楼梯面层清单工程量计算见表 3-11。

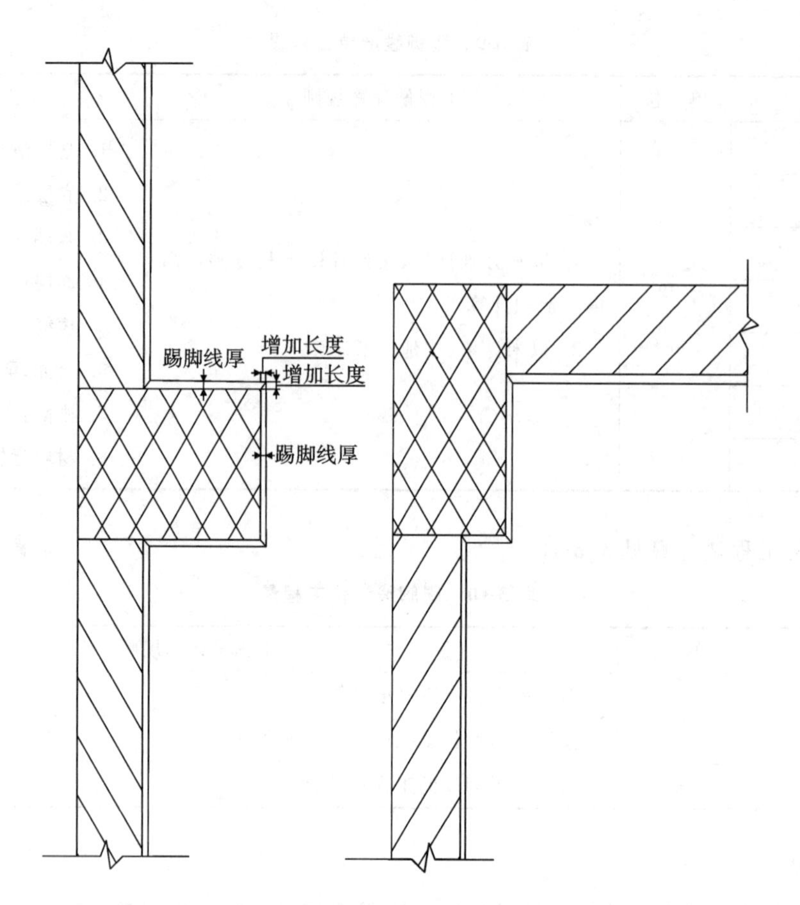

图 3-35　踢脚线详图

表 3-11　楼梯面层清单工程量

项目名称	单位	工程量计算规则	工作内容
石材楼梯面层	m^2	按设计图示尺寸以楼梯(包括踏步、休息平台及小于等于500 mm的楼梯井)水平投影面积计算。楼梯与楼地面相连时,算至梯口梁内侧边沿;无梯口梁者,算至最上一层踏步边沿加300 mm	1. 基层清理 2. 抹找平层 3. 抹面层 4. 基层铺贴 5. 铺贴面层 6. 固定配件支架 7. 刷防护材料 8. 勾缝、压缝条装订 9. 贴嵌(抹)防滑条 10. 磨边、磨光、酸洗、打蜡 11. 材料运输
块料楼梯面层			
拼碎块料面层			
水泥砂浆楼梯面层			
现浇水磨石楼梯面层			
地毯楼梯面层			
木板楼梯面层			
橡胶板楼梯面层			
塑料板楼梯面层			

(2) 楼梯面层计价工程量计算见表 3-12。

表 3-12　楼梯面层计价工程量

项目名称	单位	工程量计算规则
找平层	m^2	按设计图示尺寸以楼梯(包括踏步、休息平台及500 mm以内的楼梯井)水平投影面积,以"m^2"计算。楼梯与楼地面相连时,算至梯口梁内侧边沿;无梯口梁者,算至最上一层踏步边沿加300 mm
楼梯面层		

续表

项 目 名 称	单 位	工程量计算规则
楼梯踏步地毯配件	m 或套	按配件设计图示数量计算
楼梯面层防滑条	m	按设计图示尺寸计算。设计未注明长度时，防滑条按踏步两端距离各减 150 mm 计算
其他	m^2	与对应层面的工程量计算

(3) 分析及解读。

楼梯面层构造如图 3-36 所示。

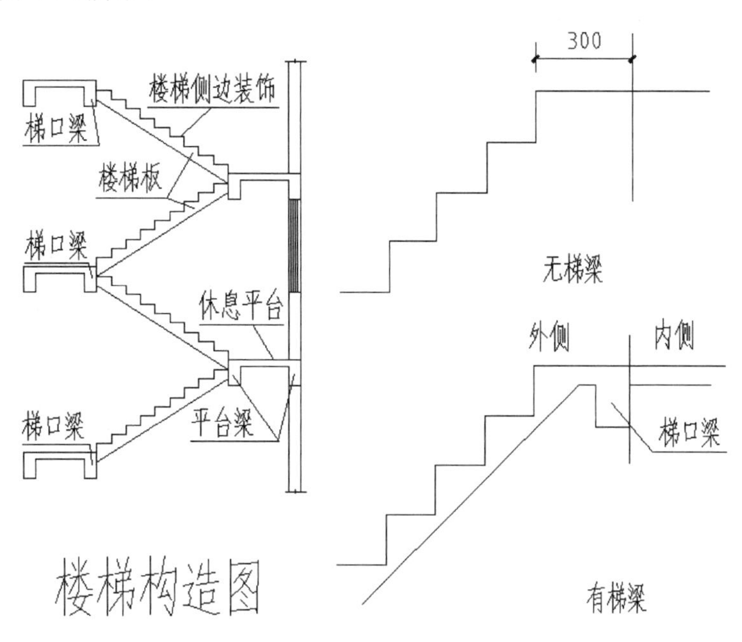

图 3-36　楼梯面层构造图

[例 3-5]　图 3-34 所示的二层建筑，其楼梯面层做法如下：水泥砂浆找平，楼级及休息平台水泥膏贴 500 mm×500 mm 防滑耐磨地砖，不锈钢楼梯栏杆。求该自然层楼梯面层工程量。（梯口梁截面 250 mm×400 mm，踏步 270 mm×150 mm，梯级刻三道 5 mm×5 mm 防滑槽）

解：①清单工程量计算。

楼梯防滑耐磨地砖：运用楼梯面层工程量计算规则计算。

$$S=1.21\times(4.5-0.09\times2)-(0.5-0.18)\times(0.15-0.09)\times2[\text{平台凸出墙面柱}]+(2.43+0.25)\times(4.5-0.09\times2)[\text{梯级}]=16.77\ (m^2)$$

不锈钢栏杆：运用扶手、栏板、栏杆工程量计算规则。【属《建设工程工程量清单计价规范》(GB50500-2013)的其他装饰工程】

$$L=\{SQR[(0.2+2.43+0.25)^2+1.5\times1.5]+0.12\}\times2\times2=13.47\ (m)$$

②计价工程量计算。

找平层：运用《综合定额》楼地面之楼梯面层计算规则，计价工程量规则与清单工程量规则相同。$S=16.77\ m^2$。

陶瓷块面层：运用《综合定额》楼地面之楼梯面层计算规则，计价工程量规则与清单工程量规则相同。$S=16.77\ m^2$。

刻槽(5 mm×5 mm)：运用《综合定额》楼地面之楼梯面层防滑条计算规则。

$L=[(4.5-0.09\times2-0.12\times2)-0.15\times6]$[m/道]$\times10$[级]$\times3$[道/级]
$=95.4$ (m)

不锈钢栏杆:运用《综合定额》其他装饰工程计算规则。

不锈钢栏杆:

$L=\{SQR[(0.2+2.43+0.25)^2+1.5\times1.5]\}\times2\times2$[SQR 为开平方根的英语简写]
$=12.99$ (m)

不锈钢扶手工程量与栏杆相同,$L=12.99$ m。

弯头:4 个。

8. 台阶装饰

(1) 台阶装饰清单工程量计算见表 3-13。

表 3-13　台阶装饰清单工程量

项目名称	单　位	工程量计算规则	工作内容
石材台阶层	m^2	按设计图示尺寸以台阶(包括最上层踏步边沿加 300 mm)水平投影面积计算	1. 基层清理 2. 抹找平层 3. 抹(铺贴)面层 4. 抹(铺贴)面层 5. 抹(贴嵌)防滑条 6. 勾缝 7. 磨光、酸洗、打蜡 8. 刷防护材料 9. 剁假石 10. 材料运输
块料台阶层			
拼碎块料台阶层			
水泥砂浆台阶层			
现浇水磨石台阶层			
剁假石台阶层			

(2) 台阶装饰计价工程量计算见表 3-14。

表 3-14　台阶装饰计价工程量

项目名称	单　位	工程量计算规则
找平层	m^2	按设计图示台阶(包括最上层踏步边沿加 300 mm)水平投影面积,以"m^2"计算
块料面层		
面层防滑条	m	按设计图示尺寸以"m"计算。设计未注明长度时,防滑条按踏步两端距离各减 150 mm 计算
其他	m^2	与对应层面的工程量计算

(3) 分析及解读。

[例 3-6]　如图 3-32 所示的车库首层建筑,其台阶面层做法如下:水泥砂浆找平,踏步水泥膏贴 300 mm×600 mm 花岗岩石板,梯级石板外磨边。求该台阶装饰的工程量。

解:①清单工程量计算。

花岗岩石板:运用台阶装饰工程量计算规则。

$S=(3.8+0.3\times2)\times0.3+0.3\times0.8\times2$[第一级]$+3.8\times0.3+0.3\times(0.8-0.3)\times2$[顶边沿加 300]
$=3.24$ (m^2)

②计价工程量计算。

水泥砂浆找平层:运用《综合定额》楼地面工程计算规则,计价工程量规则与清单工程量规则相同。$S=3.24$ m^2。

花岗岩石板:运用《综合定额》楼地面工程计算规则,计价工程量规则与清单工程量规则相同。$S=3.24$ m^2。

石材磨边：运用《综合定额》其他装饰工程计算规则。

$$L=4.4+1.1\times2+3.8+0.8\times2=12\ (\text{m})$$

9. 零星装饰项目

（1）零星装饰项目清单工程量计算见表 3-15。

表 3-15 零星装饰项目清单工程量

项目名称	单位	工程量计算规则	工作内容
石材零星项目	m^2	按设计图示尺寸以面积计算	1. 基层清理 2. 抹找平层 3. 抹(铺贴)面层 4. 磨边、勾缝 5. 刷防护材料 6. 酸洗、打蜡 7. 材料运输
拼碎石材零星项目			
块料零星项目			
水泥砂浆零星项目			

（2）零星装饰项目计价工程量计算见表 3-16。

表 3-16 零星装饰项目计价工程量

项目名称	单位	工程量计算规则
找平层	m^2	按设计图示尺寸以"m^2"计算。梯级拦水线，按设计图示水平投影面积以"m^2"计算
面层		
其他	m^2	与对应层面的工程量计算

（3）分析及解读。

楼地面零星项目适用于楼梯、台阶侧面以及 0.5 m^2 以内少量分散的楼地面装饰工程。

工程量计算规范还指明：楼梯、台阶牵边和侧面镶贴块料面层，不大于 0.5 m^2 的少量分散的楼地面镶贴块料面层，应按表 3-16 执行。

室外踏步（台阶）两端有时设计为花池，有时设计为砖砌的矮挡墙，称之为牵边，如图 3-37 所示。

图 3-37 牵边

三、学习任务小结

通过本节课的学习，同学们对楼地面工程的计算规则和计算方法有了全面的了解，同时，也对楼地面工程的计量计价有了初步的理解。课后，同学们要结合实际的工程项目，进行楼地面工程计算实训。

四、课后作业

某建筑平面如图 3-38 所示，墙厚 240 mm，室内铺设 500 mm×500 mm 中国红大理石，20 厚水泥砂浆找平，5 厚 1∶1 水泥砂浆黏结，试计算大理石地面的工程量。

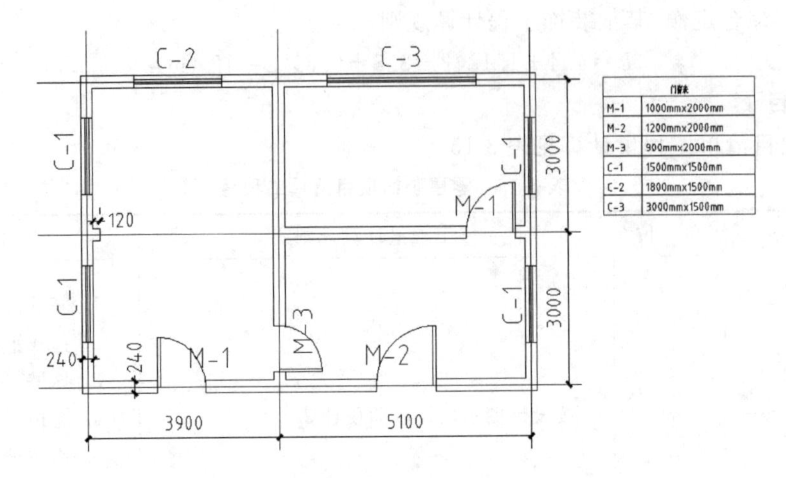
C-2
C-3
C-1
C-1
M-1
120
C-1
C-1
M-3
M-2
M-1
240
240
3000
3000
3900
5100
门窗表
M-1 1000mmx2000mm
M-2 1200mmx2000mm
M-3 900mmx2000mm
C-1 1500mmx1500mm
C-2 1800mmx1500mm
C-3 3000mmx1500mm

图 3-38　建筑平面图

学习任务三　墙柱面装饰工程清单工程量的计算

教学目标

（1）专业能力：了解墙柱面装饰工程清单工程量的计算方法。

（2）社会能力：能进行墙柱面装饰工程清单工程量的计算。

（3）方法能力：图纸识读能力、清单工程量计算能力。

学习目标

（1）知识目标：了解墙柱面装饰工程的内容，掌握墙柱面装饰工程清单工程量的计算方法。

（2）技能目标：能根据施工图计算墙柱面装饰工程的清单工程量。

（3）素质目标：具备一定的计算能力和制表能力。

教学建议

1. 教师活动

教师讲解墙柱面装饰工程清单工程量的计算方法，并指导学生进行墙柱面装饰工程清单工程量的计算实训。

2. 学生活动

认真听教师讲解墙柱面装饰工程清单工程量的计算方法，并在教师的指导下进行柱面装饰工程清单工程量的计算实训。

一、学习问题导入

各位同学，大家好！本节课我们来学习墙柱面装饰工程清单工程量的计算方法。

二、学习任务讲解

1. 墙柱面装饰工程的基本知识

墙柱面装饰工程可以分为墙柱面抹灰工程、墙柱面块料工程、墙柱面饰面工程和零星墙柱面装饰工程。其中，墙柱面抹灰工程分为墙体抹灰、柱（梁）面抹灰和零星项目抹灰，墙柱面块料工程分为墙面块料工程、柱（梁）面块料工程和零星块料工程，墙柱面饰面工程分为墙饰面工程和柱（梁）饰面工程，零星墙柱面装饰工程分为幕墙工程和隔断工程。

2. 墙柱面装饰工程清单工程量的计算

（1）墙体抹灰项目主要包括墙面一般抹灰、墙面装饰抹灰、墙面勾缝和立面砂浆找平层，其清单工程量计算见表 3-17。

表 3-17　墙体抹灰清单工程量

项目名称	项目特征	计量单位	工程量计算规则	工作内容
墙面一般抹灰	1. 墙体类型 2. 底层厚度、砂浆配合比 3. 面层厚度、砂浆配合比 4. 装饰面材料种类 5. 分格缝宽度、材料种类	m^2	按设计图示尺寸以面积计算。扣除墙裙、门窗洞口及单个大于 0.3 m^2 的孔洞面积，不扣除踢脚线、挂镜线和墙与构件交接处的面积，门窗洞口和孔洞的侧壁及顶面不增加面积。附墙柱、梁、垛、烟囱侧壁并入相应的墙面面积内 1. 外墙抹灰面积按外墙垂直投影面积计算 2. 外墙裙抹灰面积按其长度乘以高度计算 3. 内墙抹灰面积按室内楼地面至天棚底面计算 （1）无墙裙的，高度按室内楼地面至天棚底面计算 （2）有墙裙的，高度按墙裙顶至天棚底面计算 （3）有吊顶天棚抹灰，高度算至天棚底 4. 内墙裙抹灰面按内墙净长乘以高度计算	1. 基础清理 2. 砂浆制作、运输 3. 底层抹灰 4. 抹面层 5. 抹装饰面 6. 勾缝分格
墙面装饰抹灰				
墙面勾缝	1. 勾缝类型 2. 勾缝材料种类			1. 基础清理 2. 砂浆制作、运输 3. 抹灰找平
立面砂浆找平层	1. 基层类型 2. 找平层砂浆厚度、配合比			1. 基础清理 2. 砂浆制作、运输 3. 抹灰找平

（2）柱（梁）面抹灰项目包括柱（梁）面一般抹灰、柱（梁）面装饰抹灰、柱（梁）面砂浆找平、柱面勾缝，其清单工程量计算见表 3-18。

表 3-18　柱（梁）面抹灰清单工程量

项目名称	项目特征	计量单位	工程量计算规则	工作内容
柱（梁）面一般抹灰	1. 柱（梁）体类型 2. 底层厚度、砂浆配合比 3. 面层厚度、砂浆配合比 4. 装饰面材料种类 5. 分格缝宽度、材料种类	m^2	1. 柱面抹灰：按设计图示柱断面周长乘高度以面积计算 2. 梁面抹灰：按设计图示梁断面周长乘长度以面积计算	1. 基础清理 2. 砂浆制作、运输 3. 抹灰找平 4. 抹面层 5. 勾分格缝
柱（梁）面装饰抹灰				
柱（梁）面砂浆找平	1. 柱（梁）体类型 2. 找平的砂浆厚度、配合比			1. 基础清理 2. 砂浆制作、运输 3. 抹灰找平
柱面勾缝	1. 勾缝类型 2. 勾缝材料种类		按设计图示柱断面周长乘高度以面积计算	1. 基层清理 2. 砂浆制作、运输 3. 勾缝

(3) 零星项目抹灰项目主要包括零星项目一般抹灰、零星项目装饰抹灰和零星项目砂浆找平，其清单工程量计算见表 3-19。

表 3-19　零星项目抹灰清单工程量

项 目 名 称	项 目 特 征	计量单位	工程量计算规则	工 作 内 容
零星项目一般抹灰	1. 基层类型、部位 2. 底层厚度、砂浆配合比 3. 面层厚度、砂浆配合比 4. 装饰面材料种类 5. 分格缝宽度、材料种类	m^2	按设计图示尺寸以面积计算	1. 基层清理 2. 砂浆制作、运输 3. 底层抹灰 4. 抹面层 5. 抹装饰面 6. 勾分格缝
零星项目装饰抹灰				
零星项目砂浆找平	1. 基层类型、部位 2. 找平砂浆厚度、配合比			1. 基层清理 2. 砂浆制作、运输 3. 抹灰找平

(4) 墙面块料工程项目主要包括石材墙面、拼碎石材墙面、块料墙面、石材钢骨架，其清单工程量计算见表 3-20。

表 3-20　墙面块料清单工程量

项 目 名 称	项 目 特 征	计量单位	工程量计算规则	工 作 内 容
石材墙面	1. 墙体类型 2. 安装方式 3. 面层材料品种、规格、颜色 4. 缝宽、嵌缝材料种类 5. 防护材料种类 6. 磨光、酸洗、打蜡要求	m^2	按镶贴表面积计算	1. 基础清理 2. 砂浆制作、运输 3. 黏结层铺贴 4. 面层安装 5. 嵌缝 6. 刷防护材料 7. 磨光、酸洗、打蜡
拼碎石材墙面				
块料墙面				
石材钢骨架	1. 骨架种类、规格 2. 防锈漆品种遍数	t	按设计图示以质量计算	1. 骨架制作、运输、安装 2. 刷漆

(5) 柱(梁)面块料工程项目主要包括石材柱面、块料柱面、拼碎块柱面、石材梁面、块料梁面，其清单工程量计算见表 3-21。

表 3-21　柱(梁)面块料清单工程量

项 目 名 称	项 目 特 征	计量单位	工程量计算规则	工 作 内 容
石材柱面	1. 柱截面类型、尺寸 2. 安装方式 3. 面层材料品种、规格、颜色 4. 缝宽、嵌缝材料种类 5. 防护材料种类 6. 磨光、酸洗、打蜡、要求	m^2	按镶贴表面积计算	1. 基层清理 2. 砂浆制作、运输 3. 黏结层铺贴 4. 面层安装 5. 嵌缝 6. 刷防护材料 7. 磨光、酸洗、打蜡
块料柱面				
拼碎块柱面				
石材梁面				
块料梁面				

(6) 零星块料工程项目主要包含石材零星项目、块料零星项目、拼碎块零星项目，其清单工程量计算见表 3-22。

表 3-22　零星块料清单工程量

项目名称	项目特征	计量单位	工程量计算规则	工作内容
石材零星项目 块料零星项目 拼碎块零星项目	1. 基层类型、部位 2. 安装方式 3. 面层材料品种、规格、颜色 4. 缝宽、嵌缝材料种类 5. 防护材料种类 6. 磨光、酸洗、打蜡要求	m^2	按镶贴表面积计算	1. 基层清理 2. 砂浆制作、运输 3. 面层安装 4. 嵌缝 5. 刷防护材料 6. 磨光、酸洗、打蜡

(7) 墙饰面工程项目主要包括墙面装饰板和墙面装饰浮雕，其清单工程量计算见表 3-23。

表 3-23　墙饰面清单工程量

项目名称	项目特征	计量单位	工程量计算规则	工作内容
墙面装饰板	1. 龙骨材料种类、规格、中距 2. 隔离层材料种类、规格 3. 基础材料种类、规格 4. 面层材料品种、规格 5. 压条材料种类、规格	m^2	按设计图示墙净长乘净高以面积计算。扣除门窗洞口及单个大于 0.3 m^2 的孔洞所占面积	1. 基层清理 2. 龙骨制作、运输、安装 3. 钉隔离层 4. 基层铺贴 5. 面层铺贴
墙面装饰浮雕	1. 基层类型 2. 浮雕材料种类 3. 浮雕样式	m^2	按设计图示尺寸以面积计算	1. 基层清理 2. 材料制作、运输 3. 安装成型

(8) 柱(梁)饰面工程项目主要包括柱(梁)面装饰和成品装饰柱，其清单工程量计算见表 3-24。

表 3-24　柱(梁)饰面清单工程量

项目名称	项目特征	计量单位	工程量计算规则	工作内容
柱(梁)面装饰	1. 龙骨材料种类、规格、中距 2. 隔离层材料种类 3. 基层材料种类、规格 4. 面层材料品种、规格、颜色 5. 压条材料种类、规格	m^2	按设计图示饰面外围尺寸以面积计算。柱帽、柱墩并入相应柱饰面工程量内	1. 基层清理 2. 龙骨制作、运输、安装 3. 钉隔离层 4. 基层铺贴 5. 面层铺贴
成品装饰柱	1. 柱截面、高度尺寸 2. 柱材质	1. 根 2. m	1. 以根计量，按设计数量计算 2. 以米计量，按设计长度计算	柱运输、固定、安装

(9) 幕墙工程项目主要包括带骨架幕墙和全玻(无框玻璃)幕墙，其清单工程量计算见表 3-25。

表 3-25　幕墙工程清单工程量

项目名称	项目特征	计量单位	工程量计算规则	工作内容
带骨架幕墙	1. 骨架材料种类、规格、中距 2. 面层材料品种、规格、颜色 3. 面层固定方式。 4. 隔离带、框边封闭材料品种、规格 5. 嵌缝、塞口材料种类	m^2	按设计图示框外围尺寸以面积计算。与幕墙同种材质的窗所占面积不扣除	1. 骨架制作、运输、安装 2. 面层安装 3. 隔离带、框边封闭 4. 嵌缝、塞口 5. 清洗
全玻(无框玻璃)幕墙	1. 玻璃品种、规格、颜色 2. 黏结塞口材料种类 3. 固定方式	m^2	按设计图示尺寸以面积计算。带肋全玻幕墙按展开面积计算	1. 幕墙安装 2. 嵌缝、塞口 3. 清洗

(10) 隔断工程项目主要包括木隔断、金属隔断、玻璃隔断、塑料隔断、成品隔断和其他隔断，其清单工程量计算见表 3-26。

表 3-26　隔断工程清单工程量

项目名称	项目特征	计量单位	工程量计算规则	工作内容
木隔断	1. 骨架、边框材料种类、规格 2. 隔板材料品种、规格、颜色 3. 嵌缝、塞口材料品种 4. 压条材料种类	m^2	按设计图示框外围尺寸以面积计算。不扣除单个小于等于 0.3 m^2 的孔洞所占面积；浴厕门的材质与隔断相同时，门的面积并入隔断面积内	1. 骨架及边框制作、运输、安装 2. 隔板制作、运输、安装 3. 嵌缝、塞口 4. 装订压条
金属隔断	1. 骨架、边框材料种类、规格 2. 隔板材料品种、规格颜色 3. 嵌缝、塞口材料品种	m^2	按设计图示框外围尺寸以面积计算。不扣除单个小于等于 0.3 m^2 的孔洞所占面积；浴厕门的材质与隔断相同时，门的面积并入隔断面积内	1. 骨架及边框制作、运输、安装 2. 隔板制作、运输、安装 3. 嵌缝、塞口
玻璃隔断	1. 边框材料种类、规格 2. 玻璃品种、规格、颜色 3. 嵌缝、塞口材料品种	m^2	按设计图示框外围尺寸以面积计算。不扣除单个小于等于 0.3 m^2 的孔洞所占面积	1. 边框制作、运输、安装 2. 玻璃制作、运输、安装 3. 嵌缝、塞口
塑料隔断	1. 边框材料种类、规格 2. 隔板材料品种、规格、颜色 3. 嵌缝、塞口材料品种	m^2		1. 骨架及边框制作、运输、安装 2. 隔板制作、运输、安装 3. 嵌缝、塞口
成品隔断	1. 隔断材料品种、规格、颜色 2. 配件品种、规格	1. m^2 2. 间	1. 以平方米计量，按设计图示框外围尺寸以面积计算 2. 以间计量，按设计间的数量计算	1. 隔断运输、安装 2. 嵌缝、塞口

续表

项 目 名 称	项 目 特 征	计量单位	工程量计算规则	工 作 内 容
其他隔断	1. 骨架、边框材料种类、规格 2. 隔板材料品种、规格、颜色 3. 嵌缝、塞口材料品种	m^2	按设计图示框外围尺寸以面积计算。不扣除单个小于等于 0.3 m^2 的孔洞所占面积	1. 骨架及边框安装 2. 隔板安装 3. 嵌缝、塞口

3. 计算实例

[例 3-7] 某小区管理房进行施工，需要计算室内抹灰面积。施工图纸如图 3-39 和图 3-40 所示。

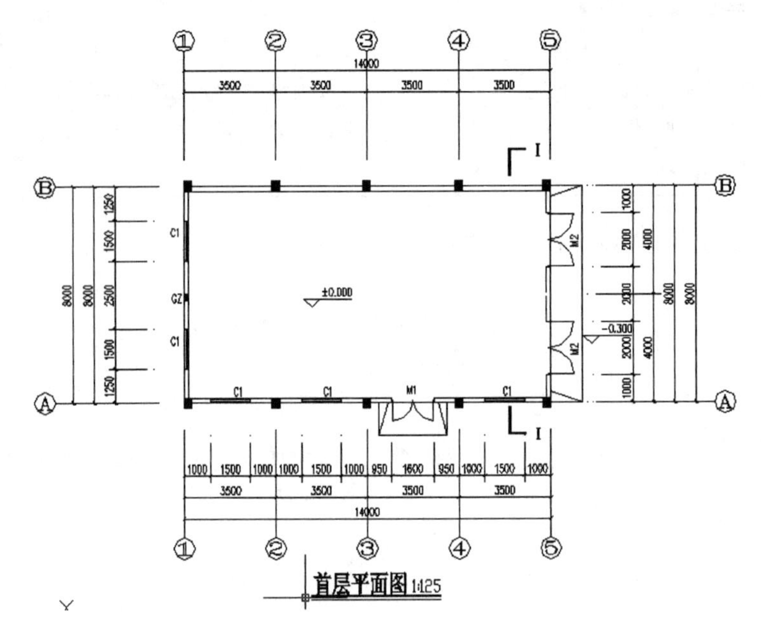

图 3-39 管理房施工图 1

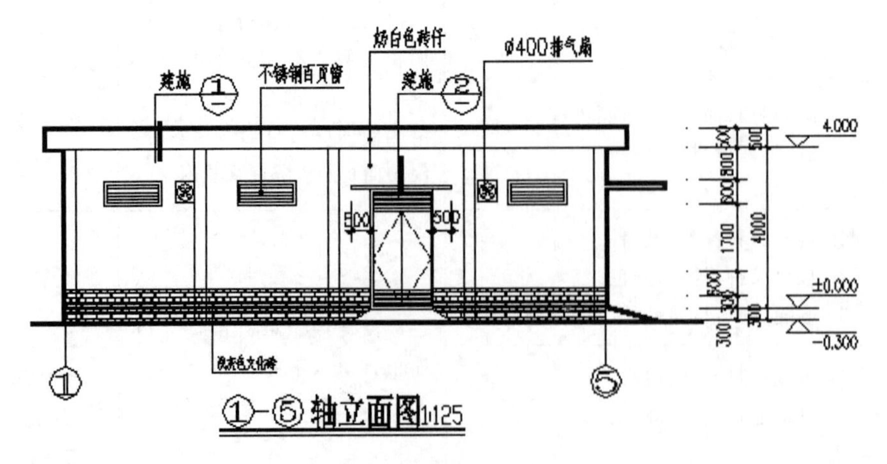

图 3-40 管理房施工图 2

解：

内墙抹灰工程量：(14＋8)×2×4 m^2＝176 m^2。

需要扣减的门窗面积：M1：1.6×3 m^2＝4.8 m^2；M2：1.2×3×2 m^2＝7.2 m^2；C1：1.5×0.6×5 m^2＝4.5 m^2。

内墙抹灰的实际面积：(176－4.8－7.2－4.5) m^2＝159.5 m^2。

三、学习任务小结

通过对墙柱面装饰工程内容的学习，同学们已经初步了解了墙柱面装饰的分类及如何进行工程量计算，并对计算规则及概算有了初步的认识。同学们课后还要通过自身实践练习和对身边的案例进行学习测试，并对所学理论知识进行总结，做到理论与实践相结合，提升自己的实际应用水平。

四、课后作业

简述墙柱面装饰工程的类别。

学习任务四　天棚装饰工程清单工程量的计算

教学目标

(1) 专业能力：了解天棚装饰工程清单工程量的计算方法。

(2) 社会能力：能进行各类型天棚装饰工程的工程量计算。

(3) 方法能力：图纸识读能力、工程量计算能力。

学习目标

(1) 知识目标：掌握天棚装饰工程的清单工程量的计量方法。

(2) 技能目标：能根据天棚装饰工程图纸进行天棚装饰工程清单工程量的计算。

(3) 素质目标：具备严谨、细致的工程量计算能力和制表能力。

教学建议

1. 教师活动

教师讲解天棚装饰工程清单工程量的计算方法，并指导学生进行天棚装饰工程清单工程量的计量实训。

2. 学生活动

认真听教师讲解天棚装饰工程清单工程量的计算方法，并在教师的指导下进行天棚装饰工程清单工程量的计算实训。

一、学习问题导入

各位同学，大家好！今天我们来学习天棚装饰工程清单工程量的计算方法。天棚装饰工程是室内装饰设工程的重要分支。天棚与墙面、地面共同组成室内空间的围合界面，同时，它又与灯光设计紧密结合，满足室内照明的功能需求。天棚的造型样式丰富，材料选择多样，其装饰效果可以极大地美化室内空间，如图3-41所示。

图 3-41　室内空间中不同造型的天棚设计

二、学习任务讲解

1. 天棚装饰工程概述

天棚装饰工程项目主要包括天棚抹灰、天棚吊顶和采光天棚。

2. 天棚装饰工程清单工程量的计算

天棚抹灰工程量清单见表3-27。

表 3-27　天棚抹灰工程量清单

项目名称	项目特征	计量单位	工程量计算规则	工作内容
天棚抹灰	1. 基层类型 2. 抹灰厚度、材料种类 3. 砂浆配合比	m^2	按设计图示尺寸以水平投影面积计算。不扣除间壁墙、垛、柱、附墙烟囱、检查口和管道所占的面积，带梁天棚的梁两侧抹灰面积并入天棚面积内，板式楼梯底面抹灰按斜面积计算，锯齿形楼梯底板抹灰按展开面积计算	1. 基础清理 2. 底层抹灰 3. 抹灰层

天棚吊顶工程量清单见表3-28。

表 3-28　天棚吊顶工程量清单

项目名称	项目特征	计量单位	工程量计算规则	工作内容
吊顶天棚	1. 吊顶形式、吊杆规格、高度 2. 龙骨材料种类、规格、中距 3. 基层材料种类、规格 4. 面层材料品种、规格 5. 压条材料种类、规格 6. 嵌缝材料种类 7. 防护材料种类	m^2	按设计图示尺寸以水平投影面积计算。天棚面中的灯槽及跌级、锯齿形、吊挂式、藻井式天棚面积不展开计算。不扣除间壁墙、检查口、附墙烟囱、柱、垛和管道所占面积，扣除单个大于0.3 m^2 的孔洞、独立柱及与天棚相连的窗帘盒所占的面积	1. 基层清理、吊杆安装 2. 龙骨安装 3. 基层板铺贴 4. 面层铺贴 5. 嵌缝 6. 刷防护材料

项 目 名 称	项 目 特 征	计量单位	工程量计算规则	工 作 内 容
格栅吊顶	1. 龙骨材料种类、规格、中距 2. 基层材料种类、规格 3. 面层材料品种、规格 4. 防护材料种类	m^2	按设计图示尺寸以水平投影面积计算	1. 基层清理 2. 安装龙骨 3. 基层板铺贴 4. 面层铺贴 5. 刷防护材料
吊筒吊顶	1. 吊筒形状、规格 2. 吊筒材料种类 3. 防护材料种类			1. 基层清理 2. 吊筒制作安装 3. 刷防护材料
藤条造型悬挂吊顶	1. 骨架材料种类、规格 2. 面层材料品种、规格			1. 基层清理 2. 龙骨安装 3. 铺贴面层
织物软雕吊顶	1. 骨架材料种类、规格 2. 面层材料品种、规格			1. 基层清理 2. 龙骨安装 3. 铺贴面层
装饰网架吊顶	网架材料品种、规格			1. 基层清理 2. 网架制作安装

采光天棚工程量清单见表 3-29。

表 3-29 采光天棚工程量清单

项 目 名 称	项 目 特 征	计量单位	工程量计算规则	工 作 内 容
采光天棚	1. 骨架类型 2. 固定类型、固定材料品种、规格 3. 面层材料品种、规格 4. 嵌缝、塞口材料种类	m^2	按框外围展开面积计算	1. 清理基层 2. 面层制安 3. 嵌缝、塞口 4. 清洗

3. 计算实例

[例 3-8] 计算某办公楼的一个设备间的天棚抹灰工程量，建筑平面图如图 3-42 所示。墙厚 240 mm，天棚基层类型为混凝土现浇板，方柱尺寸为 400 mm×400 mm。

解：天棚抹灰工程量＝(5.1×3－0.24)×(10.2－0.24) m^2＝15.06×9.96 m^2≈150.00 m^2

[例 3-9] 计算某小区一个房间的轻钢龙骨和石膏板天棚吊顶的工程量，如图 3-43 所示。

解：天棚净面积：6.96×7.16 m^2＝49.83 m^2。

凹天棚侧面面积：(3.96＋4.16)×2×0.2 m^2＝3.25 m^2。

轻钢龙骨的工程量：49.83 m^2。

石膏板的工程量：(49.83＋3.25) m^2＝53.08 m^2。

三、学习任务小结

通过对天棚装饰工程清单工程量计算方法的学习，同学们已经初步掌握了室内天棚装饰工程清单工程量的计算内容。同学们课后还要通过自身的实践练习，结合实际的室内天棚装饰工程项目进行学习和计算实训，并对所学成果进行总结分析，提升自己的室内装饰预算应用能力。

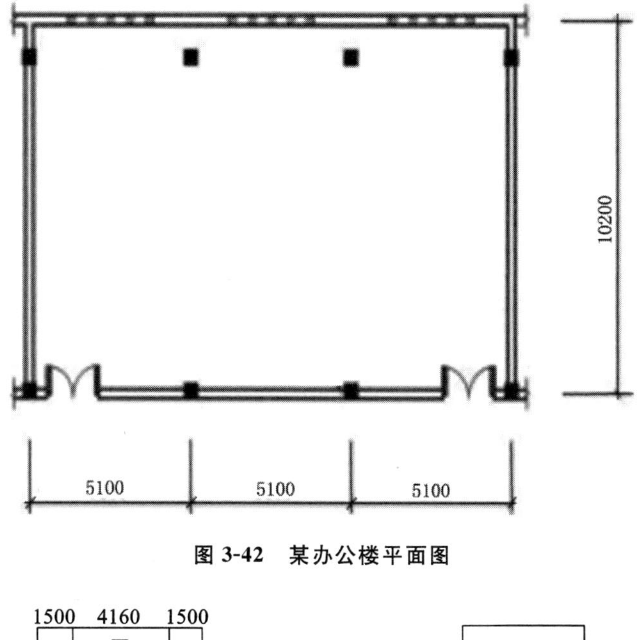

图 3-42　某办公楼平面图

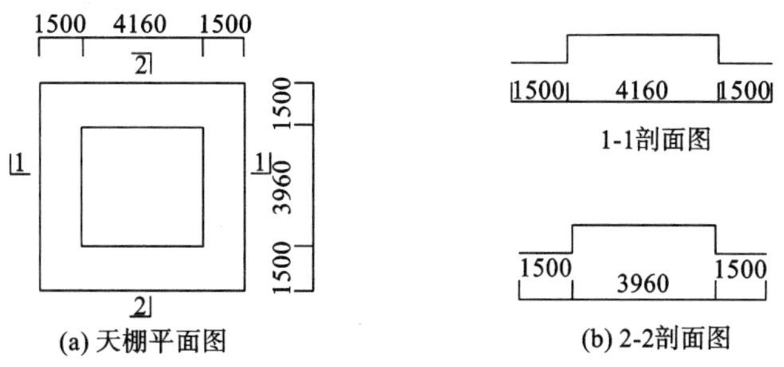

图 3-43　天棚平、剖面图

四、课后作业

简述天棚抹灰工程量清单项目的设置要求。

学习任务五　门窗和木结构装饰工程清单工程量的计算

教学目标

(1) 专业能力:能通过了解室内装饰工程门窗和木结构的特点,让学生对室内门窗装饰工程有一定的理解,在剖析结构的同时,掌握工程量计算方法,结合市面材料价格进行初步概预算。

(2) 社会能力:能对空间门窗和木结构工程进行工程量计算,有效地提高概预算能力。

(3) 方法能力:大量阅读建筑图纸和分析图纸的项目编码和尺寸信息,根据门窗和木结构的工程计量方式进行训练,增强尺度感和实际操作技能。

学习目标

(1) 知识目标:掌握门窗和木结构装饰工程清单工程量的计算方法。

(2) 技能目标:能进行门窗和木结构工程量计算。

(3) 素质目标:具备严谨、认真的专业态度和细致的工程量计算能力。

教学建议

1. 教师活动

教师讲解门窗和木结构装饰工程清单工程量的计算方法,并指导学生进行门窗和木结构装饰工程清单工程量的计算实训。

2. 学生活动

认真听教师讲解门窗和木结构装饰工程清单工程量的计算方法,并在教师的指导下进行门窗和木结构装饰工程清单工程量的计算实训。

一、学习问题导入

同学们,大家好!本节课我们学习门窗和木结构装饰工程清单工程量的计算方法。门窗是室内交通、空间隔断和采光的主要构件,门窗和木结构工程量的计算需要结合具体的装饰材料的市场价格得出工程造价。门窗的造型样式丰富,材料多样,如图3-44所示。

图3-44　室内空间中的门窗

二、学习任务讲解

1. 门窗工程的基本知识

门窗项目主要分为普通木门、特种门、普通木窗、铝合金窗、塑料窗、钢门窗、铝合金踢脚板及门锁等部分。

普通木门又分为镶板门、胶合板门、半截玻璃门、自由门、连窗门五类,每一类又按带纱或不带纱、单扇或双扇、带亮或不带亮等来划分项目,如图3-45所示。将门框制作、门框安装、门扇安装分别列项,可单独计算,也可合并计算。

图3-45　镶板门、半截玻璃门、连窗门

厂库房大门、特种门又分为木板大门、平开钢木大门、推拉钢木大门、冷藏库门、冷藏冻结间门、防火门、保温门、变电室门、折叠门9种。按平开或推拉、带采光窗或不带采光窗、一面板或两面板(防风型、防严寒2种)、保温层厚100～150 mm、实拼式或框架式等方法划分项目;将门扇制作和门扇安装、门樘制作安装和门扇制作安装、衬石棉(单、双)或不衬石棉板分别列项。

普通门窗分为单层玻璃窗、一玻一纱窗、双层玻璃窗、双层带纱窗、百叶窗、天窗、推拉传递窗、圆形玻璃窗、半圆形玻璃窗、门窗扇包镀锌铁皮、门窗框包镀锌铁皮等11个部分,如图3-46所示。每一部分又可分为单扇无亮、双扇带亮、三扇带亮、四扇带亮、带木百叶片等。

铝合金门窗制作、安装分为单扇地弹门、双扇地弹门、四扇地弹门、全玻地弹门、单扇平开门、单扇平开窗、推拉窗、固定窗、不锈钢片包门框9种。每一种又按无上亮或带上亮、无侧亮或带侧亮或带顶窗等方法划

图 3-46　各种玻璃窗展示

分项目。铝合金、不锈钢门窗安装分为地弹门、不锈钢地弹门、平开门、推拉窗、固定窗、平开窗、防盗窗、百叶窗、卷闸门 9 种。

彩板组角钢门窗安装分为彩板门、彩板窗、附框 3 个项目。塑料门窗安装分为塑料门带亮、不带亮和塑料窗单层、带纱 4 个项目。钢门窗安装分为普通钢门、普通钢窗、钢天窗、组合钢窗、防盗钢窗、钢门窗安玻璃、全钢板大门、围墙钢大门 8 种，共 18 个项目。按单层或带纱、平开式或推拉式或折叠门、钢管框铁丝网或角钢框铁丝网等方法划分项目。将钢大门的门扇制作和门扇安装分别列项。铝合金踢脚板及门锁安装分为门扇铝合金踢脚线板安装和门扇安装 2 个项目。

2. 门窗清单工程量的计算

(1) 木门。

木门主要包括镶板木门、企口木门、装饰门、胶合板门、夹板装饰门、木质防火门、木纱门、连窗门等，其清单工程量见表 3-30。

表 3-30　木门清单工程量

<table>
<tr><th>项目名称</th><th>项目特征</th><th>计量单位</th><th>工程量计算规则</th><th>工程内容</th></tr>
<tr><td>镶板木门</td><td rowspan="3">1. 门类型
2. 框截面尺寸、单扇面积
3. 骨架材料种类
4. 面层材料品种、规格、品牌、颜色
5. 玻璃品种、厚度、五金材料、品种、规格
6. 防护层材料种类
7. 油漆品种、刷漆遍数</td><td rowspan="7">樘/m²</td><td rowspan="7">按设计图示数量计算或设计图示洞口尺寸以面积计算</td><td rowspan="7">1. 门制作、运输、安装
2. 五金、玻璃安装
3. 刷防护材料、油漆</td></tr>
<tr><td>企口木门</td></tr>
<tr><td>胶合板门</td></tr>
<tr><td>夹板装饰门</td><td rowspan="3">1. 门类型
2. 框截面尺寸、单扇面积
3. 骨架材料种类
4. 防火材料种类
5. 门纱材料品种、规格
6. 面层材料品种、规格、品牌、颜色
7. 玻璃品种、厚度、五金材料、品种、规格
8. 防护层材料种类
9. 油漆品种、刷漆遍数</td></tr>
<tr><td>木质防火门</td></tr>
<tr><td>木纱门</td></tr>
<tr><td>连窗门</td><td>1. 门类型
2. 框截面尺寸、单扇面积
3. 骨架材料种类
4. 面层材料品种、规格、品牌、颜色
5. 玻璃品种、厚度、五金材料、品种、规格
6. 防护层材料种类
7. 油漆品种、刷漆遍数</td></tr>
</table>

(2) 金属门。

金属门主要包括金属平开门、金属推拉门、金属地弹门、彩板门、塑钢门、防盗门、钢质防火门等,其清单工程量见表 3-31。

表 3-31 金属门清单工程量

项目名称	项目特征	计量单位	工程量计算规则	工程内容
金属平开门 金属推拉门 金属地弹门 彩板门 塑钢门 防盗门 钢质防火门	1. 门类型 2. 框材质、外围尺寸 3. 扇材质、外围材质 4. 玻璃品种、厚度、五金材料、品种、规格 5. 防护材料种类 6. 油漆品种、刷漆遍数	樘/m^2	按设计图示数量计算或设计图示洞口尺寸以面积计算	1. 门制作、运输、安装 2. 五金、玻璃安装 3. 刷防护材料、油漆

(3) 金属卷帘门。

金属卷帘门主要有金属卷闸门、金属格栅门、防火卷帘门等,其清单工程量见表 3-32。

表 3-32 金属卷帘门清单工程量

项目名称	项目特征	计量单位	工程量计算规则	工程内容
金属卷闸门 金属格栅门 防火卷帘门	1. 门材质、框外围尺寸 2. 启动装置品种、规格、品牌 3. 五金材料、品种、规格 4. 刷防护材料种类 5. 油漆品种、刷漆遍数	樘/m^2	按设计图示数量计算或设计图示洞口尺寸以面积计算	1. 门制作、运输、安装 2. 五金、玻璃安装 3. 刷防护材料、油漆

(4) 其他门。

其他门主要有平开电子感应门、旋转门、电子对讲门、电动伸缩门、全玻门、全玻自由门、半玻门、镜面不锈钢饰面门等,其清单工程量见表 3-33。

表 3-33 其他门清单工程量

项目名称	项目特征	计量单位	工程量计算规则	工程内容
平开电子感应门 旋转门 电子对讲门 电动伸缩门	1. 门材质、品牌、外围尺寸 2. 玻璃品种、厚度、五金材料、品种、规格 3. 电子配件品种、规格、品牌 4. 防护材料种类 5. 油漆品种、刷漆遍数	樘/m^2	按设计图示数量计算或设计图示洞口尺寸以面积计算	1. 门制作、运输、安装 2. 五金、玻璃安装 3. 刷防护材料、油漆
全玻门 全玻自由门 半玻门 镜面不锈钢饰面门	1. 门类型 2. 框材质、外围尺寸 3. 扇材质、外围材质 4. 玻璃品种、厚度、五金材料、品种、规格 5. 防护材料种类 6. 油漆品种、刷漆遍数			

(5) 金属窗。

金属窗主要包括金属推拉窗、金属平开窗、金属固定窗、金属百叶窗、金属组合窗、彩板窗、塑钢窗、特殊五金等，其清单工程量见表 3-34。

表 3-34　金属窗清单工程量

项目名称	项目特征	计量单位	工程量计算规则	工程内容
金属推拉窗	1. 窗类型 2. 框材质、外围尺寸 3. 扇材质、外围尺寸 4. 玻璃品种、厚度、五金材料、品种、规格 5. 防护材料种类 6. 油漆品种、刷漆遍数	樘/m^2	按设计图示数量计算或设计图示洞口尺寸以面积计算	1. 窗制作、运输、安装 2. 五金、玻璃安装 3. 刷防护材料、油漆
金属平开窗				
金属固定窗				
金属百叶窗				
金属组合窗				
彩板窗				
塑钢窗	1. 五金名称、用途 2. 五金材料、品种、规格			1. 五金安装 2. 刷防护材料
特殊五金				

(6) 门窗套。

门窗套包含木门窗套、金属门窗套、石材门窗套、门窗木贴脸、硬木筒子板、饰面夹板筒子板等，其清单工程量见表 3-35。

表 3-35　门窗套清单工程量

项目名称	项目特征	计量单位	工程量计算规则	工程内容
木门窗套	1. 底层厚度、砂浆配合比 2. 立筋材料种类、规格 3. 基层材料种类 4. 防护材料种类 5. 油漆品种、刷漆遍数 6. 面层材料品种、规格、品牌、颜色	樘/m^2	按设计图示尺寸以展开面积计算	1. 清理基层 2. 底层抹灰 3. 立筋制作、安装 4. 基层板安装 5. 面层铺贴 6. 刷防护材料、油漆
金属门窗套				
石材门窗套				
门窗木贴脸				
硬木筒子板				
饰面夹板筒子板				

(7) 厂库房大门、特种门。

厂库房大门、特种门主要包括木板大门、钢木大门、全钢板大门、防护铁丝门、金属栅格门、钢制花饰大门和特种门，其清单工程量见表 3-36。

表 3-36　厂库房大门、特种门清单工程量

项目名称	项目特征	计量单位	工程量计算规则	工程内容
木板大门	1. 门代号及洞口尺寸 2. 门框或扇外围尺寸 3. 门框、扇尺寸 4. 五金种类、规格 5. 防护材料种类	樘/m^2	1. 以樘计量，按设计图示数量计算 2. 以米计量，按设计图示洞口尺寸以面积计算	1. 门（骨架）制作、运输 2. 门、五金配件安装 3. 刷防护材料
钢木大门				
全钢板大门				
防护铁丝门				
金属栅格门	1. 门代号及洞口尺寸 2. 门框或扇外围尺寸 3. 门框、扇材质 4. 启动装置品种、规格			1. 门安装 2. 启动装置、五金配件安装
钢质花饰大门	1. 门代号及洞口尺寸 2. 门框或扇外围尺寸 3. 门框、扇材质			1. 门安装 2. 五金配件安装
特种门				

(8) 窗帘盒、窗帘轨。

窗帘盒、窗帘轨包括木窗帘盒、饰面夹板、塑料窗帘盒、铝合金属窗帘盒、窗帘轨等，其清单工程量见表3-37。

表 3-37　窗帘盒、窗帘轨清单工程量

项目名称	项目特征	计量单位	工程量计算规则	工程内容
木窗帘盒	1. 窗帘盒材质、规格、颜色 2. 窗帘轨材质、规格 3. 基层材料种类 4. 防护材料种类 5. 油漆品种、刷漆遍数	樘/m^2	按设计图示尺寸以长度计算	1. 制作、运输 2. 刷防护漆
饰面夹板				
塑料窗帘盒				
铝合金属窗帘盒				
窗帘轨				

(9) 窗台板。

窗台板包括木窗台板、铝塑窗台板、石材窗台板、金属窗台板等，其清单工程量见表3-38所示。

表 3-38　窗台板清单工程量

项目名称	项目特征	计量单位	工程量计算规则	工程内容
木窗台板	1. 找平层厚度、砂浆配合比 2. 窗台板材质、规格、颜色 3. 防护材料种类 4. 油漆品种、刷漆遍数	樘/m^2	按设计图示尺寸以长度计算	1. 基层清理 2. 抹找平层 3. 窗台板制作、安装 4. 刷防护材料、油漆
铝塑窗台板				
石材窗台板				
金属窗台板				

2. 木结构工程

(1) 木屋架。

木屋架主要包括木屋架、钢木屋架，其清单工程量见表3-39。

表 3-39　木屋架清单工程量

项目名称	项目特征	计量单位	工程量计算规则	工程内容
木屋架	1. 跨度 2. 材料品种、规格 3. 刨光要求 4. 拉杆及夹板种类 5. 防护材料种类	榀/m^2	1. 以榀计量，按设计图示数量计算 2. 以立方米计量，按设计图示规格尺寸以体积计算	1. 制作 2. 运输 3. 安装 4. 刷防护材料
钢木屋架	1. 跨度 2. 材料品种、规格 3. 刨光要求 4. 钢材品种、规格 5. 防护材料种类	榀	以榀计量，按设计图示数量计算	

(2) 木构件。

木构件主要包括木柱、木梁、木檩、木楼梯、其他木构件，其清单工程量见表3-40。

表 3-40　木构件清单工程量

项 目 名 称	项 目 特 征	计量单位	工程量计算规则	工 程 内 容
木柱	1. 构件规格尺寸 2. 材料种类 3. 刨光要求 4. 防护材料种类	m²	按设计图尺寸以体积计算	1. 制作 2. 运输 3. 安装 4. 刷防护材料
木梁		1. m³ 2. m	1. 以立方米计量，按图纸尺寸以体积计算 2. 以米计量，按设计图示规格尺寸以长度计算	
木檩				
木楼梯	1. 楼梯的形式 2. 木材的种类 3. 刨光要求 4. 防护材料种类	m²	按设计图尺寸以水平投影面积计算。不扣除宽度大于300 mm 的楼梯井，伸入墙内部分不计算	
其他木构件	1. 构件名称 2. 构件规格尺寸 3. 木材种类 4. 刨光要求 5. 防护材料种类	1. m³ 2. m	1. 以立方米计量，按图纸尺寸以体积计算 2. 以米计量，按设计图示规格尺寸以长度计算	

（3）屋面木基层。

屋面木基层清单工程量见表 3-41。

表 3-41　屋面木基层清单工程量

项 目 名 称	项 目 特 征	计量单位	工程量计算规则	工 程 内 容
屋面木基层	1. 椽子断面尺寸及椽距 2. 望板材料种类、厚度 3. 防护材料种类	m²	按照设计图尺寸以斜面积计算。不扣除房上烟囱、风帽底座、风道、小气窗、斜沟等所占面积	1. 椽子制作、安装 2. 望板制作、安装 3. 顺水条和挂瓦条制作、安装 4. 刷防护材料

3. 计算实例

［**例 3-10**］　某小区一户型进行门窗安装，窗口洞尺寸为 2000 mm×1600 mm，门洞尺寸为 2600 mm×2000 mm，不带纱扇，计算其门窗安装工程量，如图 3-47 和图 3-48 所示。

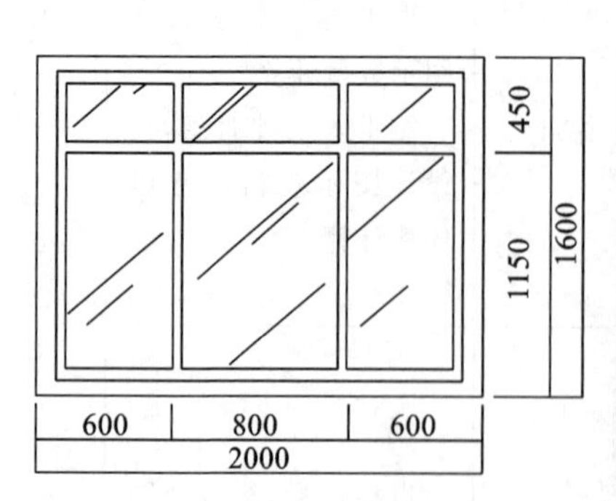

图 3-47　铝合金玻璃窗

解：铝合金玻璃窗工程量：2.000×1.600 m² =3.800 m²。

铝合金玻璃推拉门工程量：2.600×2.000 m² =5.200 m²。

［**例 3-11**］　某室内装饰工程有 15 樘实木门框单扇无纱切片板门（洞口尺寸为 900 mm ×2100 mm），门扇为细木工板上双面贴花式切片板，门框设计断面尺寸为 52 mm ×95 mm，每樘门装电子感应锁 1 把，铜门吸 1 只，求该工程项目工程量。

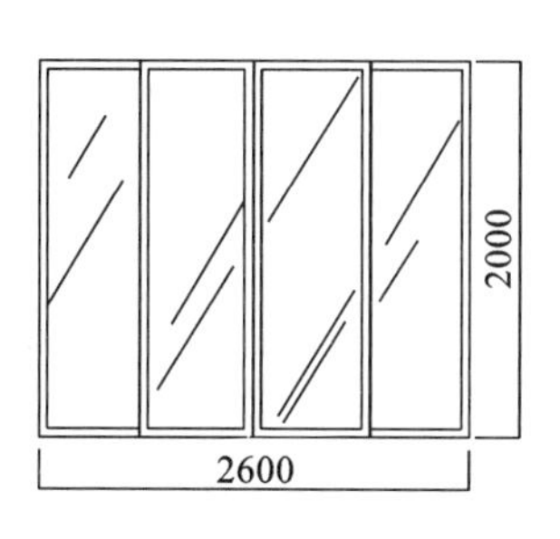

图 3-48 铝合金玻璃推拉门

解：

①实木门框工程量：15 ×(0.9+2.1 ×2) m=76.5 m。

门套工程量：15 ×(0.9+2.1 ×2) m=76.5 m。

门套线工程量(外)：15 ×(0.9+2.1 ×2) m=76.5 m。

门套线工程量(内)：15 ×(0.9+2.1 ×2) m=76.5 m。

②门扇工程量：15 ×0.9 ×2.1 m^2=28.35 m^2。

③门锁工程量：15 把。

④门吸工程量：15 只。

三、学习任务小结

通过本节课的学习，同学们已经初步了解了室内门窗和木结构的分类以及如何进行工程量计算。同学们课后还要通过自身实践练习，结合实际门窗装饰工程案例进行学习测试，并对所做成果进行总结推敲，提升自己的实际门窗装饰工程预算应用能力。

四、课后作业

对课后任务书进行门窗工程量计算。

> **任务书**
>
> 某一住户进行新房装修，其四个房间有如图 3-49 所示的大型飘窗，窗口洞尺寸为 2900 mm×2000 mm，需要加窗纱，请计算其铝合金玻璃窗的工程量和窗纱面积工程量。

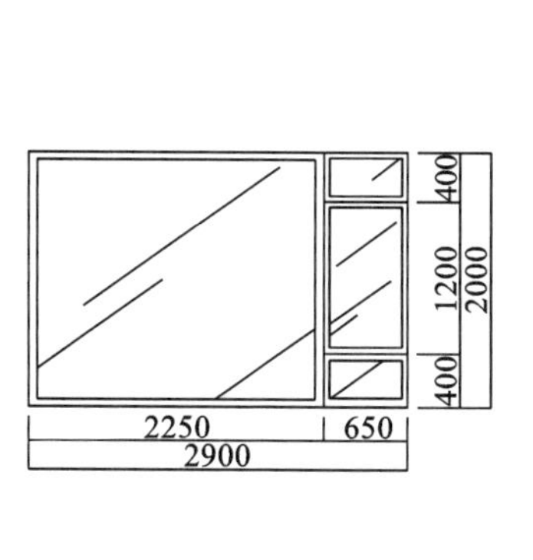

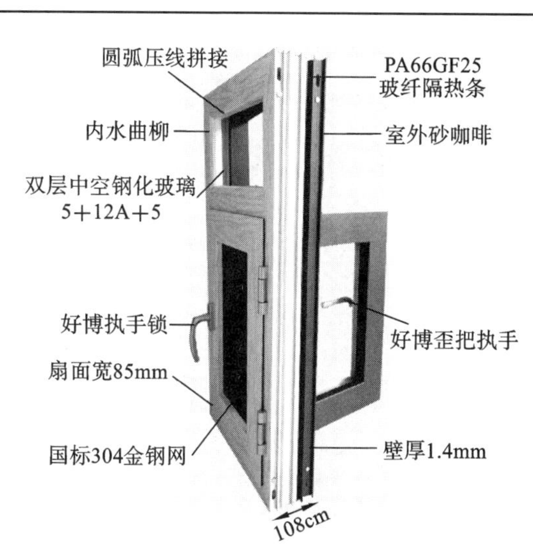

图 3-49 铝合金玻璃窗立面图和实景图

学习任务六　油漆、涂料、裱糊装饰工程清单工程量的计算

教学目标

(1) 专业能力：了解油漆、涂料、裱糊装饰工程清单工程量的计算方法。

(2) 社会能力：能进行油漆、涂料、裱糊装饰工程的工程量计算。

(3) 方法能力：图纸识读能力、工程量计算能力。

学习目标

(1) 知识目标：掌握油漆、涂料、裱糊装饰工程的清单工程量的计算方法。

(2) 技能目标：能根据油漆、涂料、裱糊装饰工程图纸进行油漆、涂料、裱糊装饰工程清单工程量的计算。

(3) 素质目标：具备严谨、细致的工程量计算能力和制表能力。

教学建议

1. 教师活动

教师讲解油漆、涂料、裱糊装饰工程清单工程量的计算方法，并指导学生进行油漆、涂料、裱糊装饰工程清单工程量的计算实训。

2. 学生活动

认真听教师讲解油漆、涂料、裱糊装饰工程清单工程量的计算方法，并在教师的指导下进行油漆、涂料、裱糊装饰工程清单工程量的计算实训。

一、学习问题导入

同学们，大家好！本节课我们学习在室内空间中所占比重最大的油漆、涂料、裱糊工程清单工程量的计算方法。油漆和涂料的选材备受人们关注，比如净味漆、竹炭漆、儿童漆等，直接涉及人体健康。油漆、墙纸在市面上满目琳琅，色彩和图案非常丰富，在室内空间中起到至关重要的装饰作用，如图 3-50 所示。

图 3-50　室内空间中的油漆、墙纸装饰效果

二、学习任务讲解

（一）常用材料

1. 油漆材料

（1）油脂漆类。

该类油漆是以天然植物油、动物油等为主要成膜物质的一种底子涂料，靠空气中的氧化作用结膜干燥，故干燥速度慢，不耐酸、碱和有机溶剂，耐磨性也差。

（2）天然树脂漆类。

该类油漆是以天然树脂为主要成膜物质的一种普通树脂漆。该类油漆的品种中有酯胶清漆、各色酯胶漆、无光漆、半无光调和漆、大漆（生漆）、酯胶地板漆和酯胶防锈漆等。

（3）酚醛树脂清漆。

该类油漆是以甲酚类和醛类缩合而成的酚醛树脂，加入有机溶剂等物质组成，具有良好的耐水、耐候、耐腐蚀性。

（4）醇酸树脂漆类。

该类油漆是以醇酸树脂为主要成膜物质的一种树脂类油漆。其具有优良的耐久、耐候性和保光性、耐汽油性，刷、喷、涂均可。该类油漆的品种有醇酸清漆、醇酸酯胶调和漆、醇酸磁漆、红丹醇酸防锈漆等。

（5）硝基漆类。

该类油漆是以硝基纤维素加合成树脂、增塑剂、有机溶液等配制而成，具有干燥迅速，耐久性、耐磨性好等特点。该类油漆品种有硝基清漆（腊克）、硝基磁漆等。

（6）丙烯酸树脂漆。

该类油漆是以丙烯酸酯为主要原料制成的漆类，分为溶剂型、水溶型、乳胶型三种，具有保光、保色、装饰性好、用途广泛等特点。该类油漆的品种有丙烯酸清漆、丙烯酸木器漆、各色丙烯酸磁漆等。

各种油漆材料使用效果如图 3-51 所示。

2. 喷涂材料

（1）刷浆材料。

刷浆材料基本上可分为胶凝材料、胶料以及颜料等三种。

①胶凝材料主要有大白粉（白垩粉）、可赛银（酪素涂料）、干墙粉、熟石灰、水泥等。

②胶料刷浆所用的胶料品种很多，常用的有龙须菜、牛皮胶、108 胶、乳胶、羧甲基纤维素等。

③颜料根据装饰效果的需要，可以在浆液中掺入适量的颜料配制成所需要的色浆，常用的颜色有白色、

图 3-51　各种油漆材料使用效果

乳白色、乳黄色、浅绿色、浅蓝色等。

(2) 涂料。

近年来随着建筑业发展的需求，建筑涂料的品种越来越多，涂料的性质、用途也各有差异，并且在实际应用中取得了良好的效果，其中常用的有如下几种。

①内墙涂料主要品种有 106 涂料、803 涂料、改进型 107 耐擦洗内墙涂料、FN-841 涂料、206 内墙涂料、过氯乙烯内墙涂料等。

②外墙涂料主要品种有 JCY82 无机外墙涂料、104 外墙涂料、乳液涂料(丙烯酸乳液涂料、乙丙乳液厚质涂料、氯-醋-丙三元共聚乳液涂料、彩砂涂料)、苯乙烯外墙涂料、彩色滩涂涂料等，如图 3-52 所示。

图 3-52　外墙涂料装饰效果

3. 裱糊材料

裱糊包括在墙面、柱面及天棚面裱贴墙纸或墙布，预算定额分为墙纸、金属壁纸和织锦缎墙布三类。

(1) 墙纸。

墙纸又叫壁纸，分为纸质壁纸和塑料壁纸两大类。纸质壁纸透气、吸声性能好；塑料壁纸光滑、耐擦洗。

(2) 金属壁纸。

金属壁纸是用金属薄箔(一般为铝箔)，经表面化学处理后进行彩色印刷，并涂以保护膜，然后与防水纸粘贴压合分卷而成的。它具有表面光洁、耐水、耐磨、不起斑、不变色、图案清晰、色泽高雅等优点。

(3) 织锦缎墙布。

织锦缎墙布是用棉、毛、麻、丝等天然纤维或玻璃纤维制成的各种粗细纱或织物，经不同纺纱编制工艺和花色捻线加工，再与防水防潮纸粘贴复合而成的。它具有抗老化、无静电、不反光、透气性能好等特点。

(二) 常见油漆、涂料、裱糊工艺简介

1. 刷底油一遍，刮腻子、刷调和漆两遍的木材面油漆

(1) 底油。

底油是由清油和油漆溶剂油配置而成的。底油的作用是防止木材受潮、增强防腐能力、加深与后道工序的黏结性。

(2) 腻子。

腻子是平整基体表面、增强基层对油漆的附着力、机械强度和耐老化性能的一道底层。故一般称刮腻

子为打底、打底子、刮灰、打底灰等，这是决定油漆质量好坏的一道重要工序。

腻子的种类应根据基层和油漆的性质不同而配套调制。刮腻子的操作一般分 2～3 次，油漆等级越高，刮腻子次数越多。第一遍刮腻子称为“嵌腻子”或“嵌补腻子”，主要是嵌补基层的洞眼、裂缝和缺损处，使之平整，干燥后经砂纸磨平刮第二遍。第二遍刮腻子称为“批腻子”或“满批腻子”，即对基层表面进行全面批刮。干燥、磨平后即可刷涂底漆，也称为头道漆。待漆干燥后用细砂纸磨平，此时个别地方出现的缺损需再补一次腻子，称为“找补腻子”。

（3）调和漆。

调和漆是油性调和漆的简称。调和漆一般刷涂两遍，较高级的刷涂三遍。头道漆采用无光调和漆，第二遍面漆用调和漆。刷底油一遍，刮腻子、刷调和漆两遍的操作统称为三遍成活，属于普通等级，如图 3-53 所示。

图 3-53　涂底油—刮腻子—刷调和漆工艺展示

2. 润粉，刮腻子，刷调和漆两遍、磁漆一遍的木材面油漆

（1）润粉。

在建筑装饰工程中，普通等级木材面油漆的头道工序多采用刷底油一遍，但为了提高油漆的质量，增强头道工序的效果，则采用润粉工艺。润粉是以大白粉为主要原料，掺入调剂液调制成糨糊状物体，用棉纱团或麻丝团（而不是用漆刷）蘸这种糊状物来回多次揩擦木材表面，将其棕眼擦平的工艺。此工艺比刷底油效果更好，但较刷底油麻烦。

润粉根据掺入的调剂液种类不同，分为油粉和水粉。油粉是用大白粉掺入清油、熟桐油和溶剂油调制而成的。水粉是在大白粉中掺入水胶（如骨胶、鱼胶等）及颜料粉等制成的。

（2）磁漆。

磁漆也是一种调和漆，全称为磁性调和漆。它也是以干性植物油为主要原料，但在基料中要加入树脂，然后同调和漆一样，加入着色颜料和体质颜料、溶剂及催干剂等调配而成。由于它具有一种瓷釉般的光泽，故简称为磁漆，以便与调和漆相区别。常见的磁漆有酯胶磁漆、酚醛磁漆、醇酸磁漆等。

3. 刷底油、油色、清漆两遍的木材面油漆

（1）油色。

油色是一种既能显示木材面纹理，又能使木材面底色一致的自配油漆，它介于厚漆与清油之间。因厚漆涂刷在木材面上能遮盖木材面纹理，而清油是一种透明的调和漆，它只能稀释厚漆而不改变油漆的性质，所以也可以说油色是一种带颜色的透明油漆。油色主要用于透明木材面木纹的清漆面油漆工艺中，很少用作色面漆工艺。

（2）清漆。

一般清漆由主要成膜物质（如油料、树脂等）、次要成膜物质（如着色颜料、体质颜料、防锈燃料等）和辅助成膜物质（如稀释溶剂、催干剂等）三部分组成。在油漆中没有加入颜料的透明液体成为清漆，而在油脂清漆中加入着色颜料和体质颜料即成为调和漆。清漆与清油有所不同，清漆属于漆类，前面多冠以主要原料名称，如酚醛清漆、醇酸清漆、硝基清漆等，多用于油漆的表层。而清油属于油类，故又称为调漆油或鱼油，多作为刷底漆或调漆用。

4. 润粉、刮腻子、漆片、刷硝基清漆、磨退出亮的木材面油漆

(1) 漆片及漆片腻子。

在硝基清漆工艺中，润粉后的一道工序就是涂刷泡力水，也称为刷理漆片或虫胶清漆或虫胶液。漆片又称虫胶片。虫胶是热带地区的一种虫胶虫在幼虫时期由于新陈代谢所分泌的胶质(积累在树枝上)，取其分泌物经过洗涤、磨碎、除渣、熔化、去色、沉淀、烘干等工艺而制成薄片，即为虫胶片。将虫胶片掺入酒精中溶解即为泡力水，又叫虫胶漆、洋干漆等。漆片腻子是用虫胶漆和石膏粉调配而成的。它具有良好的干燥性和较强的黏结度，并使填补处无腻子痕迹且易于打磨。

(2) 硝基清漆。

硝基清漆是硝基漆类的一种。硝基漆分为磁漆与清漆两大类，加入颜料经加工而成的称为磁漆；未加入颜料的称为清漆，或称蜡克。硝基漆具有漆膜坚硬、丰满耐磨、光泽好、成膜快、易于抛光擦蜡、修补的面漆不留痕迹等特点，是较高级的一种油漆。

(3) 磨退出亮。

磨退出亮是硝基清漆工艺中的最后一道工序，它由水磨、抛光擦蜡、涂擦上光剂三个步骤组成。

①水磨是先用湿毛巾在漆膜面上湿擦一遍，并随之打一遍肥皂，使表面形成肥皂水溶液，然后用400～500号水砂纸打磨，使漆膜表面无浮光、无小麻点、平整光亮。

②抛光擦蜡。抛光是指用棉球浸蘸抛光膏溶液，涂敷于漆膜表面上。擦蜡是手捏此棉球使劲揩擦，通过棉球中的抛光膏溶液和摩擦的热量，将漆膜面抛磨出光，最后用干棉纱擦去雾光。

③涂擦上光剂。上光剂即为上光蜡，涂擦上光剂是指把上光剂均匀涂抹于漆膜面上，并用干棉纱反复摩擦，使漆膜面上的白雾光消除，呈现出光泽如镜的效果。

5. 木地板油漆

地板漆是一种专用漆，品种很多，有高、中、低档次之分。高档地板漆多为日本产的水晶漆和国产聚酯漆；中档地板漆为聚氨酯漆(如聚氨基甲酸酯漆)；低档地板漆有酚醛清漆、醇酸清漆、酯胶地板漆等。

6. 抹灰面乳胶漆

乳胶漆是抹灰面最常用、施工最方便、价格最适宜的一种油漆。常用的乳胶漆有聚醋酸乙烯乳胶漆、丙烯酸乳胶漆、丁苯乳胶漆和油基乳化漆等。

7. 抹灰面过氯乙烯漆

过氯乙烯漆是由底漆、磁漆和清漆组合配套使用的。底漆附着力好，清漆做面漆，防腐蚀性能强，磁漆做中间层，能使底漆与面漆很好地结合。

8. 喷塑及彩砂喷涂

(1) 喷塑。

喷塑从广义上说也是一种喷涂，只是它的操作工艺与用料与喷涂有所不同。它的涂层由底层、中间层和面层三部分组成。底层是涂层与基层之间的结合层，起封底作用，借以防止硬化后的水泥砂浆抹灰层中可溶性的盐渗出而破坏面层，这一道工序称为刷底油(或底漆)。中间层是主体层，为一种有大小颗粒的厚涂层，喷涂方式分为平面喷涂和花点喷涂。花点喷涂又有大、中、小三个档次，即定额中的大压花、中压花和幼点。定额规定："点面积在1.2 cm^2 以上的为大压花；点面积在1～1.2 cm^2 的为中压花；点面积在1 cm^2 以下的为幼点或中点。"大、中、小喷点可用喷枪的喷嘴直径控制。在罩面漆之前，当喷点为固结时，用圆辊将喷点压平，使其形成自然花形。面层是指罩面漆，一般都要喷涂两遍以上。定额中所指的一塑三油为：一塑即中间厚涂层，三油即一道底漆、两道罩面漆。

(2) 彩砂喷涂。

彩砂涂料是一种粗骨料涂料，用空气压缩机喷枪喷涂于基面上。一般涂料都存在装饰质感差、易褪色变色、耐久性不够理想等问题，而彩砂涂料中的粗骨料是经高温焙烧而成的一种着色骨料，不变色、不褪色。几种不同色彩的骨料配合可取得良好的耐久性和类似天然石料的丰富色彩与质感。彩砂涂料中的胶结材料为耐水性、耐候性好的合成树脂液，从根本上解决了一般涂料中颜填料的褪色问题。

彩砂喷涂要求基面平整，达到普通抹灰标准即可。若基面(如混凝土墙面)不平整，需用108胶水泥腻子找平。在新抹水泥砂浆面3～7天后才能开始喷涂，彩砂涂料在市场上有成品供应。

(3) 砂胶涂料。

砂胶涂料是以合成树脂乳液为成膜物质，加入普通石英砂或彩色砂子等制成。其具有无毒、无味、干燥快、抗老化、黏结力强等优点，一般用4～6 mm口径喷枪喷涂，市场上也有成品供应。砂胶涂料与彩砂涂料均属于粗骨料喷涂涂料，但彩砂涂料的档次高于砂胶涂料。

9. 抹灰面106、803、JH801涂料

106涂料和803涂料多用于内墙抹灰面，具有无毒、无臭、干燥快、黏结力强等优点。JH801涂料具有良好的耐久性、耐老化性、耐热性、耐酸碱性和耐污性，因此广泛用于外墙装饰，以喷涂效果最佳，也可刷涂和滚涂。

10. 108胶水泥彩色地面、777涂料、177涂料

(1) 108胶水泥彩色地面。108胶全称为聚乙烯醇缩甲醛胶，它是由聚乙烯醇与甲醛在酸性介质中进行缩合反应而得到的一种透明胶体。它与一定比例的白水泥、色粉搅匀铺在楼地面上，即成为彩色地面。它具有无毒无臭、抗水耐磨、快干不燃、光洁美观等优点，一般采用刮涂施工。

(2) 777涂料。777涂料是以水溶性高分子聚合物胶为基料，与特制填料和颜料组合而成的一种厚质涂料。其用涂刷法施工，刷2～3遍，该涂料具有施工简便、价格便宜、无毒不燃、快干等优点。

(3) 177涂料。这是一种乳白色水溶性共聚液，它与氯偏料配套使用，作为107氯偏乳液与水泥拌和所铺在地面上的罩面乳液。

楼地面涂料除以上三种外，还有很多其他品种。这三种涂料可以做成花色地面、方块席纹地面和一般地面。

(二) 裱糊壁纸裱糊施工程序

裱糊壁纸裱糊施工程序包括基层处理、墙面划准线、裁纸、润纸、刷胶黏剂、裱糊、修整七项。

(1) 基层处理：包括清扫、填补缝隙处糊条(石膏板或木料面)、刮腻子、磨平、刷涂料(木料板面)或底胶一遍(抹灰面、混凝土面或石膏板面)。

(2) 墙面划准线：即在墙面弹水平线及垂直线，使壁纸粘贴后花纹、图案、线条连贯一致。

(3) 裁纸：根据壁纸规格及墙面尺寸统筹规划、编号，以便按顺序粘贴。

(4) 润纸：不同的壁纸、墙布对润纸的反应不一样，有的反应比较明显，如纸基塑料壁纸，遇水膨胀，干后收缩，经浸泡湿润后(要抖掉多余的水)，可防止裱糊后的壁纸出现气泡、皱褶等质量通病。对于遇水无伸缩性的壁纸，则无须润纸。

(5) 刷胶黏剂：对于不同的壁纸，刷胶方式也不相同。对于带背胶壁纸，壁纸背面及墙面不用刷胶结材料；塑料壁纸、纺织纤维壁纸，在壁纸背面和基面都要刷胶黏剂，基面刷胶宽度比壁纸宽3 cm；锦缎在裱糊前应在背面衬糊一层宣纸。

(6) 裱糊：裱糊时先垂直面，后水平面，先保证垂直后对花拼接。

对于有图案的壁纸，裱糊采用对接法，拼接时先对图案后拼缝，从上至下图案吻合后再用刮板刮胶、赶实、擦净多余胶液。这种做法叫对花裱糊。

(7) 修整：壁纸上墙后，如局部不符合质量要求，应及时采取补救措施。

(三) 油漆、涂料、裱糊工程工程量清单项目及工程量计算规则

油漆、涂料、裱糊工程包括门油漆，窗油漆，木扶手及其他板条线条油漆，木材面油漆，金属面油漆，抹灰面油漆，喷刷涂料和裱糊。

1. 油漆、涂料、裱糊工程工程量清单项目设置及工程量计算规则

油漆、涂料、裱糊工程工程量清单项目设置及工程量计算规则见表3-42～表3-49。

表 3-42　门油漆(编码:011401)

项目编码	项目名称	计量单位	工程量计算规则
011401001	木门油漆	1. 樘 2. m^2	1. 以樘计量,按设计图示数量计量 2. 以平方米计量,按设计图示洞口尺寸以面积计算
011401001	金属门油漆		

表 3-43　窗油漆(编码:011402)

项目编码	项目名称	计量单位	工程量计算规则
011402001	木窗油漆	1. 樘 2. m^2	1. 以樘计量,按设计图示数量计量 2. 以平方米计量,按设计图示洞口尺寸以面积计算
011402002	金属窗油漆		

表 3-44　木扶手及其他板条线条油漆(编码:011403)

项目编码	项目名称	计量单位	工程量计算规则
011403001	木扶手油漆	m	按设计图示尺寸以长度计算
011403002	窗帘盒油漆		
011403003	封檐板、顺水板油漆		
011403004	挂衣板、黑板框油漆		
011403005	挂镜线、窗帘棍、单独木线油漆		

表 3-45　木材面油漆(编码:011404)

项目编码	项目名称	计量单位	工程量计算规则
011404001	木护墙、木墙裙油漆	m^2	按设计图示尺寸以面积计算
011404002	窗台板、筒子板、盖板、门窗套、踢脚线油漆		
011404003	清水板条天棚、檐口油漆		
011404004	木方格吊顶天棚油漆		
011404005	吸声板墙面、天棚面油漆		
011404006	暖气罩油漆		
011404007	其他木材面		按设计图示尺寸以单面外围面积计算
011404008	木间壁、木隔断油漆		
011404009	玻璃间壁露明墙筋油漆		
0114040010	木栅栏、木栏杆油漆		
0114040011	衣柜、壁柜油漆		按设计图示尺寸以油漆部分展开面积计算
0114040012	梁柱饰面油漆		
011404001	零星木装修油漆		
011404001	木地板油漆		按设计图示尺寸以面积计算。空洞、空圈、暖气包槽并入相应的工程量内
011404001	木地板烫硬蜡面		

表 3-46　金属面油漆(编码:011405)

项目编码	项目名称	计量单位	工程量计算规则
011405001	金属面油漆	1. t 2. m^2	1. 以吨计量,按设计图示尺寸以质量计量 2. 以平方米计量,按设计展开面积计算

表 3-47　抹灰面油漆(编码:011406)

项目编码	项目名称	计量单位	工程量计算规则
011406001	抹灰面油漆	m^2	按设计图尺寸以面积计算
011406002	抹灰线条油漆	m	按设计图尺寸以长度计算
011406003	满刮腻子	m^2	按设计图尺寸以面积计算

表 3-48　喷刷涂料(编码:011407)

项目编码	项目名称	计量单位	工程量计算规则
011407001	墙面刷喷涂料	m^2	按设计图尺寸以面积计算
011407002	天棚喷刷涂料		
011407003	空花格、栏杆刷涂料	m^2	按设计图示尺寸以单面外围面积计算
011407004	线条刷涂料	m	按设计图尺寸以长度计算
011407005	金属构件刷防火涂料	1. t 2. m^2	1. 以吨计量,按设计图示尺寸以质量计量 2. 以平方米计量,按设计展开面积计算
011407006	木材构件喷刷防火涂料	m^2	按设计图示尺寸以面积计算

表 3-49　裱糊(编码:011408)

项目编码	项目名称	计量单位	工程量计算规则
011408001	墙纸裱糊	m^2	按设计图尺寸以面积计算
011408002	织锦缎裱糊		

2. 计算实例

［例 3-12］　试计算图 3-54 所示房间内墙裙油漆的工程量,已知墙裙高 1600 mm,窗台高 1200 mm,目前进行房间重装修,刷底油一遍、调和漆两遍,请计算需涂刷工程量。

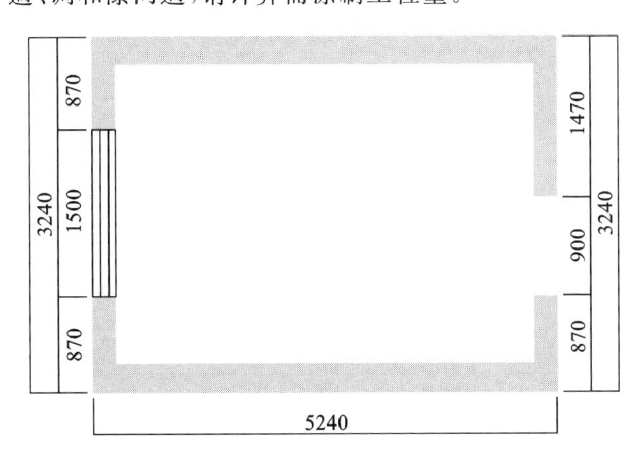

图 3-54　某户型房间平面图

解:　墙裙油漆工程量＝长×宽－扣除窗台和门框面积

$=[(5.24-0.24\times2)\times2+(3.24-0.24\times2)\times2]\times1.6-[1.6\times(1.6-1.2)+0.9\times1.6]$

$=[9.52+5.52]\times1.6-2.08$

$=21.984\ (m^2)$

3. 油漆、涂料、裱糊工程计价工程量计算及相关说明

(1) 工程清单项目计价工程量计算规则。

油漆、涂料、裱糊工程清单项目计价工程量计算规则如下。

①楼地面、天棚面、墙柱梁面等喷刷涂料、抹灰面油漆及裱糊的工程量均按表 3-50 的规定计算。

②金属面油漆工程量按不同构件理论质量乘表3-51规定的换算系数以“m^2”计算。

③木材面油漆的工程量以单层木门、单层玻璃窗、木扶手、其他木材面为基数分别乘表3-52～表3-55规定系数计算。

④柜类油漆工程量按表3-56相应的工程量计算规则计算。

表3-50　抹灰面油漆、涂料、裱糊工程量系数表

项目名称	系数	工程量计算规则
亭天棚	1.00	按设计图示尺寸的斜面积以“m^2”计算
楼地面、天棚、墙、梁柱面、混凝土楼底	1.00	按设计图示展开面积以“m^2”计算
混凝土梯底(板式)	1.30	按设计图示尺寸的水平投影面积以“m^2”计算
混凝土花格窗、栏杆花饰	1.82	按设计图示尺寸的单面外围面积以“m^2”计算

表3-51　金属结构油漆重量与面积换算表

项目名称(金属制品)	每吨展开面积/m^2
半截百叶钢窗	150
钢折叠门	138
平开门、推拉门钢骨架	52
间壁	37
钢柱	24
吊车梁	24
花饰梁柱	24
花饰构件	24
操作台、走台、制动梁	27
支撑、拉杆	40
檩条	39
钢爬梯	45
钢栅栏门	65
钢栏杆窗栅	65
钢梁柱檩条	29
钢梁	27
车挡	24
钢屋架(型钢为主)	30
钢屋架(圆钢为主)	42
钢屋架(圆管为主)	38
天窗架、挡风架	35
墙架(实腹式)	19
墙架(格板式)	31
屋架梁	27
轻型屋架	54
踏步式钢扶梯	40
金属脚手架	46
H型钢	22

续表

项目名称(金属制品)	每吨展开面积/m^2
零星铁件	50

表 3-52　单层木门工程量系数表

项 目 名 称	系数	工程量计算规则
夹板门	1.00	按设计图示洞口尺寸以“m^2”计算
镶板门	1.14	
实木装饰木门	1.35	
一板一纱木门	1.36	
单层半截玻璃门	0.98	
单层全玻璃门	0.83	
厂库房大门	1.10	

表 3-53　单层玻璃窗工程量系数表

项 目 名 称	系数	工程量计算规则
单层玻璃窗	1.00	按设计图示洞口尺寸以“m^2”计算
双层玻璃窗	2.00	
一玻一纱窗	1.36	

表 3-54　木扶手工程量系数表

项 目 名 称	系数	工程量计算规则
木扶手	1.00	按设计图示长度以“m”计算
窗帘盒	2.04	
封檐板、顺水板、博风板	1.74	
生活园地框、挂镜线、装饰线条、压条宽度 30 mm 以内	0.35	
挂衣板、黑板框、装饰线条、压条宽度 30 mm 以外	0.52	

表 3-55　其他木材面工程量系数表

项 目 名 称	系数	工程量计算规则
木板、胶合板(单面)、顶面	1.00	按设计图示尺寸以“m^2”计算
门窗套(含收口线条)	1.10	按设计图尺寸油漆部分展开面积以“m^2”计算
清水板条天棚、檐口	1.07	按设计图示尺寸以“m^2”计算
木方格吊顶天棚	1.20	
吸声板墙面、天棚面	0.87	
屋面板(带檩条)	1.11	
木间壁、木隔断	1.90	按设计图示尺寸单面外围面积以“m^2”计算
玻璃间壁露明墙筋	1.65	
木栅栏、木栏杆(带扶手)	1.82	
零星木装修	0.87	按设计图尺寸油漆部分展开面积以“m^2”计算
木屋架	1.79	按 1/2 设计图示跨度乘设计图示高度以“m^2”计算

续表

项 目 名 称	系数	工程量计算规则
木楼梯(不带地板)	2.30	按设计图尺寸水平投影面积以"m^2"计算
木楼梯(带地板)	1.30	

表 3-56　柜类油漆工程量系数表

项 目 名 称	系数	工程量计算规则
不带门衣柜	5.04	按设计图示尺寸的柜正立面投影面积以"m^2"计算
带木门衣柜	1.35	
不带门书柜	4.97	
带木门书柜	1.3	
带玻璃门书柜	5.28	
带玻璃门及抽屉书柜	5.82	
带木门厨房壁柜	1.47	
不带木门厨房壁柜	4.41	
厨房吊柜	1.92	
带木门货架	1.37	
不带门货架	5.28	
带玻璃门吧台背柜	1.72	
带抽屉吧台背柜	2.00	
酒柜	1.97	
存包柜	1.34	
资料柜	2.09	
鞋柜	2.00	
带木门电视柜	1.49	
不带门电视柜	6.35	
带抽屉床头柜	4.32	
不带抽屉床头柜	4.16	
行李柜	5.65	
梳妆台	2.70	按设计图示尺寸以台面中心线长度计算
服务台	5.78	
收银台	3.74	
试衣间	7.21	按设计图示数量以个计算

(2) 调整系数。

①定额中油漆、涂料除注明的外,均按手工操作考虑,如实际操作为喷涂时,油漆消耗量乘系数 1.5,其他不增加。

②单层木门油漆按双面刷油漆考虑,如果采用单面油漆,按定额相应项目乘系数 0.53。

③梁、柱及天棚面涂料按墙面定额人工乘系数 1.2,其他不变。

(3) 说明。

①油漆定额项目中,油漆的各种颜色已综合在定额内。设计为美术图案的,应另行计算。

②壁柜门、顶橱门执行单层木门项目。

③石膏板面乳胶漆执行抹灰面乳胶漆定额,板面补缝另行计算。

④普通涂料按不批腻子考虑，如实际需要批腻子时，按相应定额项目计算。

⑤板面补缝按长度以“m”计算。

⑥壁纸定额内不含刮腻子，按相应定额项目计算。

⑦金属面防腐及防火涂料按防腐及防火涂料工程相应定额项目计算。

⑧壁纸基层处理采用壁纸基膜的，应取消壁纸定额项目中的酚醛墙漆。

（四）油漆、涂料、裱糊分项工程工程量的计算方法

1. 计算公式及说明

（1）楼地面、天棚面、墙柱面、梁面的喷刷涂料、抹灰面油漆及裱糊的工程量＝楼地天棚面、墙柱面、梁面装饰工程相应的工程量。

（2）木材面油漆工程量＝相应项目工程量基数×定额规定系数。

（3）金属面油漆工程量＝相应项目工程量基数×定额规定系数。

（4）抹灰面油漆及水质涂料工程量＝相应的抹灰工程量面积×定额规定系数。

2. 实例计算

［例 3-13］ 某工程单层木窗 10 樘，每樘洞口尺寸为 1800 mm×1500 mm，框外围尺寸 1780 mm×1480 mm，油漆做法为：刮腻子、底油一遍、调和漆两遍。请计算其油漆工程量，并填写工程量计算表。

解：工程量计算按照洞口面积乘以折算系数。

$$油漆工程量=1.8\times1.5\times10\times1.36\ m^2=36.72\ m^2$$

工程量计算表见表 3-57。

表 3-57 工程量计算表

项目名称	单位	工程量	计算式
单层木窗油漆	m^2	36.72	$S=1.8\times1.5\times20\times1.36$

三、学习任务小结

通过本节课的学习，同学们已经初步了解了室内油漆、涂料和裱糊装饰工程如何进行工程量的计算，对此类工程的概预算有了一定的认识。同学们课后还要通过自身实践练习，结合具体的工程案例进行学习测试，并对所做成果进行总结推敲，提升自己的装饰工程预算能力。

四、课后作业

某工程一玻一纱窗 15 樘，每樘洞口尺寸为 1800 mm×1500 mm，框外围尺寸 1780 mm×1480 mm，油漆做法为：润水粉、刮腻子、漆片、硝基清漆、磨退出亮。试计算其预算费用。

学习任务七　室内构件装饰工程清单工程量的计算

教学目标

(1) 专业能力:能通过学习室内构件装饰工程工程量的计算规则,让学生对室内装饰材料工程量计算有全面的了解,掌握工程量计算方法,结合市面材料价格进行初步概预算.

(2) 社会能力:能对室内空间中的栏杆、扶手、装饰线条、招牌、灯箱等工程进行工程量计算,有效地提高概预算能力。

(3) 方法能力:图纸识读能力、计量计价能力。

学习目标

(1) 知识目标:掌握招牌、灯箱、美术字安装、压条、装饰线、暖气罩、镜面玻璃安装的工程量计算规则。

(2) 技能目标:能够掌握室内构件工程的工程量计算方法,能结合当前材料市场价格进行工程造价概预算。

(3) 素质目标:能观察室内构件的收口细节,能较精准地核算室内构件工程的工程量。

教学建议

1. 教师活动

教师讲解室内构件装饰工程清单工程量的计算方法,并指导学生进行室内构件装饰工程清单工程量的计算实训。

2. 学生活动

认真听教师讲解室内构件装饰工程清单工程量的计算方法,并在教师的指导下进行室内构件装饰工程清单工程量的计算实训。

一、学习问题导入

同学们,大家好！今天我们一起来学习室内构件装饰工程的工程量计算。室内构件包括栏杆、扶手、护栏、装饰线条、挂镜线、暖气罩、美术字安装等。这些室内构件工程量的计算是室内整体工程预算的有机组成部分。

二、学习任务讲解

(一) 室内构件装饰工程概述

1. 栏板、栏杆、扶手、护栏的构件特征

(1) 楼梯玻璃栏板。

楼梯玻璃栏板又称为玻璃栏板或玻璃扶手,即用大块的透明安全玻璃做楼梯栏板,上面加扶手。扶手可用铝合金管、不锈钢管、黄铜管或高级硬木等材料制作。玻璃可用有机玻璃、钢化玻璃或茶色玻璃制作。楼梯扶手的玻璃安装有半玻或全玻两种方式。

半玻式楼梯扶手是玻璃上下透空,玻璃用卡槽安装在扶手立柱之间或者直接安装在立柱的开槽中,并用玻璃胶固定。全玻式楼梯扶手是将厚玻璃下部固定在楼梯踏步地面上,上部与金属管材或硬木扶手连接。与金属管材连接的方式有三种:第一种是在管子下部开槽,玻璃插入槽内;第二种是在管子下部安装U形卡槽,厚玻璃卡装在槽内;第三种是用玻璃胶直接将厚玻璃黏结于管子下部。玻璃下部可用角钢将玻璃卡住定位,然后在角钢与玻璃留出的间隙中嵌玻璃胶将玻璃固定。

(2) 楼梯栏杆。

楼梯栏杆是指楼梯扶手与楼梯踏步之间的金属栏杆,金属栏杆之间可以镶玻璃,也可以不镶玻璃。楼梯栏杆分为竖条型和其他型两种。按照不同材料和造型,又分为铁花栏杆、车花木栏杆和不车花木栏杆等。具体如图3-55和图3-56所示。

图3-55 各类型楼梯栏杆

(3) 扶手。

楼梯扶手按照材料分为不锈钢扶手、硬木扶手、钢管扶手、铜管扶手、塑料扶手和大理石扶手等。按照楼梯造型又分为直线形、圆弧形和螺旋形三种。

(4) 靠墙扶手。

靠墙扶手是指扶手固定在墙上,扶手下面没有栏杆或栏板。按照材料不同分为不锈钢管靠墙扶手、铝合金管靠墙扶手、铜管靠墙扶手、塑料靠墙扶手、钢管靠墙扶手和硬木靠墙扶手。靠墙扶手一般均为直线形。

(5) 装饰护栏。

护栏一般是为了防止人们随意进入有限制的区间而设置的隔离设施,如道路护栏、草地护栏、门窗护栏等。定额中主要指的是门窗护栏,用小型铝合金或不锈钢管材制作,护栏上可以制作一些起装饰作用的元素,故称作装饰护栏。

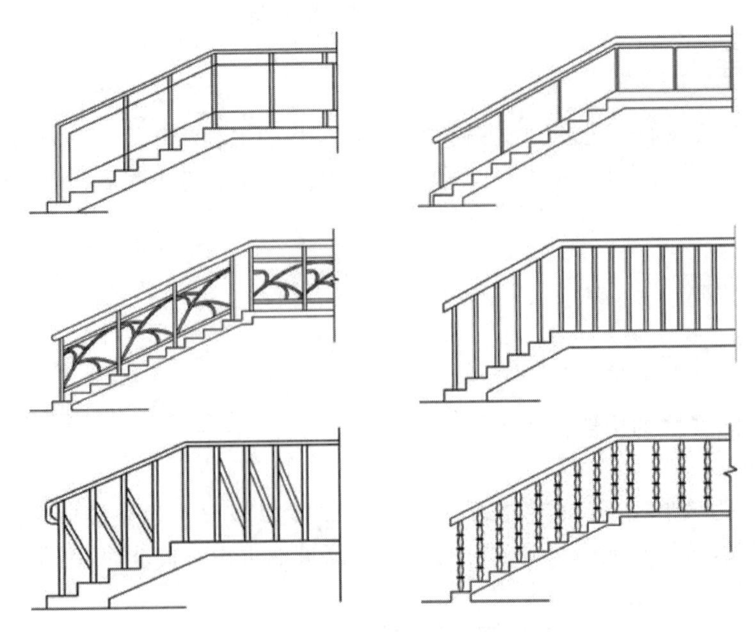

图 3-56　各类型楼梯栏杆装饰纹样

2. 室内构件装饰工程

室内构件装饰工程是指与建筑装饰工程相关的招牌、美术字、装饰线条、室内零星装饰和营业装饰性柜类等。

（1）平面招牌。

平面招牌是指安装在门前墙面上的附贴式招牌。招牌是单片形，分为木结构和钢结构两种。其中每一种又分为一般和复杂两种类型。一般型是指正立面平整无凸出面，复杂型是指正立面有凸起或造型。

（2）箱式和竖式招牌箱。

箱式和竖式招牌箱是指长方体结构的招牌，离地面有一定距离，用支撑与墙体固定。定额中分为矩形招牌箱和异形招牌箱两项。矩形招牌箱是指正立面无凸出或造型，异形招牌箱是指正立面有凸起或造型。

（3）装饰线条。

装饰线条有木装饰条、金属装饰条、石材装饰线、石膏装饰线、木压条、金属压条以及木装饰压角条等。

①木装饰条。

木装饰条主要用在装饰画、镜框的压边线、墙面腰线、柱顶和柱脚等部位。其断面形状比较复杂，线面多样，有外凸式、内凹式、凹凸结合式、嵌槽式等，如图 3-57 所示。定额中按木装饰条造型线角道数分为“三道线内”和“三道线外”两类，每类又按木装饰条宽度分 25 mm 以内和 25 mm 以外两种。

图 3-57　各种样式的木装饰条

②压条。压条是用在各种交接面（平接面、相交面、对接面等）沿接口的压板线条。实际工作中有木压条、塑料压条和金属压条三种。

③金属装饰条。金属装饰条用于装饰面的压边线、收口线以及装饰画、装饰镜面的框边线，也可用作广告牌、灯光箱、显示牌的边框或框架。金属装饰条按材料分为铝合金线条、铜线条和不锈钢线条。其断面形状分为直角形和槽口形。

压条和装饰条的区别是:压条用于平接面、相交面、对接面的衔接口处,装饰条用于分界面、层次面及封口处;压条断面小,外形简单,装饰条断面比压条大,外形较复杂,装饰效果较好;压条的主要作用是遮盖接缝,并使饰面平整,装饰条的主要作用是使饰面美观,增加装饰效果,如图 3-58 所示。

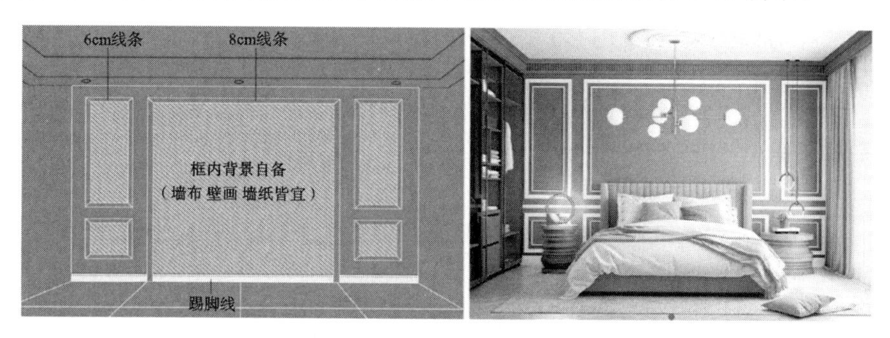

图 3-58 装饰条使用效果

(4) 挂镜线。

挂镜线又叫画镜线,一般安装在墙壁与窗顶或门顶平齐的水平位置,用来挂镜框和图片、字画等。其上部留槽,用以固定吊钩。挂镜线可用金属、木材、塑料制作。挂镜点的功能和挂镜线相同,只是外形为点状。

(5) 暖气罩。

定额中暖气罩分不同材料和不同做法列项。其按照材料可分为柚木板、塑面板、胶合板、铝合金、穿孔钢板五种;按照制作方式分为挂板式、明式和平墙式三种。

①挂板式是用铁件挂于暖气片或暖气管上。

②明式暖气罩是罩在凸出墙面的暖气片上,有立面板、侧面板和顶板组成。

③平墙式暖气罩是封住安放暖气壁龛的挡板。暖气罩挡板安装后大致与墙面平齐。

(6) 美术字安装。

美术字安装定额是以成品字为单位而编制的,不分字体,均按定额执行。工程内容包括美术字现场的拼装、安装固定、清理等全过程以及美术字的制作。按材质分,定额中字体的制作材料分为泡沫塑料有机玻璃、金属和木质三种。字底基面分为大理石面(花岗岩和较硬的块料饰面)、混凝土墙面、砖墙面(抹灰墙面、陶瓷锦砖饰面及面砖饰面)和其他面四种。

(7) 柜类。

柜类是指柜台、酒吧台、服务台、货架、高货柜、收银台等。《全国统一建筑装饰装修工程消耗量定额》(GYD 901-2002)附录中给出了各种柜的构造图,编制预算时可照图选用。

(8) 其他。

除了上面几种工程项目外,还有浴厕配件、雨篷、旗杆、招牌、灯箱和美术字。

(二) 室内构件装饰工程工程量清单项目及工程量计算规则

1. 室内构件装饰工程工程量清单

室内构件装饰工程工程量清单项目设置及工程量计算规则见表 3-58～表 3-65。

表 3-58 柜类(编码:011501)

项目编码	项目名称	计量单位	工程量计算规则
011501001	柜台	1. 个 2. m 3. m^3	1. 以个计量,按设计图示数量计量 2. 以米计量,按设计图示尺寸以延长米计算 3. 以立方米计量,按设计图示尺寸以体积计算
011501002	酒柜		
011501003	衣柜		
011501004	存包柜		
011501005	鞋柜		
011501006	书柜		
011501007	厨房壁柜		
011501008	木壁柜		

续表

项 目 编 码	项 目 名 称	计量单位	工程量计算规则
011501009	厨房低柜	1. 个 2. m 3. m^3	1. 以个计量,按设计图示数量计量 2. 以米计量,按设计图示尺寸以延长米计算 3. 以立方米计量,按设计图示尺寸以体积计算
011501010	厨房吊柜		
011501011	矮柜		
011501012	吧台背柜		
011501013	酒吧吊柜		
011501014	酒吧台		
011501015	展台	1. 个 2. m 3. m^3	1. 以个计量,按设计图示数量计量 2. 以米计量,按设计图示尺寸以延长米计算 3. 以立方米计量,按设计图示尺寸以体积计算
011501016	收银台		
011501017	试衣间		
011501018	货架		
011501019	书架		
011501020	服务台		

表 3-59　装饰线条(编码:011502)

项 目 编 码	项 目 名 称	计量单位	工程量计算规则
011502001	金属装饰线	m	按设计图示尺寸以长度计算
011502002	木质装饰线		
011502003	石材装饰线		
011502004	石膏装饰线		
011502005	镜面装饰线		
011502006	铝塑装饰线		
011502007	塑料装饰线		
011502008	GRC 装饰线		

表 3-60　扶手、栏杆、栏板(编码:011503)

项 目 编 码	项 目 名 称	计量单位	工程量计算规则
011503001	金属扶手、栏杆、栏板	m	按设计图示尺寸以扶手中心线长度(包括弯头长度)计算
011503002	硬木扶手、栏杆、栏板		
011503003	塑料扶手、栏杆、栏板		
011503004	GRC 栏杆、扶手		
011503005	金属靠墙扶手		
011503006	硬木靠墙扶手		
011503007	塑料靠墙扶手		
011503008	玻璃栏杆		

表 3-61　暖气罩(编码:011504)

项 目 编 码	项 目 名 称	计量单位	工程量计算规则
011504001	饰面板暖气罩	m^2	按设计图示尺寸以垂直投影面积(不展开)计算
011504002	塑料板暖气罩		
011504003	金属暖气罩		

表 3-62　浴厕配件(编码:011505)

项目编码	项目名称	计量单位	工程量计算规则
011505001	洗漱台	个/m^2	按设计图示尺寸以扶手中心线长度(包括弯头长度)计算
011505002	晒衣架	个	按设计图示数量计算
011505003	帘子杆		
011505004	浴缸拉手		
011505005	卫生间扶手		
011505006	毛巾杆(架)	套	
011505007	毛巾环	副	
011505008	卫生纸盒	个	
011505009	肥皂盒		
011505010	镜面玻璃	m^2	按设计图示尺寸以边框外围面积计算
011505011	镜箱	个	按设计图示数量计算

表 3-63　雨篷、旗杆(编码:011506)

项目编码	项目名称	计量单位	工程量计算规则
011506001	雨篷吊挂饰面	m^2	按设计图示尺寸以垂直投影面积(不展开)计算
011506002	金属旗杆	根	按设计图示数量计算
011506003	玻璃雨棚	m^2	按设计图示尺寸以水平投影面积计算

表 3-64　招牌、灯箱(编码:011507)

项目编码	项目名称	计量单位	工程量计算规则
011506001	平面、箱式招牌	m^2	按设计图示尺寸以正立面边框外围面积计算。复杂形的凹凸造型部分不增加面积
011506002	竖式标箱	个	按设计图示数量计算
011506003	灯箱		
011506004	信报箱		

表 3-65　美术字(编码:011508)

项目编码	项目名称	计量单位	工程量计算规则
011508001	泡沫塑料字	个	按设计图示数量计算
011508002	有机玻璃字		
011508003	木质字		
011508004	金属字		
011508005	吸塑字		

2. 实例计算

[例 3-14]　某饰面板暖气罩,尺寸如图 3-59 所示,基层为五合板,面层为榉木板,散热口为机制木花格,共 18 个。计算其清单工程量并填写清单工程量计算表、分部分项工程和单价措施项目清单与计价表。

解:

饰面板暖气罩清单工程量＝垂直投影面积

$$S=(1.5\times0.9-1.10\times0.20-0.80\times0.25)\times18\ m^2=16.74\ m^2$$

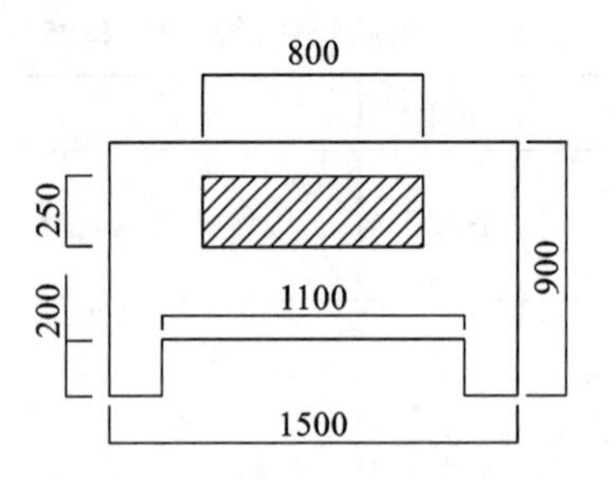

图 3-59　饰面板暖气罩示意图

表 3-66　清单工程计量表

序号	清单项目编号	清单项目名称	计　算　式	工程量	计量单位
1	011504001001	饰面板暖气罩	S=(1.5×0.9−1.10×0.20−0.80×0.25)×18	16.74	m^2

表 3-67　分部分项工程和单价措施项目清单与计价表

序号	清单项目编号	清单项目名称	项目描述	计量单位	工程量	金额/元	
						综合单价	合计
1	011504001001	饰面板暖气罩	暖气罩材质:饰面板暖气罩、五合板基层、榉木板面层	m^2	16.74		

（三）室内构件装饰工程定额工程量计算及相关说明

1. 室内构件装饰工程工程清单项目定额工程量计算规则

(1) 柜类工程量按正立面设计图示尺寸投影面积以“m^2”计算。

(2) 各类台工程量按设计图示尺寸台面中心线长度以“m”计算。

(3) 试衣间工程量按设计图示数量以个计算。

(4) 大理石台面按设计图示尺寸的实贴面积“m^2”计算。

(5) 钢栏杆按设计理论质量以“t”计算;其他各类栏杆、栏板及扶手工程量均按设计图标尺寸的长度以“m”计算,不扣除弯头所占的长度;弯头数量以个计算。

(6) 各类装饰线条、石材磨边及开槽工程量按设计图示长度以“m”计算。

(7) 暖气罩工程量按垂直投影面积以“m^2”计算,扣除暖气百叶所占面积:暖气百叶工程量按边框外围面积以“m^2”计算。

(8) 广告牌、灯箱。

①平面广告牌基层工程量按正立面投影面积以“m^2”计算。

②墙柱面灯箱基层工程量按设计图示尺寸的展开面积以“m^2”计算。

③广告牌、灯箱面积工程量按设计图示展开面积以“m^2”计算。

(9) 美术字安装(除注明者外)均按字体的最大外围矩形面积以个计算。

(10) 开孔、钻孔工程量按设计图示数量以个计算。

(11) 大理石洗漱台按设计图示尺寸的展开面积以“m^2”计算,不扣除台面开孔所占的面积。

(12) 洗浴室镜面玻璃按面积以“m^2”计算。

(13) 不锈钢旗杆按长度以“m”计算。

(14) GRC 罗马杆按不同直径以延长米计算。

(15) 五金配件按设计数量以套计算。

(16) 不锈钢帘子杆按设计图示长度以“m”计算。

2. 其他装饰工程定额工程量计算有关说明

(1) 装饰线条项目是按墙面直线安装编制的,实际施工不同时,可按下列规定进行调整。

①墙面安装圆形曲线装饰线条,其相应定额人工消耗量乘系数 1.34;材料消耗量乘系数 1.10。

②天棚安装直线装饰线条,其相应定额人工消耗量乘系数1.34。

③天棚安装圆形曲线装饰线条,其相应人工消耗量乘系数1.60,材料消耗量乘系数1.10。

④装饰线条做艺术图案,其相应人工消耗量乘系数1.80,材料消耗量乘系数1.10。

(2)广告牌基础以附墙式考虑,如设计为独立式的,其人工消耗量乘系数1.10;基层材料如设计与定额不同,可以进行调整。

(3)本章定额消耗量是根据定额附图取定,与实际不同时,材料按实调整,机械不变,人工按下列规定调整。

①胶合板总量每增减30%时,人工增减10%。

②屉数量与附图不同时,每增减一个抽屉,人工增减0.1工日。

③按平方米计量的柜类,当单个柜类正立面投影面积在1 m^2 以内时,人工乘系数1.10。

④按米计量的柜类,当单件柜类长度在1 m以内时,人工乘系数1.10。

⑤弧形面柜类,人工乘系数1.10。

(四)室内构件装饰工程工程量计算案例

[例3-15] 卫生间立面如图3-60所示,求镜面不锈钢装饰线工程量。

解:镜面不锈钢装饰线工程量=[2×(1.1+2×0.05+1.4)] m=5.2 m

[例3-16] 卫生间立面如图3-60所示,求石材装饰线工程量。

解:石材装饰线工程量=[3-(1.1+2×0.08×2)] m=1.58 m

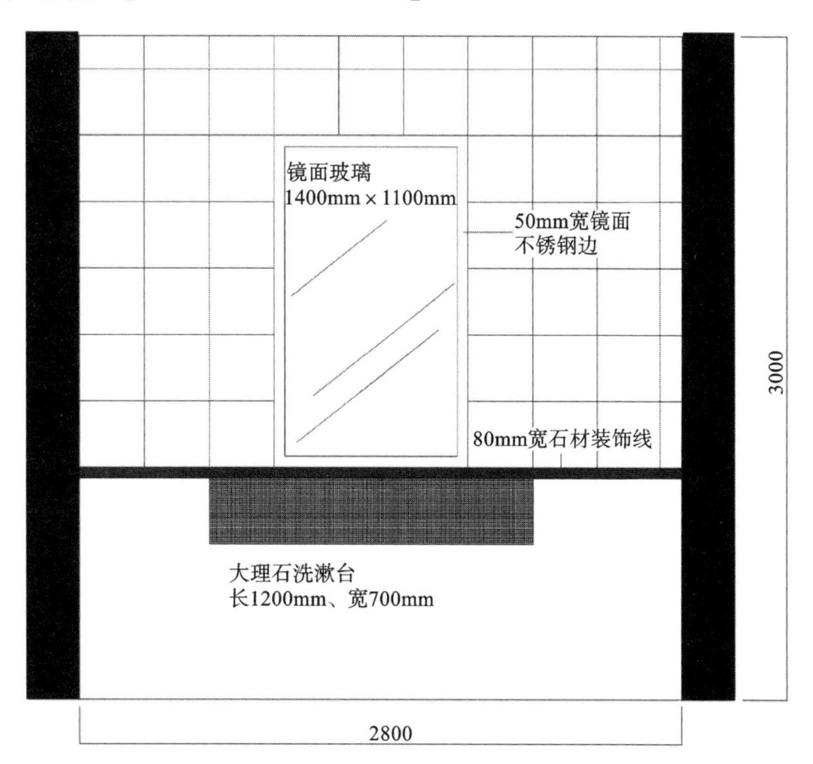

图3-60 卫生间立面图

三、学习任务小结

通过本节课的学习,同学们已经初步了解了室内构件装饰工程工程量计算内容和规则,对柜类、扶手、栏杆、暖气罩、浴室配件安装预算有了一定的认识。同学们课后还要通过一些实际案例进行学习计算,更好地加强自身的实际应用能力。

四、课后作业

如图 3-61 所示，某小区住宅安装楼梯扶手，总共 6 层，每层楼梯扶手上下扶手总长为 7 m，求整栋楼加装楼梯扶手安装工程量是多少？

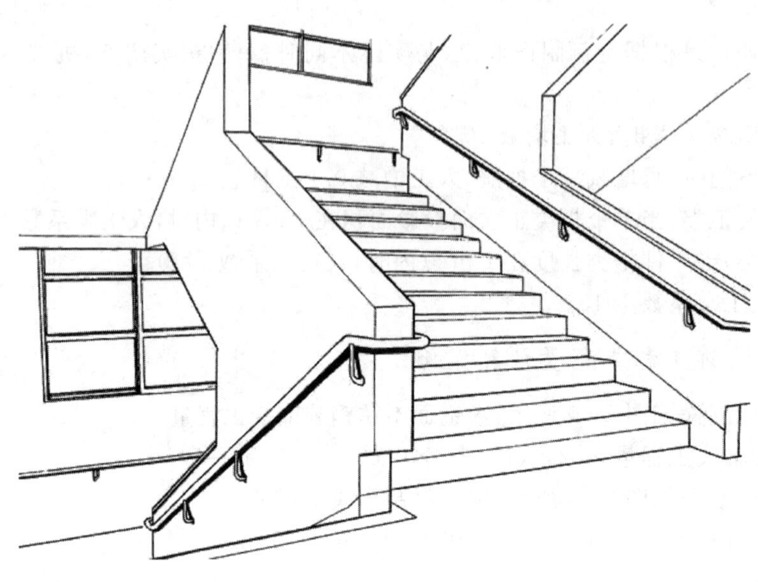

图 3-61　楼梯示意图

学习任务八　施工措施项目工程量的计算

教学目标

(1) 专业能力:能通过了解施工措施项目费,掌握装饰装修脚手架及项目成品保护费、垂直运输及超高增加费的定额预算。

(2) 社会能力:能对施工组织项目费和施工技术项目费进行工程量计算,有效地提高概预算能力。

(3) 方法能力:图纸识读能力、措施项目费的计算能力。

学习目标

(1) 知识目标:掌握施工措施项目工程量计算的方法。

(2) 技能目标:能结合施工图纸进行施工措施项目工程量计算。

(3) 素质目标:能够用认真严谨的专业态度进行工程量计算,培养严谨细致的工作作风。

教学建议

1. 教师活动

教师讲解施工措施项目费工程清单工程量的计算方法,并指导学生进行施工措施项目费工程清单工程量的计算实训。

2. 学生活动

认真听教师讲解施工措施项目费清单工程量的计算方法,并在教师的指导下进行施工措施项目费清单工程量的计算实训。

一、学习问题导入

同学们,大家好!施工措施项目费是室内装饰工程项目的组成部分,包括文明施工费,安全施工费,临时设施费,夜间施工增加费,大型机械设备进出场及安拆费,施工排水、降水费等。这些施工措施项目费的具体计算过程,在接下来的课程学习中会一一讲解。

二、学习任务讲解

1. 施工措施项目费

施工措施项目费分为施工组织措施费和施工技术措施费,见表3-68和表3-69。

表3-68 施工组织措施费

序 号	施工组织措施费	费用内容
1	环境保护费	施工现场为达到环保部门要求所需要的各项费用
2	文明施工费	施工现场文明施工所需要的各项费用
3	安全施工费	施工现场安全施工所需要的各项费用
4	临时设施费	临时设施费用包括:临时设施的搭设、维修、拆除费或摊销费
5	夜间施工增加费	因夜间施工所发生的夜班补助、夜间施工降效、夜间施工照明设备及照明用电等费用
6	缩短工期增加费	因缩短工期要求发生的施工增加费,包括夜间施工增加费、周转材料加大投入量所增加的费用等
7	二次搬运费	因施工场地狭小等特殊情况而发生的二次搬运费用
8	已完工程及设备保护费	竣工验收前对已完工程及设备进行保护所需的费用
9	其他施工组织措施费	根据各专业、地区及工程特点补充的如行车干扰费等施工组织措施费用项目

表3-69 施工技术措施费

序 号	施工技术措施费	费用内容
1	大型机械设备进出场及安拆费	机械整体或分体自停放场地运至施工现场或由一个施工地点运至另一个施工地点,所发生的机械进出场运输和转移费用及机械在施工现场进行安装、拆卸所需的人工费、材料费、机械费、试运转费和安装所需的辅助设施的费用
2	混凝土、钢筋混凝土模板及支架费	混凝土施工过程中需要的各种钢模板、木模板、支架等的支、拆、运输费用及模板、支架的摊销(或租赁)费用
3	脚手架费	施工需要的各种脚手架搭、拆、运输费用及脚手架的摊销(或租赁)费用
4	施工排水、降水费	为确保工程在正常条件下施工,采取各种排水、降水所发生的各种费用
5	其他施工技术措施费	根据各专业、地区及工程特点补充的技术措施费用项目

2. 装饰装修脚手架及项目成品保护费

(1) 装饰装修脚手架及项目成品保护费定额说明。

装饰装修脚手架包括满堂脚手架、外脚手架、内墙面粉饰脚手架、安全过道、封闭式安全笆、斜挑式安全笆、满挂安全网。吊篮架由各省、自治区、直辖市根据当地实际情况编制。项目成品保护费包括楼地面、楼梯、台阶、独立柱、内墙面饰面面层。

(2) 装饰装修脚手架及项目成品保护费工程量计算规则。

①装饰装修脚手架。

a. 满堂脚手架,按实际搭设的水平投影面积,不扣除附墙柱、柱所占的面积,其基本层高以3.6 m以上至5.2 m为准。凡超过3.6 m且在5.2 m以内的天棚抹灰及装饰装修,应计算满堂脚手架基本层;层高超过 5.2 m，每增加 1.2 m 计算一个增加层，增加层的层数＝(层高－5.2 m)÷1.2 m，按四舍五入取整数。室内凡计算了满堂脚手架者，其内墙面粉饰不再计算粉饰架，只按每 100 m^2 墙面垂直投影面积增加改架工 1.28工日。

b. 装饰装修外脚手架，按外墙的外边线长乘墙高以平方米计算，不扣除门窗洞口的面积。同一建筑物各面墙的高度不同，且不再统一定额步距内时，应分别计算工程量。定额中所指的檐口高度 5～45 m 以内，系指建筑物自设计室外地坪面至外墙定点或构筑物顶面的高度。

c. 利用主体外脚手架改变其步高作外墙装饰架时，按每 100 m^2 外墙面垂直投影面积，增加改架工 1.28 工日；独立柱按柱周长增加 3.6 m 乘柱高套用装饰装修脚手架相应高度的定额。

d. 内墙面粉饰脚手架，均按内墙面垂直投影面积计算，不扣除门窗洞口的面积。

e. 安全过道按实际搭设的水平投影面积(架宽×架长)计算。

f. 封闭式安全笆按实际封闭的垂直投影面积计算。实际用封闭材料与定额不符时，不做调整。

g. 斜挑式安全笆按实际满挂的垂直投影面积计算。

h. 满挂安全网按实际满挂的垂直投影面积计算。

②项目成品保护费工程量计算规则。

按各章节相应子目规则执行。

(3) 装饰装修脚手架及项目成品保护费工程量计算案例。

[例 3-17] 如图 3-62 所示，某单层建筑物进行装修，计算搭设脚手架的工程量。

解：搭接高度为 3.9 m，因 3.6 m＜3.9 m＜5.2 m，所以应计算满手架基本层；因(3.9－3.6) m＝0.3 m＜1.2 m，所以不能计算增加层。执行《全国统一建筑装饰装修工程消耗量》(GYD901-2002)相关定额(定额编号 7-005)。

脚手架搭设面积：(6.8＋0.24) m×(4.4＋0.24) m＝32.67 m^2。

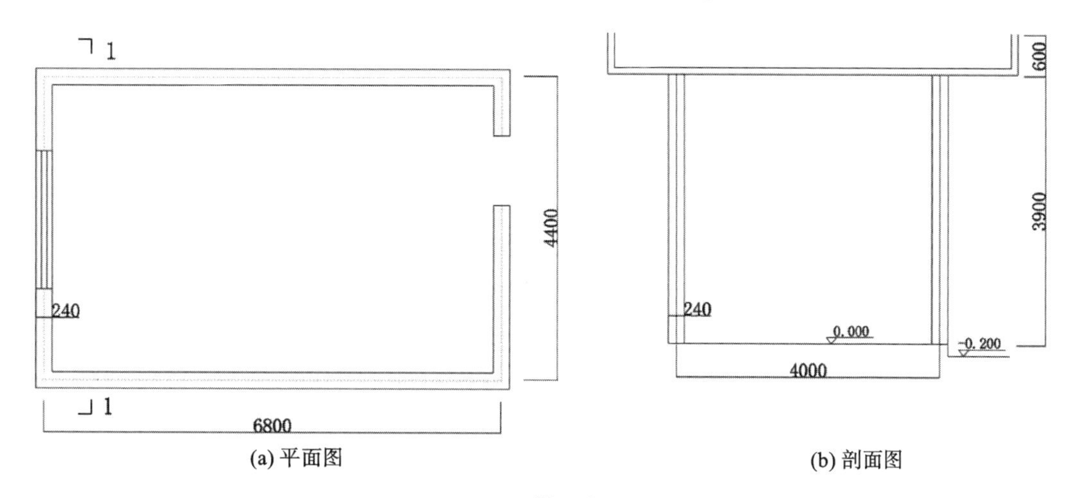

图 3-62 搭设脚手架

3. 垂直运输及超高增加费

(1) 垂直运输费。

①不包括特大型机械进出场及安拆费。垂直运输费定额按多层建筑物和单层建筑物划分。多层建筑物又根据建筑物檐高和垂直运输高度划分为 21 个定额子目。单层建筑物按建筑物檐高分 2 个定额子目。

②垂直运输高度：设计室外地坪以上部分指室外地坪至相应地(楼)面的高度。设计室外地坪以下部分指室外地坪至相应地(楼)面的高度。

③单层建筑物檐高高度 3.6 m 以内时，不计算垂直运输机械费。

④带一层地下室的建筑物，若地下室垂直运输高度小于 3.6 m，则地下层不计算垂直运输机械费。

⑤再次装饰装修利用电梯进行垂直运输或通过楼梯人力进行垂直运输的按实际计算。

(2) 超高增加费。

①本定额用于建筑物檐高在 20 m 以上的工程。

②檐高是指设计室外地坪至口的高度。凸出主体建筑屋顶的电梯间、水箱间等不计入檐高之内。

③超高增加费定额按多层建筑物和单层建筑物划分，多层建筑物定额按垂直运输高度每 20 m 为一档次，共分五个定额子目。而单层建筑物定额按建筑物檐高每 10 m 为一档次，共分三个定额子目。

④超高增加费包括：工人上下班降低功效、上楼工作前休息及自然增加的时间及由于人工降效引起的机械降效等。

[例 3-18] 某建筑物如图 3-63 所示，室外地坪以上部分楼层装饰装修工程量总工日为 6000 工日，计算该建筑物的垂直运输高度及运输费。

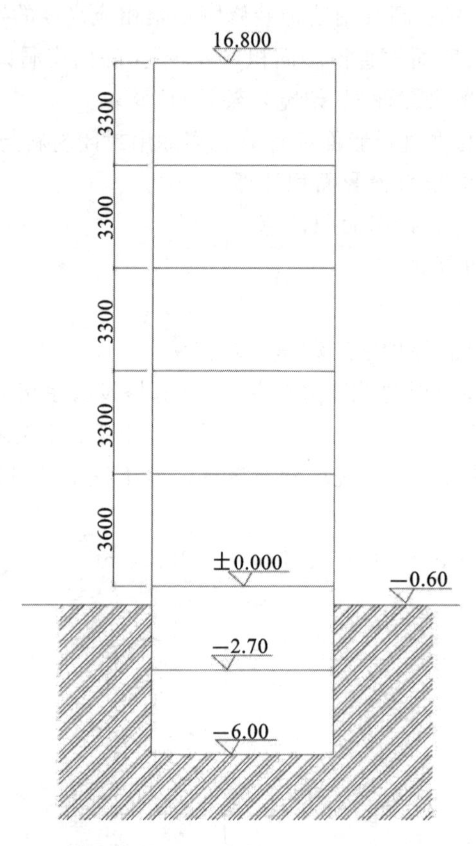

图 3-63　室外地坪以上部分示意图

解：建筑物设计室外地坪以上部分的垂直运输高度为：

$$(16.8+0.6)\ \text{m}=17.4\ \text{m}$$

运输费工程量：60 百工日。

执行《全国统一建筑装饰装修工程消耗量》(GYD901-2002)相关定额(定额编号 8-001)。

该建筑物垂直运输费见表 3-70。

表 3-70　建筑物垂直运输费

	名称	单位	定额含量	工程量	垂直运输费
机械	卷扬机、单筒慢速 5t	台班	2.92	60	175.2000

三、学习任务小结

通过本节课的学习，同学们已经初步了解了施工措施项目费的计算内容和计算方法，对措施项目的预算有了一定的认识。同学们课后还要通过自身实践练习和身边案例进行学习测试，并对所做成果进行总结推敲，提升自己的实际应用能力。

四、课后作业

收集关于施工组织措施费和施工技术措施费的现场施工照片 20 张，或对装饰项目做措施项目费工程量评估计算，自选 3 个案例。

项目四　室内装饰工程的工程量清单及清单计价

学习任务一　室内装饰工程的工程量清单及清单计价概述

学习任务二　工程量清单的编制

学习任务三　工程量清单计价

学习任务四　室内家装空间装饰工程预算案例分析

学习任务五　室内公装空间装饰工程预算案例分析

学习任务一　室内装饰工程的工程量清单及清单计价概述

教学目标

(1) 专业能力：了解室内装饰工程工程量清单，即清单计价的概念。

(2) 社会能力：能通过对工程清单的学习，具备室内装饰工程量清单计算及清单计价的能力。

(3) 方法能力：实践操作能力、专业图纸识图能力、资料整理和归纳能力。

学习目标

(1) 知识目标：了解室内装饰工程量清单计价基本原理。

(2) 技能目标：掌握工程量清单计价的操作过程。

(3) 素质目标：具备一定的计算能力和制表能力。

教学建议

1. 教师活动

教师讲解室内装饰工程工程量清单的概念和操作过程，引导学生理解室内装饰工程工程量清单计价的目的和意义。

2. 学生活动

认真聆听教师讲解室内装饰工程工程量清单的概念和操作过程，积极大胆地表达自己的看法，与教师形成良好的互动。

一、学习问题导入

工程量清单计价是改革和完善工程价格管理体制的一项重要内容，工程量清单计价方法相对于传统的定额计价方法是一种新的计价模式，或者说是一种市场定价模式，是由建设产品的买方和卖方在建设市场上根据供求状况、信息状况进行自由竞价，从而最终签订工程合同价格的依据。

二、学习任务讲解

1. 工程量清单的概念

工程量清单是表现拟建工程的分部分项工程项目、措施项目、其他项目名称和相应数量的明细清单。它是按照招标要求和施工设计图纸要求，将拟招标工程的全部项目和内容，依据统一的工程量计算规则和统一的工程量清单项目编制规则要求，将计算拟招标工程的分部分项工程数量以表格的方式列举出来的清单文件。

工程量清单是招标文件的组成部分，是由招标单位发出的一套注有拟建工程名称、性质、特征、单位和数量及开办项目、费用等相关表格组成的文件。在理解工程量清单时，首先，应注意到工程量清单是一份由招标单位提供的文件，编制人是招标单位或其委托的工程造价咨询单位。其次，从性质上说，工程量清单是招标文件的组成部分，一经中标且签订合同，即成为合同的组成部分。因此，无论招标单位还是投标人都应该慎重对待。最后，工程量清单的描述对象是拟建工程，其内容涉及清单项目的性质、数量等，并以表格为主要表现形式。

2. 实行工程量清单计价的目的和意义

(1) 工程造价是深化改革的产物。

长期以来，我国发承包计价、定价都以工程预算定额作为主要依据。为了适应建设市场改革的要求，针对工程预算定额编制和使用中存在的问题，提出了“控制量、指导价、竞争费”的改革措施，工程造价管理由静态管理模式逐步转变为动态管理模式。其中对工程预算定额改革的主要思路和原则是：将工程预算定额中的人工、材料、机械的消耗量和相应的单价分离，工、料、机的消耗量是国家根据有关规范、标准以及社会的平均水平来确定的。控制量的目的就是保证工程质量，指导价就是为了逐步走向市场形成价格，这一措施在我国社会主义市场经济初期起到了积极的作用。但随着建设市场化进程的发展，这种做法仍然难以改变工程预算定额中国家指令性的状况，难以满足招标、投标和评标的要求。因为，控制量反映的是社会的平均消耗水平，不能准确地反映各个企业的实际消耗量，不能全面地体现企业技术装备水平、管理水平和劳动生产率，也不能充分体现市场公平竞争，工程量清单计价改革了以工程预算定额为计价依据的计价模式。

(2) 规范建设市场秩序，适应社会主义市场经济发展的需要。

工程造价是工程建设的核心内容，也是建设市场运行的核心内容，建设市场上存在许多不规范行为，大多与工程造价有关。工程预算定额在工程发包与承包工程计价中调节双方利益、反映市场价格等方面显得滞后，特别是在公开、公平、公正竞争方面，缺乏合理完善的机制，甚至出现了一些漏洞。实现建设市场的良性发展除了法律法规和行政监管以外，发挥市场规律中“竞争”和“价格”的作用是治本之策。工程量清单计价是市场形成工程造价的主要形式，工程量清单计价有利于发挥企业自主报价的能力，实现从政府定价到市场定价的转变；有利于规范业主在招标中的行为，有效改变招标单位在招标中盲目压价的行为，从而真正体现公开、公平、公正的原则，反映市场经济规律。

(3) 促进建设市场有序竞争和企业健康发展的需要。

采用工程量清单计价模式招标、投标，对发包单位而言，由于工程量清单是招标文件的组成部分，招标单位必须编制出准确的工程量清单，并承担相应的风险，促进招标单位提高管理水平。由于工程量清单是公开的，因而避免了工程招标中的弄虚作假、暗箱操作等不规范行为。对承包企业而言，采用工程量清单报价，必须对单位工程成本、利润进行分析，统筹考虑，精心选择施工方案，并根据企业的实际情况合理确定人工、材料和施工机械等要素的投入与配置的优化组合，合理控制现场费用和施工技术措施费用，确定投标价，改变过去过分依赖国家发布定额的状况。企业可以根据自身的条件编制出符合自身利益的投标价格。

工程量清单计价的实行，有利于规范建设市场计价行为，规范建设市场秩序，促进建设市场有序竞争。也有利于控制建设项目投资，合理利用资源，促进技术进步，提高劳动生产率，提高造价工程师的素质，使其成为懂技术、懂经济、懂管理的全面发展的复合型人才。

（4）有利于工程造价管理政府职能的转变。

政府部门真正的职能是“经济调节、市场监管、社会管理和公共服务”。政府对工程造价管理模式的改变，实行政府宏观调控、企业自主报价，将有利于市场竞争形成价格公平，并实现社会全面监督。工程量清单计价有利于工程造价管理政府职能的转变，由过去政府控制的指令性定额转变为制定适应市场经济规律需要的工程量清单计价，由过去行政直接干预转变为对工程造价依法监管，有效地强化对工程造价的宏观调控。

三、学习任务小结

通过本节课的学习，同学们初步了解了工程量清单的概念，以及实行工程量清单计价的目的和意义，认识了工程清单在室内装饰工程预算工作的实际作用。课后，大家要通过学习实际室内装饰工程案例中的工程量清单表格，提高自身的实践能力。

四、课后作业

简述工程量清单的概念和意义。

学习任务二　工程量清单的编制

教学目标

（1）专业能力：了解室内装饰工程工程量清单的内容和编制方法。

（2）社会能力：具备室内装饰工程工程量清单计算及清单计价的能力。

（3）方法能力：实践操作能力、专业图纸识图能力、资料整理和归纳能力。

学习目标

（1）知识目标：掌握室内装饰工程工程量清单编制的方法。

（2）技能目标：能够根据项目要求编制室内装饰工程工程量清单。

（3）素质目标：具备一定的制表能力和计算能力。

教学建议

1. 教师活动

教师讲解室内装饰工程工程量清单编制的方法和要求，指导学生进行室内装饰工程工程量清单编制实训。

2. 学生活动

认真聆听教师讲解室内装饰工程工程量清单编制的方法和要求，在教师的指导下进行室内装饰工程工程量清单编制实训。

一、学习问题导入

工程量清单的编制方法是编制分项工程清单，编制时应按项目编码、项目名称、计量单位和工程量计算规则的有关规定进行。本节课，我们一起来学习室内装饰工程工程量清单的编制方法。

二、学习任务讲解

（一）工程量清单的内容

工程量清单作为招标文件的组成部分，最基本的功能是作为信息的载体，以便投标人能对拟建工程有全面、充分的了解。从这个意义上讲，工程量清单的内容应该全面、准确、具体。以原建设部颁发的《房屋建筑和市政基础设施工程施工招标文件范本》为例，工程量清单主要包括工程量清单说明和工程量清单表两部分。

1. 工程量清单说明

工程量清单说明主要是招标人解释拟招标工程的工程量清单的编制依据的情况说明，说明中明确清单中的工程量是由招标人估算得出的，仅仅作为投标报价的基础，结算时的工程量应以招标人或由其授权委托的监理工程师核准的实际完成量为准。工程量清单说明主要提示投标申请人重视清单，以及如何使用清单。

2. 工程量清单表

工程量清单表作为清单项目和工程数量的载体，是工程量清单的重要组成部分，见表 4-1。

表 4-1 工程量清单

工程名称　　　　共　页　第　页

序　号	编　号	项目名称	计量单位	工　程　量
一		（分部工程名称）		
1		（分项工程名称）		
2		……		
二		（分部工程名称）		
1		（分项工程名称）		
2		……		

合理的清单项目设置和准确的工程量，是清单计价的前提和基础。对于招标人来说，工程量清单是进行控制投资、统计成本的前提和基础。工程量清单表编制的质量直接影响到工程建设的最终结果。另外，工程量清单除包括分部分项工程量清单外，还包括措施项目清单和其他项目清单。

（二）工程量清单的编制

工程量清单主要由分部分项工程量单、措施项目清单和其他项目清单组成，是编制标底和投标报价的依据，也是签订工程合同、调整工程量和办理竣工结算的依据。工程量清单由有编制招标文件能力的招标人，或受其委托具有相应资质的工程造价咨询机构、招标代理机构依据有关计价办法、招标文件的有关要求，结合设计文件和施工现场实际情况进行编制。

工程量清单的项目设置规则是为了统一工程量清单项目名称、项目编码、计量单位和工程量计算制定的，是编制工程量清单的依据。《建设工程工程量清单计价规范》对工程量清单项目的设置做了明确的规定。

（1）项目编码。

项目编码以五级编码设置，用 12 位阿拉伯数字表示。一、二、三、四级编码统一；第五级编码由工程量清单编制人区分具体工程的清单项目特征而分别编码。各级编码代表的含义如下。

第一级表示分类码（分 2 位）：建筑工程为 01，装饰装修工程为 02，安装工程为 03，市政工程为 04，园林绿化工程为05。

第二级表示章顺序码(分2位):在装饰装修工程中楼地面工程为01,墙地面工程为02,天棚工程为03,门窗工程为04,油漆、涂料、裱糊工程为05,其他工程为06。

第三级表示节顺序码(分2位)。

第四级表示清单项目码(分3位)。

第五级表示具体项目清单编码(分3位)。

以“02-04-07-003-×××”为例,第五级为具体项目清单编码(由工程量清单编制人编制,从001开始);第四级为清单项目码,003表示石材门窗套;第三级为节顺序码,07标志门面套;第二级为章顺序码,04表示门窗工程;第一级为分类码,02表示装饰装修工程,如图4-1所示。

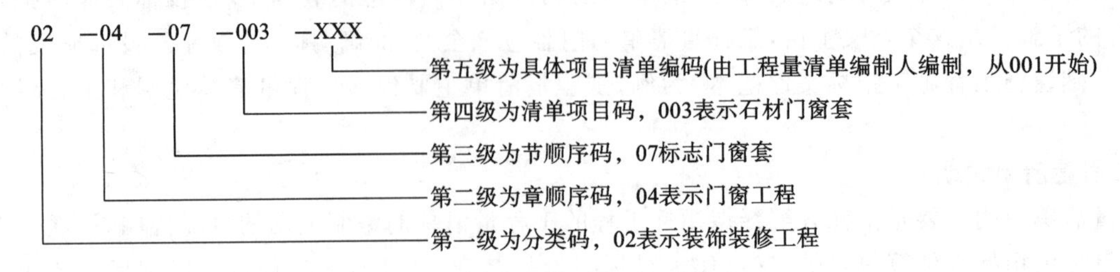

图4-1　工程量清单项目编码结构

随着科学技术的发展,新材料、新技术和新工艺将伴随出现,凡是遇到此附录中的缺项,在编制工程量清单时,编制人可作补充。补充项目应填写在工程量清单相应分部工程项目之后,并在“项目编码”栏中以“补”字示意。

(2)项目名称。

项目名称原则上以形成工程实体而命名。一般应考虑三个因素,一是目录中的项目名称;二是目录中的项目特征;三是拟建工程的实际情况。编制工程量清单时,以附录中的项目名称为主体,考虑该项目的规格、型号、材质等特征要求,结合拟建工程的实际情况,使项目名称具体化、细化,能够反映影响工程造价的主要因素。

(3)项目特征。

项目特征是对项目的准确描述,是价格的影响因素,也是设置具体清单项目的依据。项目特征按不同的工程部位、施工工艺或材料品种、规格等分别列项。凡项目特征中未描述到的其他独有特征,由清单编制人视项目具体情况而定,以准确描述清单项目为准。

(4)计量单位。

计量单位应采用基本单位,除各专业另有特殊规定外,均按以下单位计量。

①重量计算的项目——吨或千克(t或kg)。

②以体积计算的项目——立方米(m^3)。

③以面积计算的项目——平方米(m^2)。

④以长度计算的项目——米(m)

⑤以自然计量单位计算的项目——个、套、块、程、组、台……

⑥没有具体数量的项目——系统、项……

(5)工程内容。

工程内容指完成该清单项目可能发生的具体工作过程,可供投标人确定清单项目和投标人投标报价参考。以装饰装修工程的现浇水磨石楼地面为例,可能发生的具体工作过程有:清理基层、垫层铺设、抹灰找平层、面层铺设、嵌缝条安装和磨光打蜡等。凡工程内容中未列全的其他具体工程,由投标人按招标文件或图纸要求编制,以完成清单项目为准综合考虑到报价中。

(三)工程量的计算

工程量主要通过工程量计算规则计算得到。工程量计算规则是指对清单项目工程量的计算规定。除另有说明外，所有清单项目的工程量应以综合实体工程量为准，并以完成后的净值计算。投标人投标报价时，应在单价中考虑施工中的各种损耗和需要增加的工程量。

装饰装修工程的工程量计算内容包括：楼地面工程、墙柱面工程、天棚工程、门窗工程、油漆工程、涂料工程、裱糊工程以及其他装饰工程等的工程量计算。

（四）招标文件中提供的工程量清单的标准格式

工程量清单应采用统一格式，一般应由下列内容组成。

1. 封面

封面由招标人填写、签字并盖章，如图 4-2 所示。

________________________工程

工程清单

投标人：__________（单位签字盖章）

法定代表人：__________（签字盖章）

中介机构

法定代表人：__________（签字盖章）

造价工程师

及注册证号：__________（签字盖职业专用章）

编制时间：

图 4-2　封面

2. 填表须知

填表须知主要包括下列内容。

(1) 工程量清单及其计价格式中所要求签字、盖章的地方，必须由规定的单位和人员签字、盖章。

(2) 工程量清单及其计价格式中的任何内容不得随意删除或涂改。

(3) 工程量清单计价格式中列明的所有需要填报的单价和合价，投标人均应填报，未填报的单价和合价，视为此项费用已包含在工程量清单的其他单价和合价中。

(4) 明确金额的表示币种。

3. 总说明

总说明应按下列内容填写。

(1) 工程概况：建设规模、工程特征、计划工期、施工现场实际情况、交通运输情况、自然地理条件和环境保护要求等。

(2) 工程招标和分包范围。

(3) 工程量清单编制依据。

(4) 工程质量、材料和施工等的特殊要求。

(5) 招标人自行采购材料的名称、规格型号和数量等。

(6) 其他项目清单中招标人部分的金额数量(包括预算金、材料购置费等)。

(7) 其他需说明的问题。

4. 分部分项工程量清单

分部分项工程量清单应包括项目编码、项目名称、计量单位和工程数量四个部分,见表 4-2。

表 4-2　分部分项工程量清单

工程名称:　　　　　　　　　　　　　　　　　　　　　　　　　　　　共　页　第　页

序　号	项目编码	项目名称	计量单位	工程数量

(1) 项目编码按照计量规则的规定,编制具体项目编码。即在计量规则 9 位全国统一编码之后,增加 3 位具体项目编码。这 3 位具体项目编码由招标人针对本工程项目具体编制,并应自 001 起按顺序编制。

(2) 项目名称按照计量规则的项目名称,结合项目特征中的描述,根据不同特征组合确定该具体项目名称。项目名称应表达详细、准确。计量规则中的项目名称如有缺陷,招标人可作补充,并报当地工程造价管理机构(省级)备案。

(3) 计量单位按照计量规则中的相应计量单位确定。

(4) 工程数量按照计量规则中的工程量计算规则计算,其精确度按下列规定。

①以“t”为单位的,保留小数点后三位,第四位小数四舍五入。

②以“m^3”“m^2”“m”为单位,应保留两位小数,第三位小数四舍五入。

③以“个”“项”等为单位的,应取整数。

5. 措施项目清单

装饰装修工程措施项目清单应根据拟建工程的具体情况,参照表 4-3 列项。

表 4-3　措施项目一览表

序　号	项目名称
	1. 通用项目
1.1	环境保护
1.2	文明施工
1.3	安全施工
1.4	临时设施
1.5	夜间施工
1.6	二次搬运
1.7	大型机械设备进出场及安拆
1.8	脚手架

续表

序　号	项 目 名 称
	2. 建筑工程(略)
	3. 装饰装修工程
3.1	垂直运输机械
3.2	室内空气污染测试
	4. 安装工程(略)
	5. 市政工程(略)

措施项目清单格式见表 4-4。

表 4-4　措施项目清单

工程名称　　　　　　　　　　　　　　　　　　　　　　　　　共　页　第　页

序　　号	项 目 名 称

6. 其他项目清单

其他项目清单应根据拟建工程的具体情况，参照下列内容列项，见表 4-5。

(1) 招标人部分：包括预留金、材料购置费等。其中预留金是指招标人为可能发生的工程量变更而预留的金额。

(2) 投标人部分：包括总承包服务费、零星工作费等。其中总承包服务费是指为配合协调招标人进行的工程分包材料采购所需的费用；零星工作费是指完成招标人提出的，不能以实物量计量的零星工作项目所需的费用。

表 4-5　其他项目清单

工程名称　　　　　　　　　　　　　　　　　　　　　　　　　共　页　第　页

序　号	项 目 名 称
1	招标人部分
2	投标人部分

7. 零星工作项目

零星工作项目，应根据拟建工程的具体情况，详细列出人工、材料和机械的名称、计量单位及相应数量，见表 4-6。

表 4-6　零星工作项目

工程名称　　　　　　　　　　　　　　　　　　　　　　　　　　　　　　　　　　　共　页　第　页

序　　号	项 目 名 称	计 量 单 位	数　　量
1	人工		
2	材料		
3	机械		

三、学习任务小结

通过本节课的学习，同学们初步了解了工程量清单的编制内容、编制方法和规范，熟悉了招投标文件中提供的工程量清单的标准格式。课后，同学们要结合实际室内装饰工程案例中的工程量清单进行学习和分析，理解和掌握工程量清单编写的规范和要求。

四、课后作业

工程量清单主要由哪些表格构成？

学习任务三　工程量清单计价

教学目标

(1) 专业能力：了解室内装饰工程工程量清单计价的基本原理。

(2) 社会能力：具备室内装饰工程工程量清单计算及清单计价的能力。

(3) 方法能力：实践操作能力、专业图纸识图能力、资料整理和归纳能力。

学习目标

(1) 知识目标：掌握室内装饰工程工程量清单计价基本原理和综合单价的确定方法。

(2) 技能目标：掌握工程量清单计价的操作过程。

(3) 素质目标：具备一定的计算能力和制表能力。

教学建议

1. 教师活动

教师讲解室内装饰工程工程量清单计价的方法和要求，指导学生进行室内装饰工程工程量清单计价实训。

2. 学生活动

认真聆听教师讲解室内装饰工程工程量清单计价的方法和要求，在教师的指导下进行室内装饰工程工程量清单计价实训。

一、学习问题导入

工程量清单计价是工程清单的重要组成部分，工程量清单计价是在统一的工程计算规则的基础上，制定工程量清单项目设置规则，根据具体工程的施工图纸计算出各个清单项目的工程量，再根据各种渠道所获得的工程造价信息和经验数据计算得到工程造价。本节课，我们一起来学习室内装饰工程工程量清单的计价方法。

二、学习任务讲解

1. 工程量清单计价的基本原理

工程量清单计价是以招标人提供的工程量清单为依据，投标人根据自身的技术、财务和管理能力进行投标报价，招标人根据具体的招标细则进行优选的形式。这种计价方式是市场定价体系的具体表现。因此，在较发达的国家，工程量清单计价法非常流行。随着我国建设市场的不断成熟和发展，工程量清单计价法也越来越成熟和规范。

工程量清单计价的基本过程可描述为：在统一的工程计算规则的基础上，制定工程量清单项目设置规则，根据具体工程的施工图纸计算出各个清单项目的工程量，再根据各种渠道所获得的工程造价信息和经验数据计算得到工程造价。

从工程量清单计价过程可以看出，其编制过程可以分为两个阶段，即工程量清单格式的编制和利用工程量清单来编制投标报价。投标报价是在业主提供的工程量清单基础上，根据承包商自身所掌握的各种信息、资料，结合企业实际情况编制得出的，一般有如下公式。

(1) 分部分项工程费的计算公式为分部分项工程费＝ $\sum$ (分部分项工程量×分部分项工程单价)。

式中，分部分项工程单价由人工费、材料费、机械费、管理费、利润等组成，并考虑风险费用。

(2) 措施项目费计算公式为措施项目费＝ $\sum$ (措施项目工程量×措施项目综合单价)。

式中，措施项目包括通用项目、建筑工程措施项目、安装工程措施项目和市政工程措施项目。措施项目综合单价的构成与分部分项工程综合单价的构成类似。

(3) 单位工程报价计算公式为单位工程报价＝分部分项工程费＋措施项目费＋其他项目费＋规费＋税金。

(4) 单项工程报价计算公式为单项工程报价＝ $\sum$ 单位工程报价。

(5) 建设项目总报价计算公式为建设项目总报价＝ $\sum$ 单项工程报价。

2. 综合单价的确定

为避免或减少经济纠纷，简化计价程序，合理确定工程造价，实现与国际接轨，《建设工程工程量清单计价规范》规定采用综合单价计价。综合单价是有别于现行定额工料单价计价的另一种单价计价方式，应包括完成规定计量单位的合格产品所需的全部费用。考虑我国的实际情况，综合单价包括除规费、税金以外的全部费用(不得包括招标人自行采购材料的价款)。综合单价不但适用于分部分项工程量清单，也适用于措施项目清单、其他项目清单等，但由于措施项目内容均以“项”提出，在确定措施项目综合单价时，《建设工程工程量清单计价规范》规定的综合单价组成仅供参考。工程量清单计价中，综合单价的计算可以以直接费为计算基础，也可以以人工费为计算基础。

[例 4-1] 某天棚工程采用轻钢龙骨吊顶，纸面石膏板天棚面及刷乳胶漆 2 遍，经分析，确定了工、料、机的消耗量及其单价，见表 4-7，其管理费利润分别为人工费的 65%和 30%，试求综合单价。

表 4-7 轻钢龙骨吊顶工、料、机消耗量及单价

工、料、机名称	单位	消耗量	单价/元	合价/元	备　注
综合工日	工日	0.23	30	6.9	人工费 6.90 元/m^2

续表

工、料、机名称	单位	消耗量	单价/元	合价/元	备　　注
吊筋	kg	0.24	3.12	0.75	材料费 24.80 元/m^2
轻钢龙骨	m^2	1.015	18.65	18.93	
螺栓	kg	0.0106	7.12	0.08	
螺母	个	3.09	0.89	2.75	
射钉	个	1.53	0.37	0.57	
垫圈	个	1.55	0.09	0.14	
电焊条	kg	0.0128	12.63	0.16	
角钢	kg	0.4	3.56	1.42	
电焊机(30 kV·A)	台班	0.001	42	0.04	机械费 0.04 元/m^2

注:表内仅为轻钢龙骨吊顶内容。

解:轻钢龙骨工、料、机单价合计＝人工费＋材料费＋机械费

＝6.90＋24.80＋0.04

＝31.74(元/m^2)

其他两项工程内容:纸面石膏板天棚面工、料、机单价合计为 19.35 元/m^2;天棚面刷乳胶漆 2 遍工、料、机单价合计为 12.45 元/m^2。

计算过程同上,将结果列入表 4-8。

表 4-8　工程量清单

序号	工程内容	单位	金额/元					
			人工费	材料费	机械费	管理费	利润	小计
1	轻钢龙骨吊顶	m^2	6.9	24.8	0.04	4.49	2.07	38.3
2	纸面石膏板天棚面	m^2	3.6	15.75		2.34	1.08	22.77
3	天棚面刷乳胶漆 2 遍	m^2	3.36	9.09		2.18	1.01	15.64

轻钢龙骨吊顶、纸面石膏板、面刷乳胶漆(020302001001):

综合单价＝38.3＋22.77＋15.64＝76.71(元/m^2)。

3. 工程量清单计价的操作过程

工程量清单计价作为一种市场价格的形成机制,主要作用于工程招标投标阶段。因此工程量清单计价的操作过程可以从招标、投标和评标三个阶段来阐述。

(1) 招标阶段。

招标单位在工程方案、初步设计或部分施工图设计完成后,即可委托标底编制单位(或招标代理单位)按照统一的工程量计算规则,再以单位工程为对象,计算并列出各分部分项工程的工程量清单(应附有相关的施工内容说明),作为招标文件的组成部分发放给各投标单位。其工程量清单的粗细程度、准确程度取决于工程的设计深度及编制人员的技术水平和经验等。

在分部分项工程量清单中,项目编号、项目名称、计量单位和工程数量等,由招标单位根据全国统一的工程量清单项目设置规则和计量规则填写。单价与合价由投标人根据自己的施工组织设计(如工程量的大小、施工方案的选择、施工机械和劳动力的配备、材料供应等)以及招标单位对工程的质量要求等因素综合评定后填写。

(2) 投标阶段。

投标单位接到招标文件后,首先,要对招标文件进行透彻的分析研究,对图纸进行仔细理解。其次,要对招标文件中所列的工程量清单进行审核,审核中要视招标单位是否允许对工程量清单所列的工程量误差进行调整来确定审核办法。如果允许调整,就要详细审核工程量清单所列的各工程项目的工程量,发现有

较大误差的，应通过招标单位答疑会提出调整意见，取得招标单位同意后进行调整。如果不允许调整工程量，则不需要对工程量进行详细的审核，只对主要项目或工程量大的项目进行审核，发现这些项目有较大误差时，可以通过调整这些项目单价的方法来解决。最后，工程量套用单价及汇总计算。

工程量单价的套用有两种方法：一种是工料单价法，另一种是综合单价法。工料单价法即工程量清单的单价，按照现行预算定额的工、料、机消耗标准及预算价格来确定。其他直接费、现场经费、管理费、利润、有关文件规定的调价、风险金和税金等费用计入其他相应标价计算表中。综合单价法即工程量清单的单价，综合了直接工程费、间接费、有关文件规定的调价、材料价格差价、利润和税金等一切费用。工料单价法虽然在价格的构成上比较清晰，但缺点也很明显，它反映不出工程实际的质量要求和投标企业的真实技术水平，容易使承包商再次陷入定额计价的老路。综合单价法的优点是当工程量发生变更时，易于查对，能够反映承包商的技术能力和工程管理能力。《建设工程工程量清单计价规范》中单价采用综合单价。

(3) 评标阶段。

在评标时可以对投标单位的最终总报价以及分项工程的综合单价的合理性进行评分。由于采用了工程量清单计价方法，所有投标单位都站在同一起跑线上，因而竞争更为公平合理，有利于实现优胜劣汰，而且在评标时应坚持倾向于合理低标价中标的原则。当然，在评标时仍然可以采用综合计分的方法，不宜考虑报价因素，而且还对投标单位的施工组织设计、企业业绩或信誉等按一定的权重分值分别进行计分，按总评分的高低确定中标单位。或者采用两阶段评标的办法，即先对投标单位的技术方案进行评价，在技术方案可行的前提下，再以投标单位的报价作为评标定标的唯一因素。这样既可以保证工程建设质量，又有利于为业主选择一个合理的、报价低的中标单位。

三、学习任务小结

通过本节课的学习，同学们初步了解了工程量清单的计价方法和规范，熟悉了招投标文件中提供的工程量清单的标准格式和相应的计价方式。课后，同学们要结合实际室内装饰工程案例中的工程量清单计价表进行学习和分析，理解和掌握工程量清单计价的方法。

四、课后作业

工程量清单计价的操作过程有哪几个阶段？

学习任务四　室内家装空间装饰工程预算案例分析

教学目标

(1) 专业能力:了解室内家装空间装饰工程预算全套案例的编写文件。

(2) 社会能力:具备室内家装空间装饰工程预算全套案例的分析和学习能力。

(3) 方法能力:实践操作能力、专业图纸识图能力、资料整理和归纳能力。

学习目标

(1) 知识目标:掌握室内家装空间装饰工程预算全套案例的分析方法。

(2) 技能目标:能够进行室内家装空间装饰工程预算全套案例的分析。

(3) 素质目标:具备一定的审美能力、制表能力和计算能力。

教学建议

1. 教师活动

教师讲解和分析室内家装空间装饰工程预算全套案例,提高学生对室内装饰工程预算编制的直观认识。

2. 学生活动

认真聆听教师讲解和分析室内家装空间装饰工程预算全套案例,提高自身对室内装饰工程预算编制的直观认识。

一、学习问题导入

室内家装空间装饰工程预算全套案例是结合室内装饰工程实际项目的设计图纸（设计效果图和施工图）和预算清单（含报价）进行的案例展示，目的是提高学生对室内装饰工程预算编制的直观认识。

二、学习任务讲解

室内家装空间装饰工程预算全套案例展示如下。

项目名称：惠州榕城华庭样板房室内装饰工程。

项目施工面积：154.66 m^2。

项目地点：惠州市博罗县。

项目完成时间：2021 年 3 月。

(1) 项目设计效果如图 4-3～图 4-6 所示。

图 4-3　客厅效果图 1

图 4-4　客厅效果图 2

图 4-5　餐厅效果图

图 4-6　主卧室效果图

(2) 项目施工图(部分)如图 4-7～图 4-12 所示。

(3) 室内装饰工程预算清单和报价表(部分)如图 4-13～图 4-20 所示。

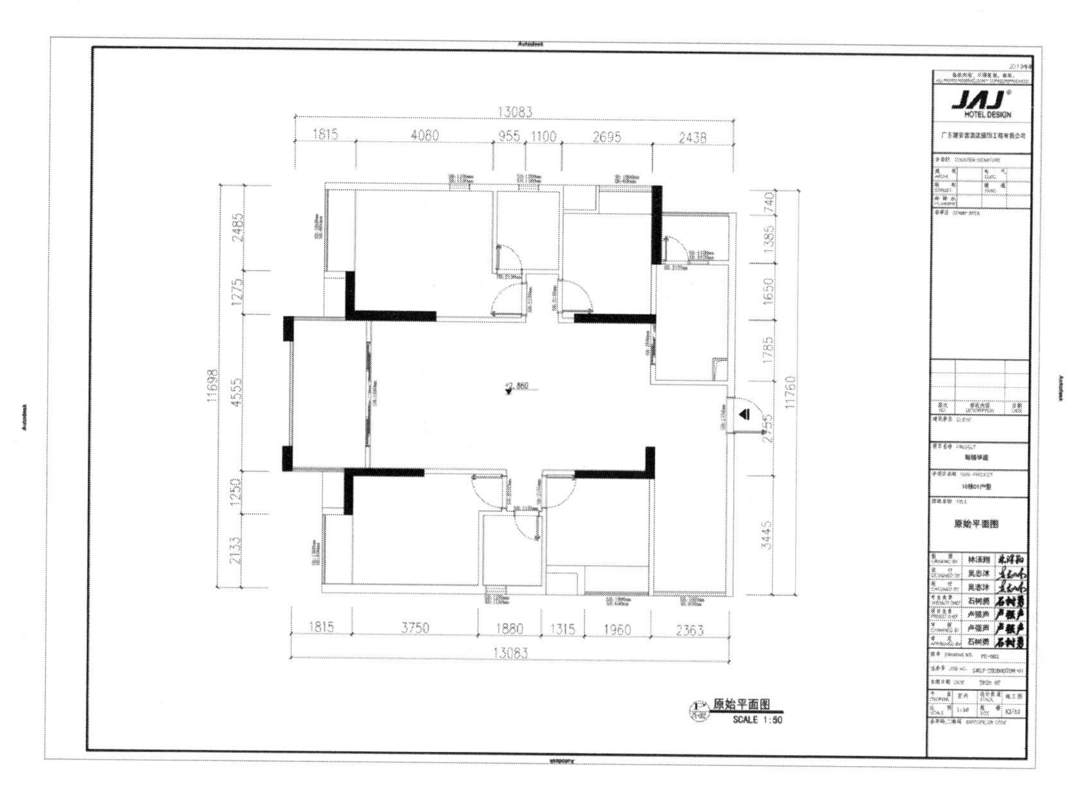

图 4-7　室内原始平面图

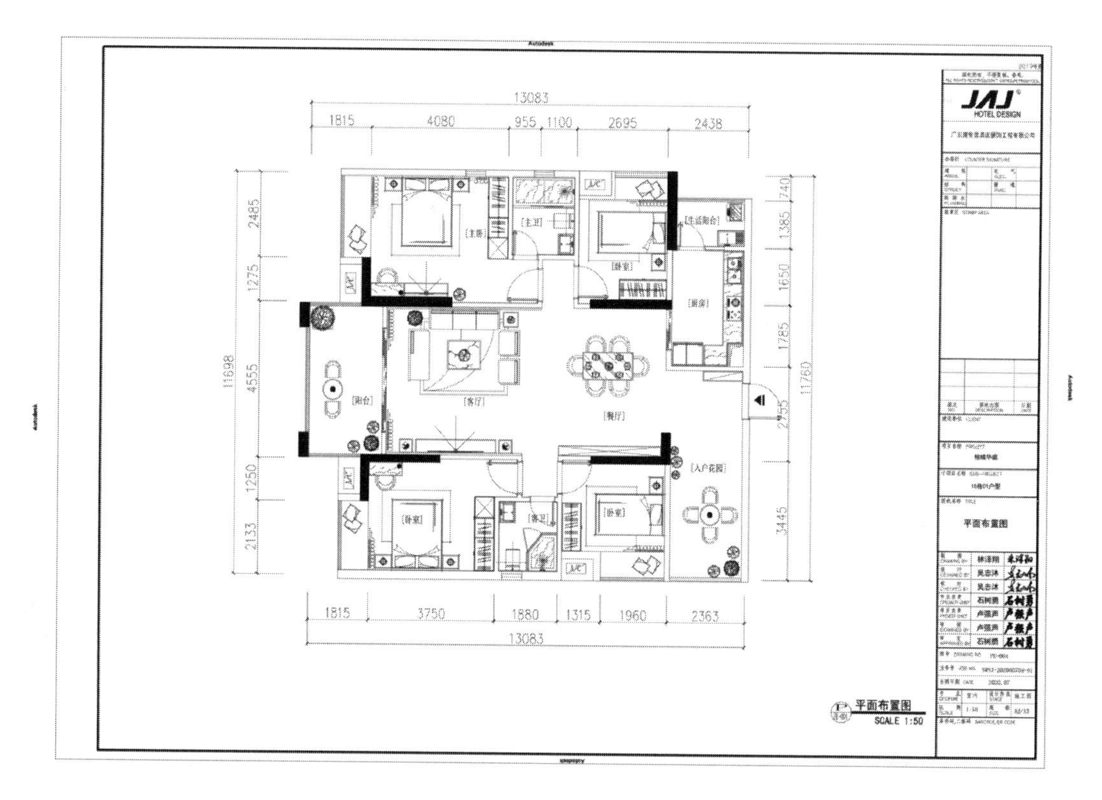

图 4-8　室内平面布置图

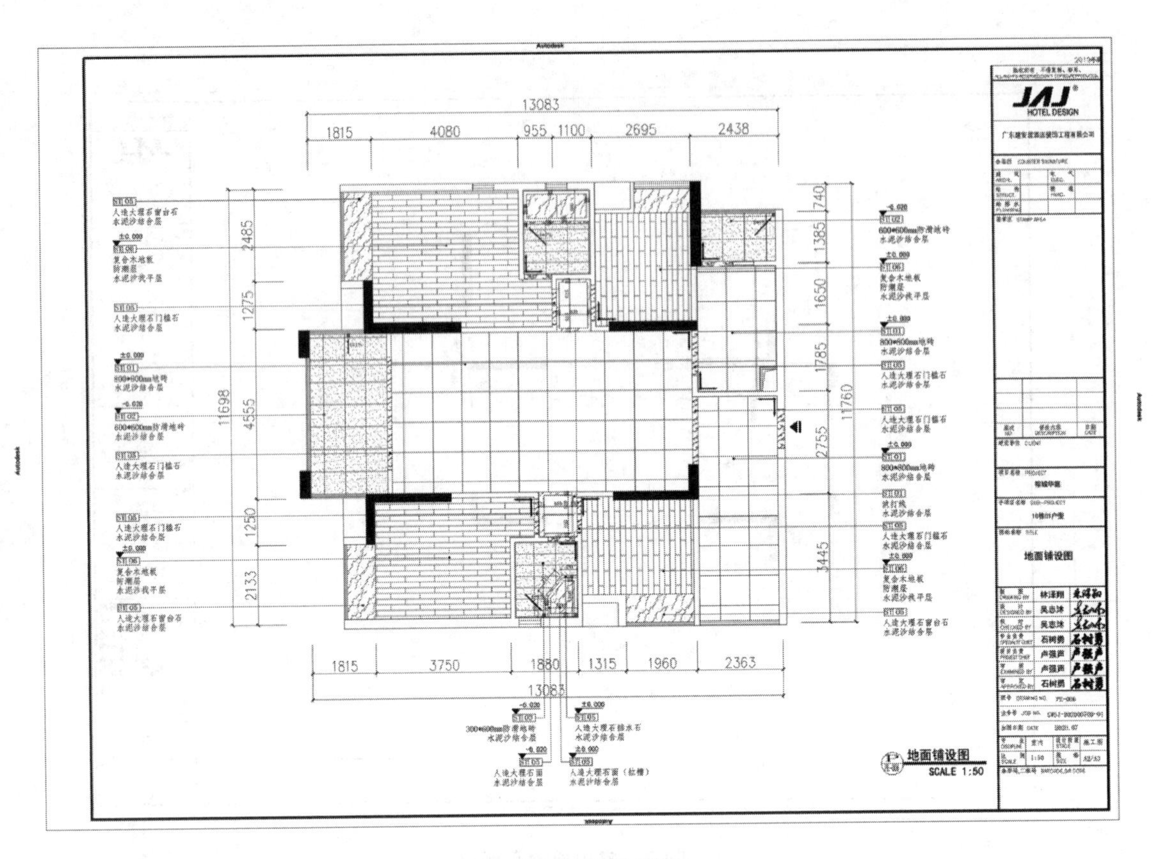

图 4-9　室内地材图

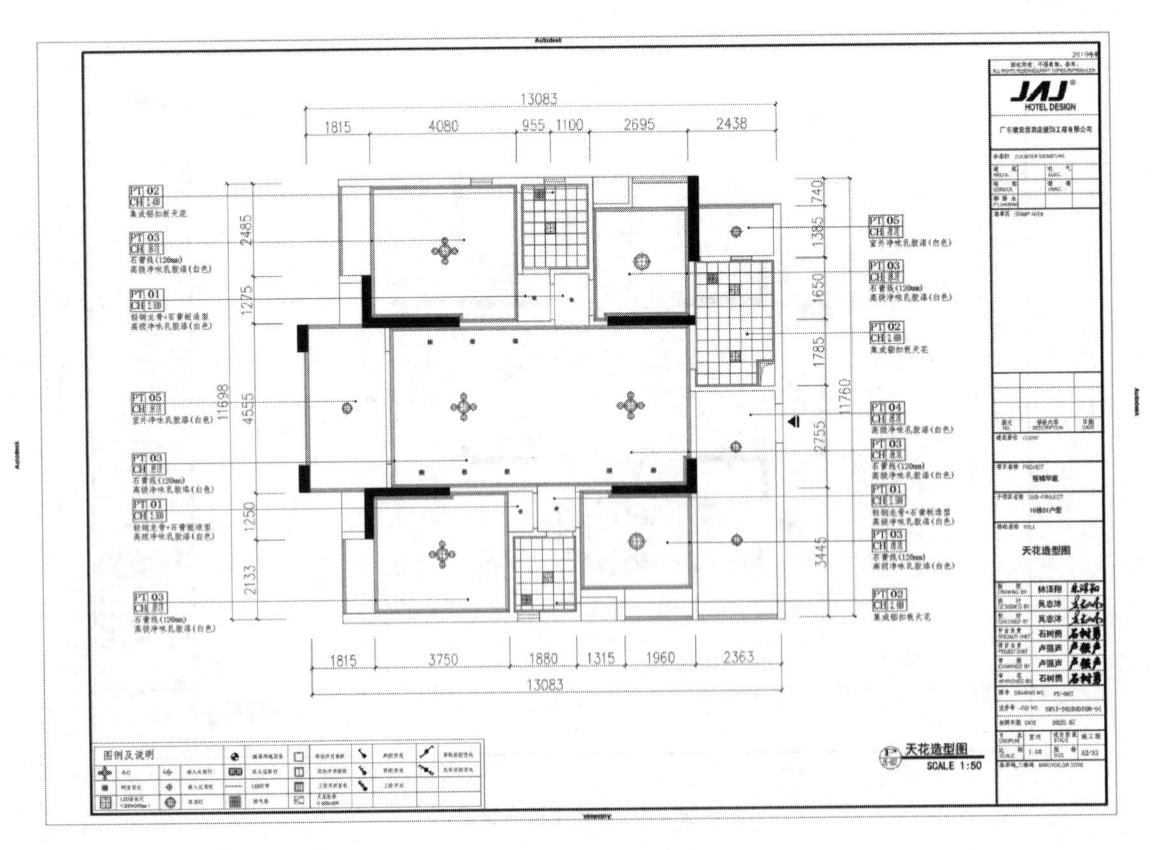

图 4-10　室内天棚设计图

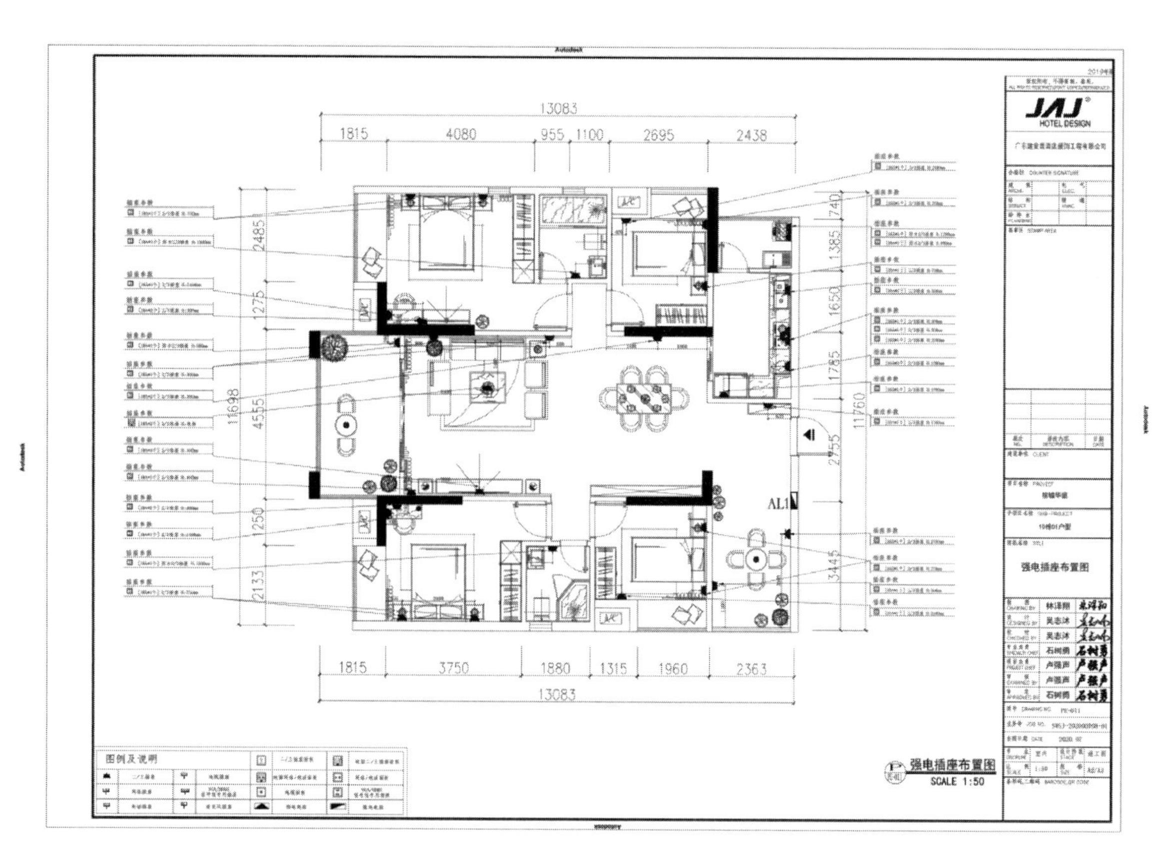

图 4-11　室内强电设计图

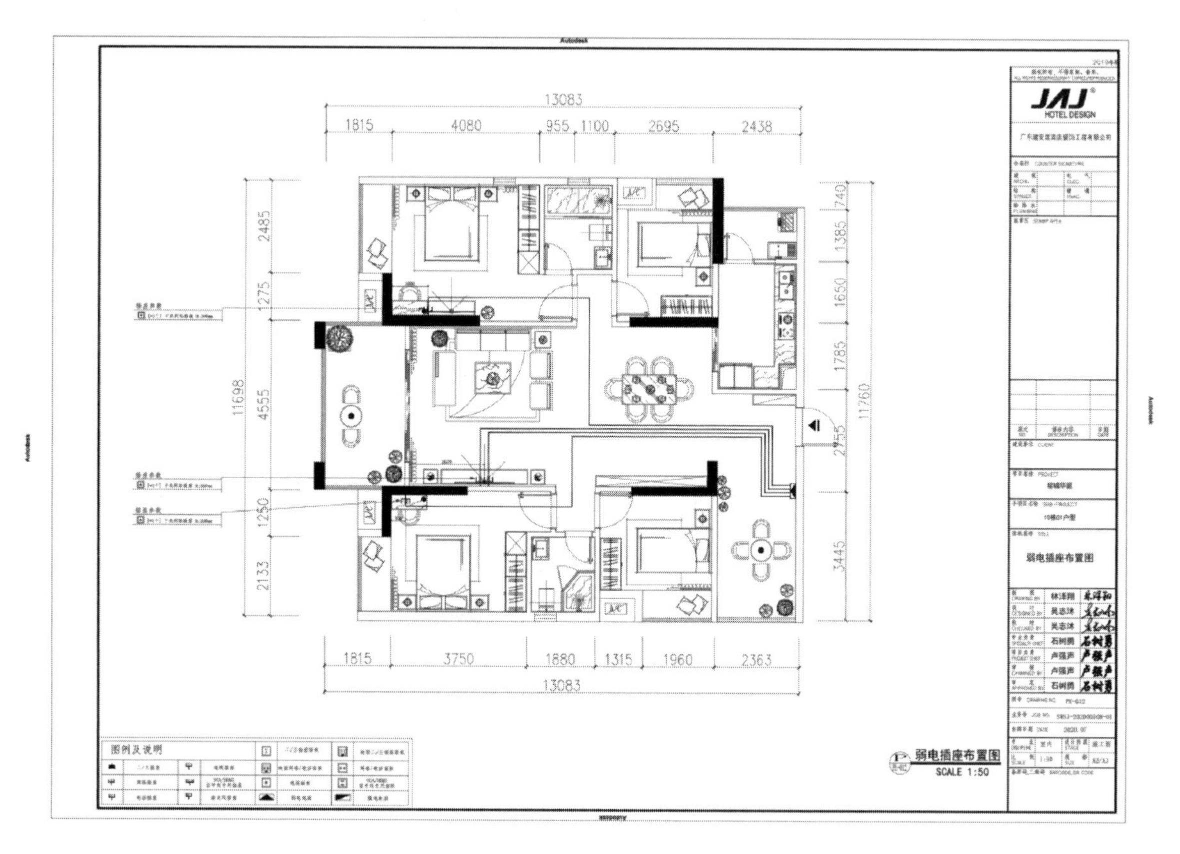

图 4-12　室内弱电设计图

工程报价书

工程名称:惠州市博罗县榕城华庭样板间装饰工程

编制单位:广东建安居集团有限公司

编制日期: 2020 年 7 月 10 日

图 4-13　工程标价书封面

154.66m² 户型装修部分

一、厨房										
No.	工程项目名称	工程量	单位	人工价	人工合计	辅材	辅材合计	主材	主材合计	
1	地面、墙面防水	29.89	m²	12.00	358.62	16.00	478.16	0.00	0.00	1.人工； 2.辅材：水泥、沙； 亚国防水
2	地砖铺贴	7.34	m²	35.00	256.90	22.00	161.48	71.19	522.53	1.人工； 2.辅材：水泥、沙 规格：600*600/800*800 东鹏陶瓷
3	墙砖铺贴	22.55	m²	38.00	856.71	18.00	405.81	70.00	1578.15	1.人工； 2.辅材：水泥、沙 规格：300*600/瓷片 东鹏陶瓷
4	铝扣天花	7.34	m²	48.00	352.32	90.00	660.60	0.00	0.00	1.人工； 2.辅材：厚度0.8mm
小计					1824.55		1706.05		2100.68	
合计					5631.28					

图 4-14　分项目厨房报价清单

二、入户花园、客餐厅、过道										
No.	工程项目名称	工程量	单位	人工价	人工合计	辅材	辅材合计	主材	主材合计	
1	地砖铺贴	51.69	m²	35.00	1809.15	22.00	1137.18	71.19	3679.81	1.人工； 2.辅材：水泥、沙 规格：600*600/800*800 东鹏陶瓷
2	地脚线铺贴	44.64	m	15.00	669.60	10.00	446.40	12.00	535.68	1.人工； 2.辅材：水泥、沙 规格：与地砖同款，外贴 东鹏陶瓷
3	过道波打线铺贴	5.8	m	9.00	52.20	8.00	46.40	12.00	69.60	1.人工； 2.辅材：水泥、沙 东鹏陶瓷 85mm宽
4	过道波打线铺贴	2.08	m	10.00	20.80	8.00	16.64	17.00	35.36	1.人工； 2.辅材：水泥、沙 东鹏陶瓷 135mm宽
5	过道部分平天花	2.66	m²	70.00	186.20	73.00	194.18	0.00	0.00	1.人工； 2.辅材：单层硅钙板
6	客餐厅石膏线	25.2	m	6.00	151.20	15.00	378.00	0.00	0.00	1.人工； 2.辅材：优质石膏线，宽度在120mm以内， 穗华牌
7	扇灰乳胶漆	106.77	m²	20.00	2135.44	4.00	427.09	10.00	1067.72	1.人工； 2.辅材：腻子粉、乳胶漆； 亚国涂料

图 4-15　分项目入户花园和客、餐厅过道(部分)报价清单

三、生活、景观阳台										
No.	工程项目名称	工程量	单位	人工价	人工合计	辅材	辅材合计	主材	主材合计	
1	地面找平	12.02	㎡	22.00	264.44	22.00	264.44	0.00	0.00	1.人工； 2.辅材：水泥、沙
2	地面防水	12.02	㎡	12.00	144.24	16.00	192.32	0.00	0.00	1.人工； 2.辅材：水泥、沙 亚国防水
3	地砖铺贴	12.02	㎡	35.00	420.70	22.00	264.44	71.19	855.70	1.人工； 2.辅材：水泥、沙 规格：600*600/800*800 东鹏陶瓷
4	扇灰乳胶漆	31.64	㎡	20.00	632.80	4.00	126.56	10.00	316.40	1.人工； 2.辅材：腻子粉、乳胶漆； 亚国涂料
	小计				1462.18		847.76		1172.10	

图 4-16　分项目生活景观阳台报价清单

四、卧室										
No.	工程项目名称	工程量	单位	人工价	人工合计	辅材	辅材合计	主材	主材合计	
1	地面找平	43.91	㎡	22.00	966.02	22.00	966.02	0.00	0.00	1.人工； 2.辅材：水泥、沙 规格：
2	木地板铺贴	43.91	㎡	28.00	1229.48	0.00	0.00	85.00	3732.35	1.人工； 2.辅材： 规格：复合木地板 生活家木地板
3	木质地脚线铺贴	52.11	m	9.00	468.99	0.00	0.00	18.00	937.98	1.人工； 2.辅材： 规格：复合木地板 生活家木地板
3	窗台板铺贴	6.01	㎡	78.00	468.78	22.00	132.22	475.00	2854.75	1.人工； 2.辅材：水泥、沙 规格：人造大理石
5	过道部分平天花	75.1	㎡	70.00	5257.00	73.00	5482.30	0.00	0.00	1.人工； 2.辅材：单层硅钙板
6	石膏线	40.58	m	6.00	243.48	15.00	608.70	0.00	0.00	1.人工； 2.辅材：优质石膏线，宽度在120mm以内 穗华牌
7	扇灰乳胶漆	198.78	㎡	20.00	3975.56	4.00	795.11	10.00	1987.78	1.人工； 2.辅材：腻子粉、乳胶漆； 亚国涂料

图 4-17　分项目卧室(部分)报价清单

五、主、次卫生间										
No.	工程项目名称	工程量	单位	人工价	人工合计	辅材	辅材合计	主材	主材合计	
1	地面、墙面防水	37.306	m^2	12.00	447.67	16.00	596.90	0.00	0.00	1.人工； 2.辅材：水泥、沙 亚国防水
2	沉箱架空、找平	7.73	m^2	177.00	1368.21	133.50	1031.96	0.00	0.00	1.人工； 2.辅材：水泥、沙
3	地砖铺贴	5.17	m^2	35.00	180.95	22.00	113.74	69.30	358.28	1.人工； 2.辅材：水泥、沙 规格：600*600以内 东鹏陶瓷
4	淋浴地板铺贴	2.29	m^2	78.00	178.62	22.00	50.38	560.00	1282.40	1.人工； 2.辅材：水泥、沙 规格：人造石材，拉槽
5	挡水石铺贴	3.53	m	32.00	112.96	7.20	25.42	124.00	437.72	1.人工； 2.辅材：水泥、沙 规格：人造石材
6	墙砖铺贴	29.35	m^2	38.00	1115.15	18.00	528.23	70.00	2054.22	1.人工； 2.辅材：水泥、沙 规格：300*600/瓷片 东鹏陶瓷
7	铝扣天花	7.73	m^2	48.00	371.04	90.00	695.70	0.00	0.00	1.人工； 2.辅材：厚度0.8mm

图 4-18　分项目主、次卫生间(部分)报价清单

六、水电工程										
No.	工程项目名称	工程量	单位	人工价	人工合计	辅材	辅材合计	主材	主材合计	
1	电路部分	156	m^2	32.00	4992.00	4.00	624.00	56.50	8814.00	1，开关、配电箱、插座、照明灯具、电线、网线 灯具仅含：铝扣板吸顶灯、普通吸顶灯，平天花位置筒灯； （选材由我方提供） 珠江电缆，托尔拓/淘灯阁灯具、雷士开关面板（不含客餐厅造型吊灯）
2	给水部分	156	m^2	13.00	2028.00	16.50	2574.00	0.00	0.00	1，全屋给水管安装，不含回水 联塑牌给水管
3	排水部分	156	m^2	6.00	936.00	8.00	1248.00	0.00	0.00	1，全屋排水安装 联塑牌排水管
小计					7956.00		4446.00		8814.00	
合计					21216.00					

图 4-19　分项目水电工程报价清单

七、其他项目										
No.	工程项目名称	工程量	单位	人工价	人工合计	辅材	辅材合计	主材	主材合计	
1	橱柜吊柜	3.8	m	300.00	1140.00	80.00	304.00	2380.00	9044.00	1.人工； 2.主材：大理石台面、晶刚门板、（选材由我方提供） 金牌
2	厨房两件套	1	套	0.00	0.00	0.00	0.00	2380.00	2380.00	1.人工； 2.主材：（选材、品牌由我方提供） 金牌
3	洗衣机龙头	2	套	18.00	36.00	0.00	0.00	70.00	140.00	1.人工； 2.主材：（选材由我方提供） 箭牌卫浴
1	洗衣台	0.8	m	350.00	280.00	20.00	16.00	1500.00	1200.00	1.人工； 2.主材：人造大理石大理石台面、含水龙头（选材由我方提供）
5	卧室门	4	套	120.00	480.00	15.00	60.00	960.00	3840.00	1.人工； 2.主材：（选材由我方提供），标准门 美心木门
6	卫生间门	2	套	120.00	240.00	10.00	20.00	792.00	1584.00	1.人工； 2.主材：（选材由我方提供），标准门 美心木门

图 4-20　分项目其他项目(部分)报价清单

三、学习任务小结

通过本节课的学习，同学们初步了解了室内家装空间装饰工程预算全套案例的文件类型。课后，同学们要结合实际的室内家装空间装饰工程预算全套案例进行学习和分析，理解和掌握室内家装空间装饰工程预算全套案例的编写规范和要求。

四、课后作业

收集一套完整的室内家装空间装饰工程预算案例，并进行分析和学习。

学习任务五　室内公装空间装饰工程预算案例分析

教学目标

(1) 专业能力:了解室内公装空间装饰工程预算全套案例的编写文件。

(2) 社会能力:具备室内公装空间装饰工程预算全套案例的分析和学习能力。

(3) 方法能力:实践操作能力、专业图纸识图能力、资料整理和归纳能力。

学习目标

(1) 知识目标:掌握室内公装空间装饰工程预算全套案例的分析方法。

(2) 技能目标:能够进行室内公装空间装饰工程预算全套案例的分析。

(3) 素质目标:具备一定的审美能力、制表能力和计算能力。

教学建议

1. 教师活动

教师讲解和分析室内公装空间装饰工程预算全套案例,提高学生对室内装饰工程预算编制的直观认识。

2. 学生活动

认真聆听教师讲解和分析室内公装空间装饰工程预算全套案例,提高自身对室内装饰工程预算编制的直观认识。

一、学习问题导入

室内公装空间装饰工程预算全套案例是结合室内装饰工程实际项目的设计图纸（设计效果图和施工图）和预算清单（含报价）进行的案例展示，目的是提高学生对室内装饰工程预算编制的直观认识。

二、学习任务讲解

室内公装空间装饰工程预算全套案例展示如下。

项目名称：广州精通教科公司办公室室内装饰工程。

项目施工面积：900 m^2。

项目地点：广州市天河区。

项目完成时间：2021 年 4 月。

(1) 项目设计效果如图 4-21～图 4-25 所示。

图 4-21　接待区效果图

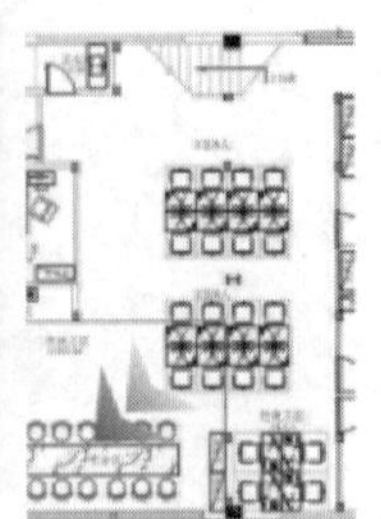

图 4-22　开放工区效果图

(2) 项目施工图（部分）如图 4-26～图 4-34 所示。

(3) 室内装饰工程预算清单和报价表（部分）如图 4-35～图 4-54 所示。

图 4-23　录播室效果图

图 4-24　总经理室效果图

图 4-25　会议室效果图

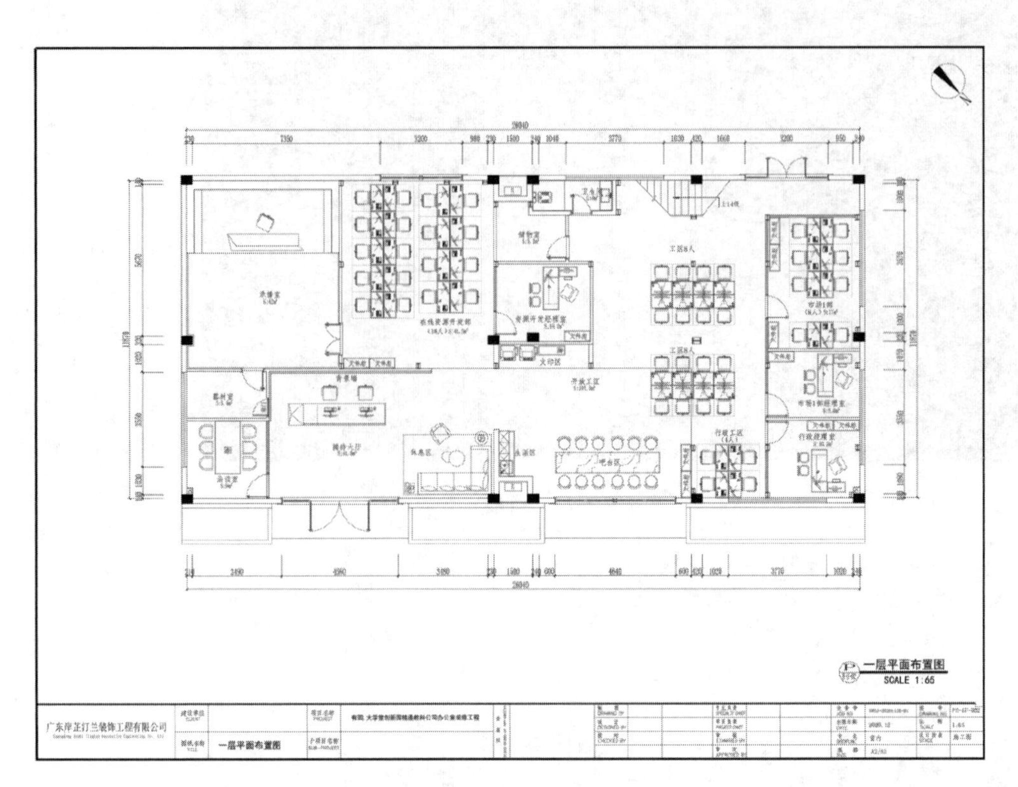

图 4-26　一层平面布置图

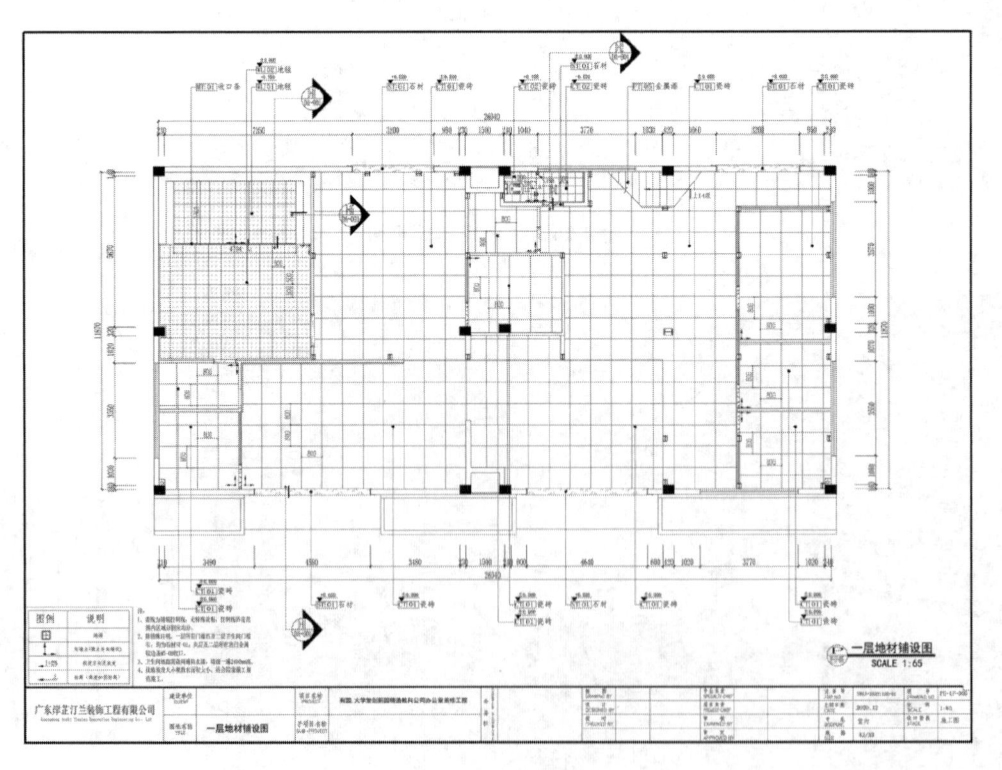

图 4-27　一层地材图

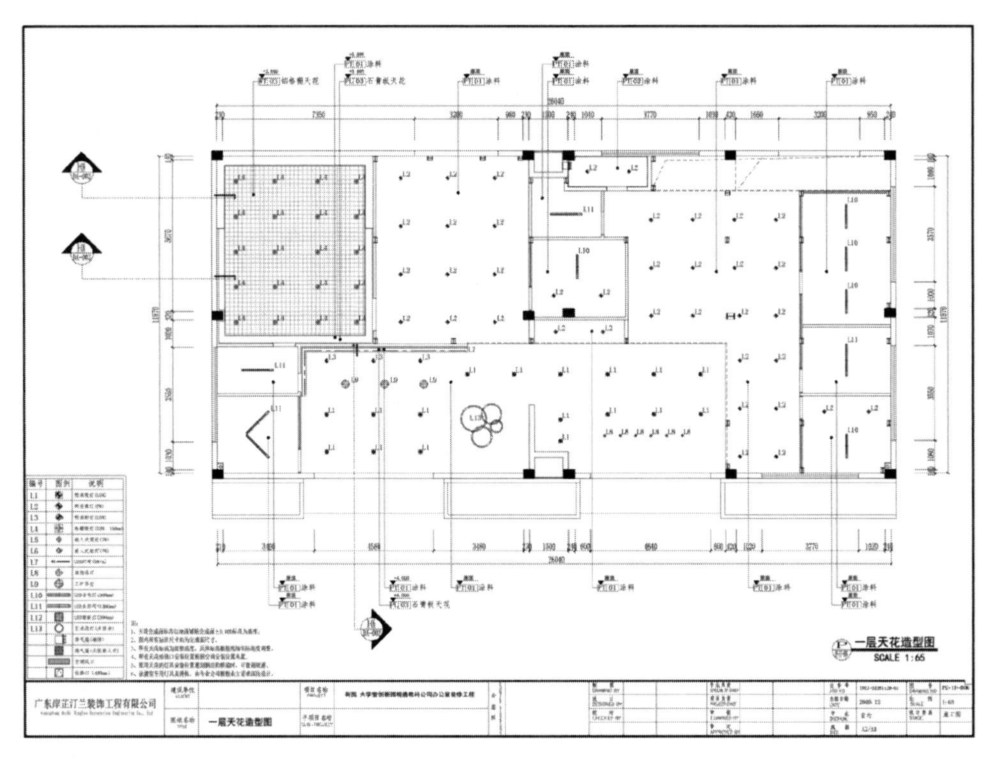

图 4-28　一层天花图

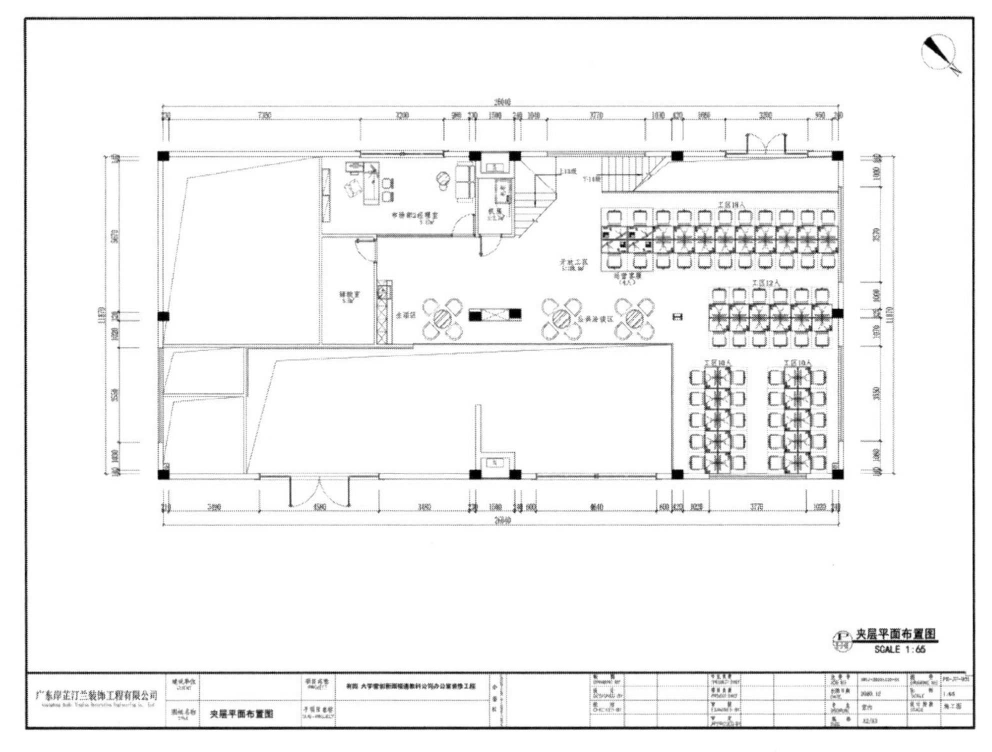

图 4-29　夹层平面布置图

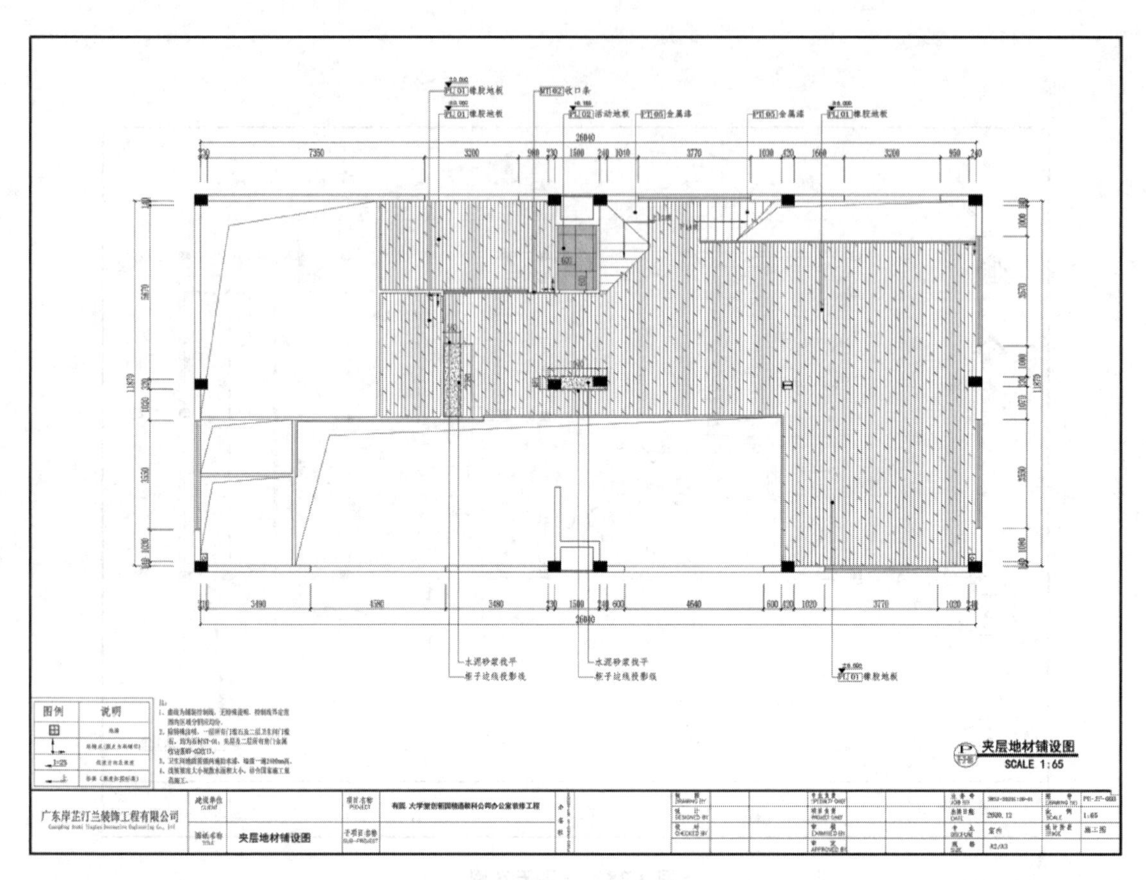

图 4-30　夹层地材图

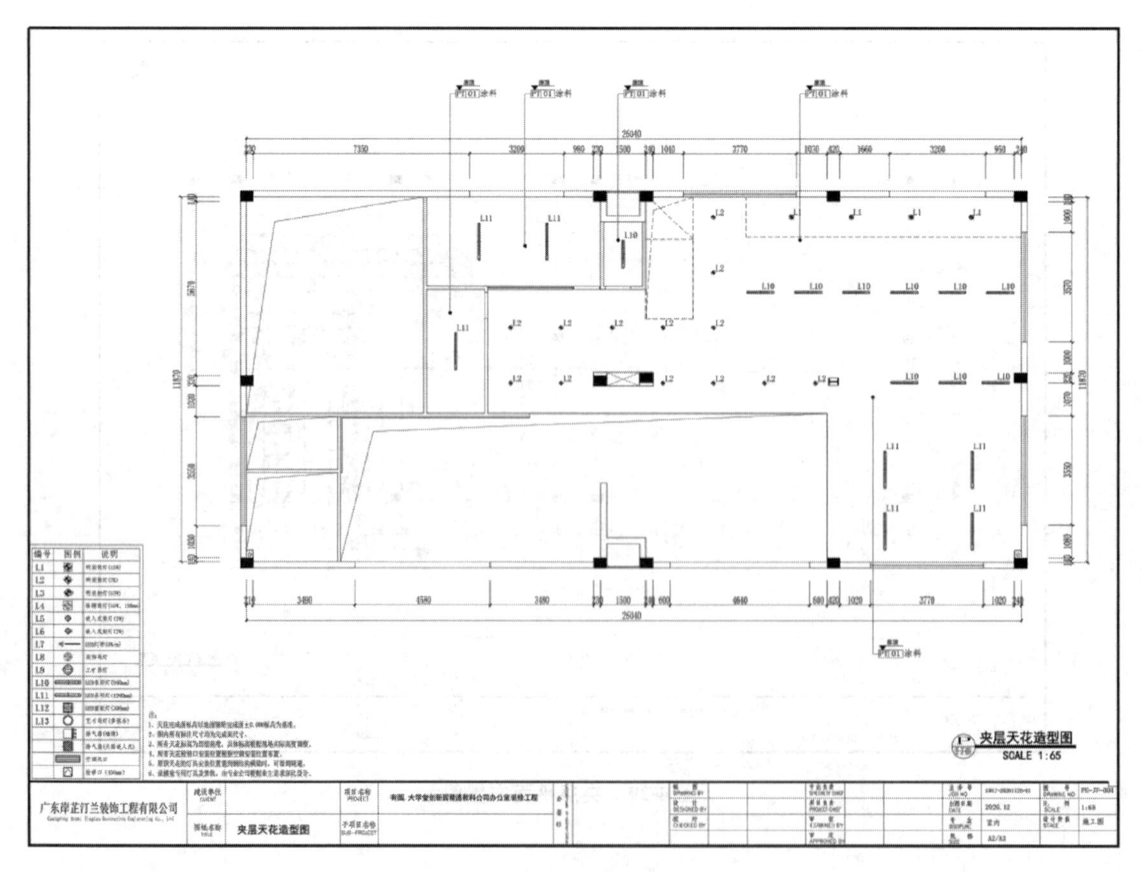

图 4-31　夹层天花图

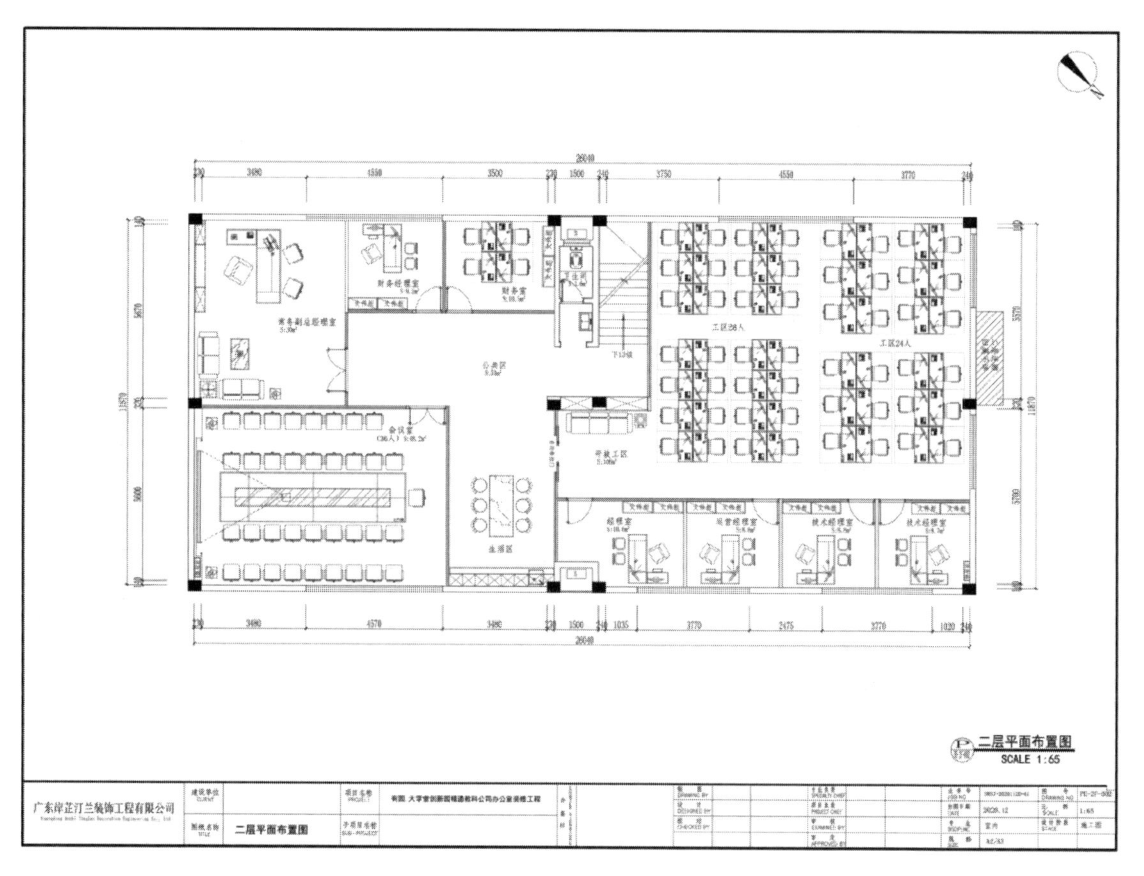

图 4-32　二层平面布置图

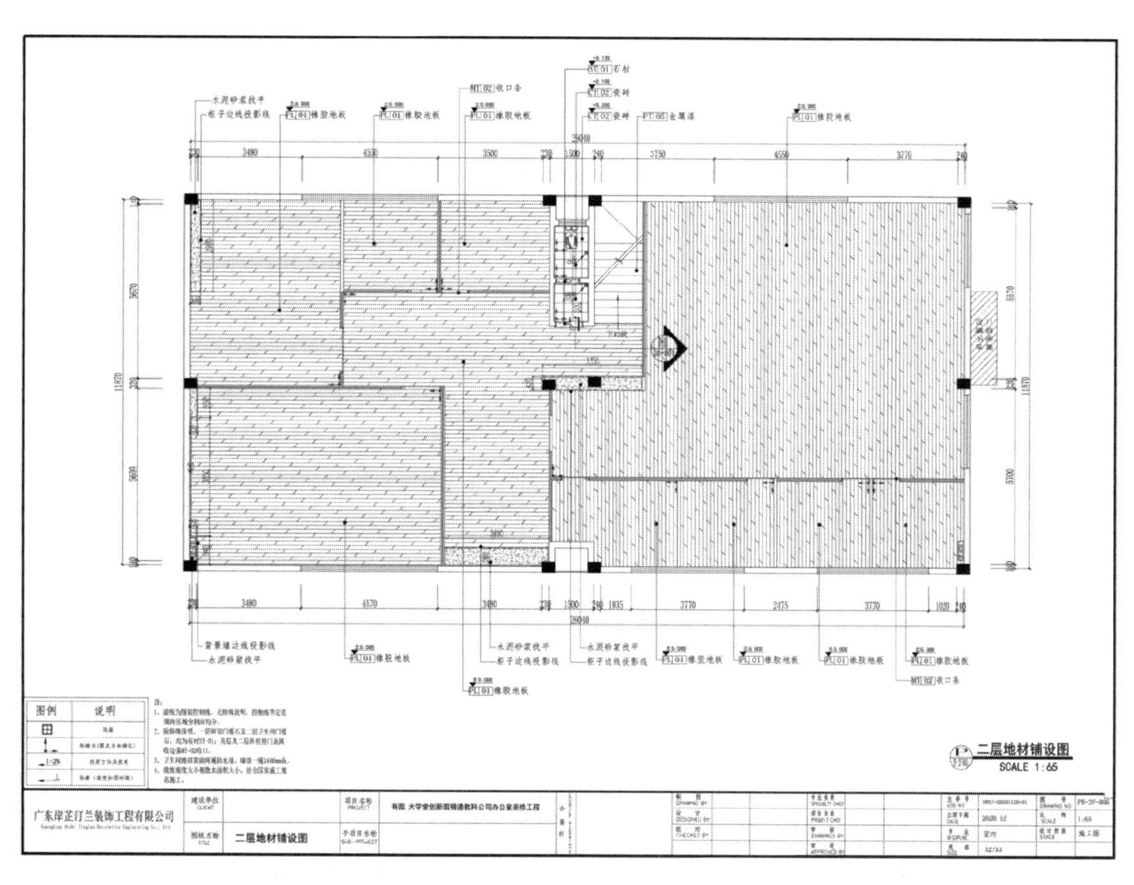

图 4-33　二层地材图

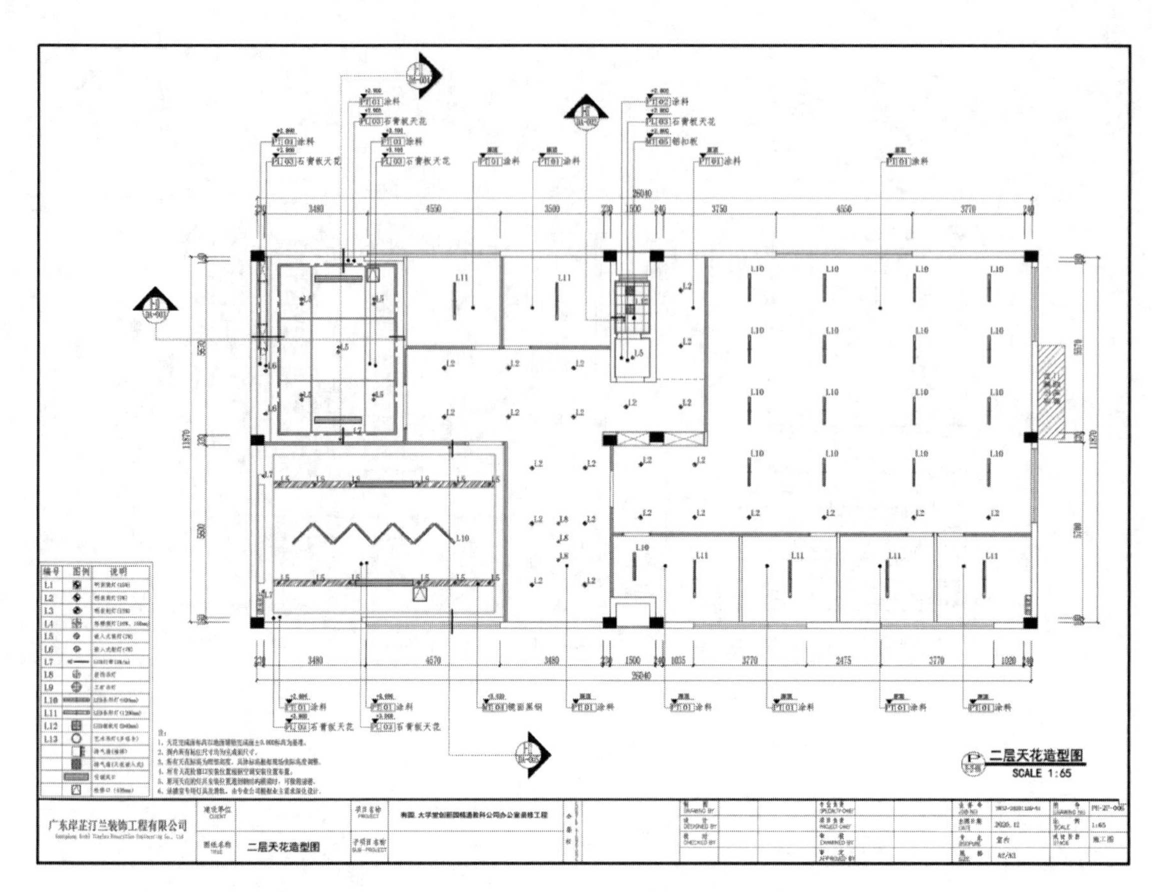

图 4-34　二层天花图

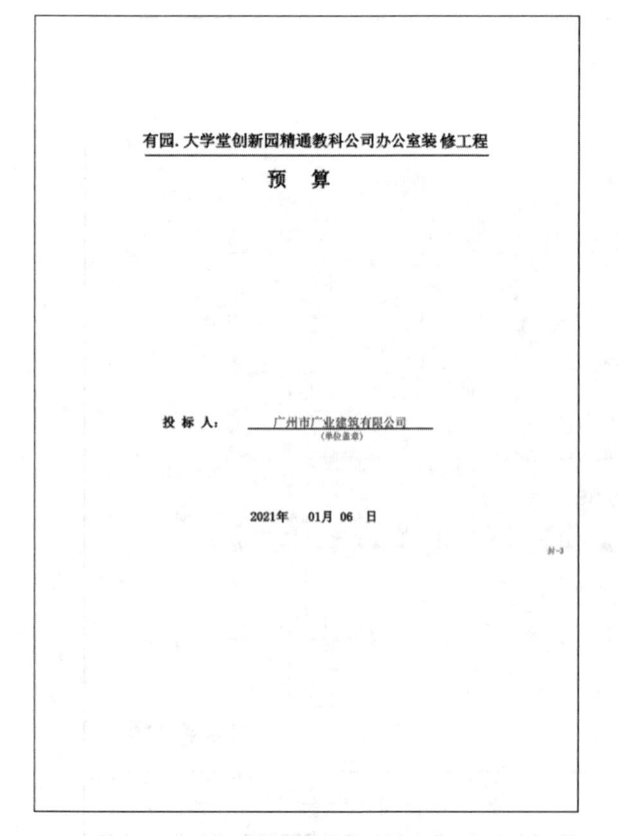

有园. 大学堂创新园精通教科公司办公室装修工程

预　算

投 标 人：　广州市广业建筑有限公司
（单位盖章）

2021年　01月 06 日

封-3

图 4-35　项目预算书封面 1

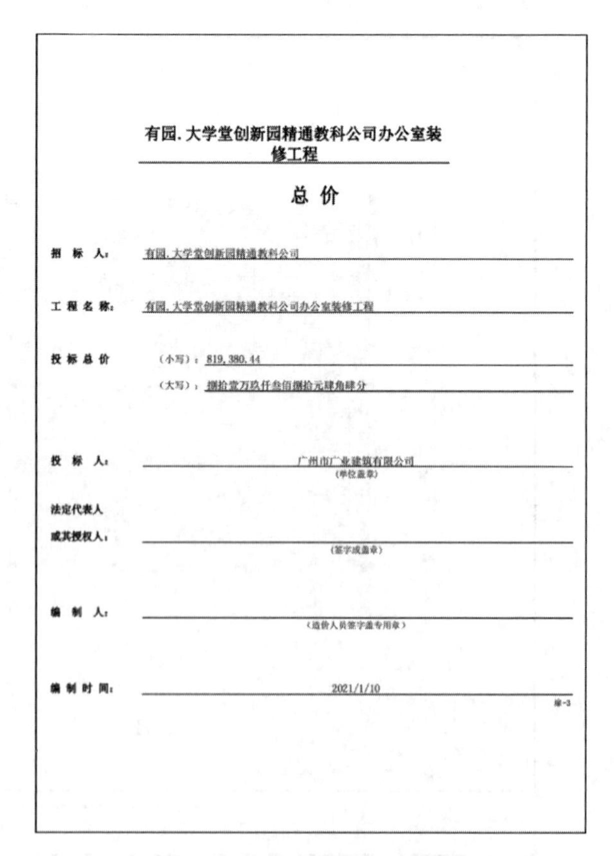

有园. 大学堂创新园精通教科公司办公室装修工程

总 价

招 标 人：有园. 大学堂创新园精通教科公司

工 程 名 称：有园. 大学堂创新园精通教科公司办公室装修工程

投 标 总 价　（小写）：819, 380. 44

（大写）：捌拾壹万玖仟叁佰捌拾元肆角肆分

投 标 人：　广州市广业建筑有限公司
（单位盖章）

法定代表人
或其授权人：
（签字或盖章）

编 制 人：
（造价人员签字盖专用章）

编 制 时 间：　2021/1/10

扉-3

图 4-36　项目预算书封面 2

单位工程报价汇总表

工程名称：有园.大学堂创新园精通教科公司办公室装修工程　　　　标段：　　　　第 1 页　共 1 页

序号	汇总内容	金额:(元)	其中：暂估价(元)
1	分部分项合计	524956.934	
1.1	一层办公室	210723.964	
1.2	夹层办公室	87113.06	
1.3	二层办公室	210718.57	
1.4	其他项目：	13401.34	
1..5	措施合计	3000	
2	水电项目	175541.46	
3	定制家具	71913.6	
4	其他材料清单	23103	—
5	材料检验试验费		
6	工程优质费		
7	暂列金额		
8	暂估价		
9	计日工		
10	总承包服务费		
11	材料保管费		
12	预算包干费		
13	索赔费用		
14	现场签证费用		
15	规费	0	—
16	税金3%普票	23865.44982	—
17	总造价	819380.4438	
18	人工费	0	
投标报价合计=1+2+3+4+16		819380.4438	0

注：本表适用于单位工程招标控制价或投标报价的汇总，如无单位工程划分，单项工程也使用本表汇总

表—04

图 4-37　项目预算书汇总表

分部分项工程和单价措施项目清单与计价表

工程名称：有园.大学堂创新园精通教科公司办公室装修工程

序号	项目编码	项目名称	项目特征描述	计量单位	工程量	金额（元）		
						综合单价	综合合价	其中 暂估价
		一层办公室						
		地面工程						
1		块料楼地面 800*800mm	1.预拌砂浆（干拌）1:3 水泥砂浆 2.楼地面水泥砂浆找平层 混凝土或硬基层上 20mm 实际厚度(mm):50 3.预拌砂浆（干拌）1:2 水泥砂浆 4.楼地面陶瓷块料800*800（古堡灰）	m2	253.63	175	44385.25	
2		水泥砂浆地面找平抹光	1.楼地面水泥砂浆找平层 混凝土或硬基层上 20mm 实际厚度(mm):50 2.水泥自流坪地面 平地面	m2	42.2	45	1899	
3		块料楼地面 400*400mm	1.自流平地面灰尘抹干净 2.胶粘剂铺贴地毯	m2	42.2	115	4853	

图 4-38　分项目一层办公室地面工程清单报价 1

分部分项工程和单价措施项目清单与计价表

工程名称：有园.大学堂创新园精通教科公司办公室装修工程

序号	项目编码	项目名称	项目特征描述	计量单位	工程量	金额（元）		
						综合单价	综合合价	其中 暂估价
4		大理石门槛石（黑白根）	1.预拌砂浆（干拌） 1:3 水泥砂浆 2.楼地面水泥砂浆找平层 混凝土或硬基层上 20mm 实际厚度(mm):50 3.预拌砂浆（干拌） 1:2 水泥砂浆 4.面层材料品种、规格、大理石	m2	5.338	687	3667.206	
5		卫生间陶粒回填	1.回填陶粒 2.楼地面水泥砂浆找平层 填充材料上 20mm 实际厚度(mm):40	m3	0.175	580	101.5	
6		卫生间块料楼地面300*300mm灰色瓷砖	1.预拌砂浆（干拌） 1:3 水泥砂浆 2.楼地面水泥砂浆找平层 混凝土或硬基层上 20mm 实际厚度(mm):50 3.预拌砂浆（干拌） 1:2 水泥砂浆 4.楼地面陶瓷块料300*300mm	m2	3.53	183	645.99	

图 4-39　分项目一层办公室地面工程清单报价 2

分部分项工程和单价措施项目清单与计价表

工程名称：有园.大学堂创新园精通教科公司办公室装修工程

序号	项目编码	项目名称	项目特征描述	计量单位	工程量	金额（元）		
						综合单价	综合合价	其中 暂估价
		墙面工程						
1		砖砌体拆除	1、拆除砌砖墙 2、废料外运，综合考虑25km	m3	20.1	479.5	9637.95	
2		实心砖墙	1.混水砖内墙 墙体厚度 1/2砖 2.预拌砂浆（湿拌） M5.0 水泥石灰砂浆 换为【水泥石灰砂浆M5】	m3	2.54	1083	2750.82	
3		包下水管	1.混水砖内墙 墙体厚度 1/2砖 2.预拌砂浆（湿拌） M5.0 水泥石灰砂浆 换为【水泥石灰砂浆M5】	条	6	233	1398	
4		零星项目一般抹灰	1.零星项目 水泥石灰砂浆底水泥砂浆面 15+5mm 2.预拌砂浆（湿拌） 1:2:8 水泥石灰砂浆	m2	33.46	42	1405.32	

图 4-40　分项目一层办公室墙面工程清单报价 1

分部分项工程和单价措施项目清单与计价表

工程名称：有园.大学堂创新园精通教科公司办公室装修工程

序号	项目编码	项目名称	项目特征描述	计量单位	工程量	金额（元）		
						综合单价	综合合价	其中 暂估价
5		轻钢龙骨隔墙100mm厚	1.轻钢龙骨隔墙(包龙骨)双面 9mm阻燃夹板+8mm石膏板 2.隔音墙加装吸音棉	m2	165.57	210	34769.7	
6		墙面防水	1.PA-A型高分子益胶泥 实际厚度(mm):3 2.底层抹灰 各种墙面 15mm 预拌砂浆（干拌） 1:2 水泥防水砂浆	m2	18.6	63	1171.8	
7		黑钢踢脚线	1.铺基层板 9mm阻燃夹板 2.面层不锈钢 1mm	m2	11.93	825	9842.25	
8		铝合金方通	1.壁厚3.0mm	M	24.38	168	4095.84	
9		铝合金玻璃幕墙	1.骨架 2.平面(含折线)铝合金玻璃幕墙 楼层高2.2m，钢化玻璃全明框 换为【钢化玻璃10mm】	m2	48.16	238	11462.08	

图 4-41　分项目一层办公室墙面工程清单报价 2

分部分项工程和单价措施项目清单与计价表								
工程名称：有园.大学堂创新园精通教科公司办公室装修工程								
序号	项目编码	项目名称	项目特征描述	计量单位	工程量	金额（元）		
						综合单价	综合合价	其中 暂估价
10		背景墙幕铝塑板	1.木枋、轻钢龙骨骨架 2.胶合板造型打底 3.开隐形门700*2000mm 4.厚度偏差：±1.0mm 5.表面平整度（%）：±0.2 6.边直角（%）：±0.2 7.亚克力透光片4490mm	m2	32.84	438.2	14390.488	
11		黑钢“T”型收边条	1.铝合金“T”型收边条	M	51	48	2448	
12		播音室造型墙面	1.木枋、轻钢龙骨骨架 2.9mm胶合板造型打底+8MM石膏板	m2	43.46	183	7953.18	
13		播音室吸引软包	1.木枋+9MM胶合板造型打底 2.吸引软包	m2	54.04	318	17184.72	

图 4-42　分项目一层办公室墙面工程清单报价 3

分部分项工程和单价措施项目清单与计价表								
工程名称：有园.大学堂创新园精通教科公司办公室装修工程								
序号	项目编码	项目名称	项目特征描述	计量单位	工程量	金额（元）		
						综合单价	综合合价	其中 暂估价
14		双开木质隔音门	1.杉木无纱镶板门制作 无亮单扇 2.无纱镶板门、胶合板门安装 无亮 单扇 3.门面贴饰面板 不拼花 4.门锁安装（多向） 5.闭门器安装 明装 6.木材面润油粉、刮腻子，油调和漆、刷清漆三遍 单层木门 7.木材面油防火漆二遍 其它木材面	樘	1	3580	3580	
15		平开木质隔音门	1.杉木无纱镶板门制作 无亮单扇 2.无纱镶板门、胶合板门安装 无亮 单扇 3.门面贴饰面板 不拼花 4.门锁安装（多向） 5.闭门器安装 明装 6.木材面润油粉、刮腻子，油调和漆、刷清漆三遍 单层木门 7.木材面油防火漆二遍 其它木材面	樘	2	1820	3640	

图 4-43　分项目一层办公室墙面工程清单报价 4

分部分项工程和单价措施项目清单与计价表								
工程名称：有园.大学堂创新园精通教科公司办公室装修工程								
序号	项目编码	项目名称	项目特征描述	计量单位	工程量	金额（元）		
						综合单价	综合合价	其中 暂估价
16		铝合金平开门		樘	1	1180	1180	
17		抹灰面油漆	1.刮腻子 一遍　实际刮腻子遍数(遍):2 2.抹灰面 乳胶漆底油二遍面油二遍 墙柱面	m2	404.21	35	14147.35	
		天花工程					0	
1		灯带(槽)	1.9mm阻燃夹板 2.12mm石膏板 3.木材面油防火漆二遍 其它木材面	m	8.13	98	796.74	
2		铝合金格栅	1.装配式U型轻钢天棚龙骨(不上人型) 面层规格(mm) 600×600以上 平面 2.铝扣板面层 1200×300	m2	42	78	3276	
3		天棚油漆	1.刮腻子 一遍　实际刮腻子遍数(遍):2 2.乳胶漆底油二遍面油二遍 石膏板面 天棚面	m2	10.2	35	357	
4		天棚喷刷涂料	1.喷乳胶漆 天棚面 二遍	m2	264	35	9240	
		一层办公室合计					210723.96	

图 4-44　分项目一层办公室天花工程清单报价

分部分项工程和单价措施项目清单与计价表

工程名称：有园.大学堂创新园精通教科公司办公室装修工程

序号	项目编码	项目名称	项目特征描述	计量单位	工程量	金额（元）		
						综合单价	综合合价	其中 暂估价
		夹层办公室						
		地面工程						
1		块料楼地面600*600mm	1、镀锌钢架 2、钢架铜编织带链接 3、表面平整度（%）：±0.2 4、集中载荷：150kg~180kg 5、分布载荷：650kg~950kg	m2	2.73	438	1195.74	
2		水泥砂浆地面找平	1.楼地面水泥砂浆找平层 混凝土或硬基层上 2.水泥自流坪地面 平地面	m2	152.79	45	6875.55	
3		锁扣地板胶	1、吸水率（%）：平均值≤0.1% 2、边长偏差：±1.0mm 3、厚度偏差：±1.0mm 4、表面平整度（%）：±0.2 5、边直角（%）：±0.2	m2	152.79	112	17112.48	
4		楼梯金属漆		项	1	8000	8000	
5		零星砌砖	1.零星砌体 2.预拌砂浆（干拌） M5.0水泥石灰砂浆	m³	0.99	1083	1072.17	

图 4-45　分项目夹层办公室地面工程清单报价

分部分项工程和单价措施项目清单与计价表

工程名称：有园.大学堂创新园精通教科公司办公室装修工程

序号	项目编码	项目名称	项目特征描述	计量单位	工程量	金额（元）		
						综合单价	综合合价	其中 暂估价
6		零星项目一般抹灰	1.零星项目 水泥石灰砂浆底水泥砂浆面 15+5mm 2.预拌砂浆（湿拌） 1:2:8水泥石灰砂浆	m2	11	45	495	
		墙面工程						
1		抹灰面油漆	1.刮腻子 一遍　实际刮腻子遍数(遍):2 2.抹灰面 乳胶漆底油二遍面油二遍 墙柱面	m2	207.1	35	7248.5	
2		黑钢踢脚线	1.铺基层板 9mm阻燃夹板 2.面层不锈钢 1.0mm	m2	28.38	825	23413.5	
3		铝合金10mm钢化玻璃隔断	1.铝合金玻璃固定隔断　换为【钢化玻璃10mm】	m2	14.96	238	3560.48	
4		铝合金方通	1.壁厚3.0mm	M	5	168	840	

图 4-46　分项目夹层办公室墙面工程清单报价

分部分项工程和单价措施项目清单与计价表

工程名称：有园.大学堂创新园精通教科公司办公室装修工程

序号	项目编码	项目名称	项目特征描述	计量单位	工程量	金额（元）		
						综合单价	综合合价	其中 暂估价
5		轻钢龙骨隔墙100mm厚	1.轻钢龙骨隔墙(包龙骨)双面　9mm夹板+12mm石膏板 2.隔音墙加装吸音棉	m2	29.83	208	6204.64	
6		木质平开门	1.杉木无纱镶板门制作 无亮单扇 2.无纱镶板门、胶合板门安装 无亮 单扇 3.门面贴饰面板 不拼花 4.门锁安装 (多向) 5.闭门器安装 明装 6.木材面润油粉、刮腻子，油调和漆、刷清漆三遍 单层木门 7.木材面油防火漆二遍 其它木材面	樘	3	1820	5460	
		天花工程						
1		天棚油漆	1.刮腻子 一遍　实际刮腻子遍数(遍):2 2.乳胶漆底油二遍面油二遍 石膏板面 天棚面	m2	161	35	5635	
		夹层办公室合计					87113.06	

图 4-47　分项目夹层办公室天花工程清单报价

分部分项工程和单价措施项目清单与计价表

工程名称：有园.大学堂创新园精通教科公司办公室装修工程

序号	项目编码	项目名称	项目特征描述	计量单位	工程量	金额（元）		
						综合单价	综合合价	其中 暂估价
		三层办公室						
		地面工程						
1		锁扣地板胶	1、吸水率（%）：平均值≤0.1% 2、边长偏差：±1.0mm 3、厚度偏差：±1.0mm 4、表面平整度（%）：±0.2 5、边直角（%）：±0.2	m2	294	112	32928	
2		卫生间快料楼地面300*300mm灰色瓷砖	1.预拌砂浆（干拌） 1:3 水泥砂浆 2.楼地面水泥砂浆找平层 混凝土或硬基层上 20mm 实际厚度(mm):50 3.预拌砂浆（干拌） 1:2 水泥砂浆 4.楼地面陶瓷块料300*300mm	m2	3.62	173	626.26	
3		水泥砂浆地面找平抹光	1.楼地面水泥砂浆找平层 混凝土或硬基层上 2.水泥自流坪地面 平地面	m2	294.3	45	13243.5	
4		卫生间陶粒回填	1.回填陶粒 2.楼地面水泥砂浆找平层 填充材料上 20mm 实际厚度(mm):40	m3	0.543	580	314.94	

图 4-48　分项目二层办公室地面工程清单报价 1

分部分项工程和单价措施项目清单与计价表

工程名称：有园.大学堂创新园精通教科公司办公室装修工程

序号	项目编码	项目名称	项目特征描述	计量单位	工程量	金额（元）		
						综合单价	综合合价	其中 暂估价
5		零星砌砖	1.零星砌体 2.预拌砂浆（干拌） M5.0 水泥石灰砂浆	m3	4.1	1083	4440.3	
6		零星项目一般抹灰	1.零星项目 水泥石灰砂浆底水泥砂浆面 15+5mm 2.预拌砂浆（湿拌） 1:2:8 水泥石灰砂浆	m2	66.5	45	2992.5	
7		黑钢“T”型收边条	1.铝合金“T”型收边条	M	9	48	432	
8		卫生间防水涂料	1.聚氨酯防水涂料 两遍 2.水泥砂浆保护层 25mm厚	m2	7.24	63	456.12	
		墙面工程						
1		卫生间防水涂料	1.聚氨酯防水涂料 一遍 2.水泥砂浆保护层 25mm厚	m2	26.16	63	1648.08	

图 4-49　分项目二层办公室地面工程清单报价 2

分部分项工程和单价措施项目清单与计价表

工程名称：有园.大学堂创新园精通教科公司办公室装修工程

序号	项目编码	项目名称	项目特征描述	计量单位	工程量	金额（元）		
						综合单价	综合合价	其中 暂估价
2		块料墙面300*600mm	1.墙面镶贴陶瓷面砖密缝（瓷砖胶砖帖）300*600mm	m2	30.35	173	5250.55	
3		轻钢龙骨隔墙100mm厚	1.轻钢龙骨隔墙(包龙骨)双面 9mm阻燃夹板+12mm石膏板 2.隔音墙加装吸音棉	m2	124.02	208	25796.16	
4		铝合金平开门		樘	1	1180	1180	
5		会议室背景木饰面	1.木枋+9MM胶合板造型打底 2.木饰面板封面	m2	18.71	265	4958.15	
6		会议室背景扪布	1.吸音棉软包 2.海绵填充 3.扪布	m2	10.85	389	4220.65	
7		抹灰面油漆	1.刮腻子 一遍 实际刮腻子遍数(遍):2 2.抹灰面 乳胶漆底油二遍面油二遍 墙柱面	m2	769.8	35	26943	

图 4-50　分项目二层办公室墙面工程清单报价 1

分部分项工程和单价措施项目清单与计价表								
工程名称：有园.大学堂创新园精通教科公司办公室装修工程								
序号	项目编码	项目名称	项目特征描述	计量单位	工程量	金额（元）		
						综合单价	综合合价	其中 暂估价
8		不锈钢踢脚线	1.铺基层板 9mm阻燃夹板 2.面层不锈钢 1.2mm	m2	14.3	825	11797.5	
9		铝合金10mm钢化玻璃隔断	1.铝合金玻璃固定隔断 换为【钢化玻璃10】	m2	138.9	238	33058.2	
10		铝合金方通	1.壁厚3.0mm	M	38.4	168	6451.2	
11		12mm钢化超白玻电动趟门	1.电子感应自动门 12mm玻璃门 2.电动装置 3.电子感应自动门 电子感应装置（套）	m2	1	7680	7680	
		天花工程					0	
1		天棚油漆	1.刮腻子 一遍 实际刮腻子遍数(遍):2 2.乳胶漆底油二遍面油二遍 石膏板面 天棚面	m2	223.9	35	7836.5	
2		300*30mm铝扣板	1.装配式U型轻钢天棚龙骨(不上人型) 2.铝扣板面层 300×300	m2	3.64	168	611.52	

图 4-51　分项目二层办公室墙面工程清单报价 2

分部分项工程和单价措施项目清单与计价表								
工程名称：有园.大学堂创新园精通教科公司办公室装修工程								
序号	项目编码	项目名称	项目特征描述	计量单位	工程量	金额（元）		
						综合单价	综合合价	其中 暂估价
3		窗帘盒制作	1.木龙骨制作 2.窗帘盒 15mm阻燃夹板+12mm石膏板	m	5	100	500	
4		轻钢龙骨造型吊顶	1.装配式U型轻钢天棚龙骨(上人型) 面层规格(mm) 600×600 跌级 2.9mm阻燃夹板 3.12mm石膏板 换为【石膏板12】（按展开面积计算） 4.木材面油防火漆二遍 其它木材面	m2	34.88	198	6906.24	
5		轻钢龙骨平面吊顶	1.装配式U型轻钢天棚龙骨(不上人型) 面层规格(mm) 600×600 平面 2.9mm阻燃夹板 3.12mm石膏板 4.木材面油防火漆二遍 其它木材面	m2	51.2	173	8857.6	
6		灯带(槽)	1.9mm阻燃夹板 2.12mm石膏板 3.木材面油防火漆二遍 其它木材面	m	19.87	80	1589.6	
		二层办公室合计					210718.57	

图 4-52　分项目二层办公室天花工程清单报价

分部分项工程和单价措施项目清单与计价表								
工程名称：有园.大学堂创新园精通教科公司办公室装修工程								
序号	项目编码	项目名称	项目特征描述	计量单位	工程量	金额（元）		
						综合单价	综合合价	其中 暂估价
		室内其他项目						
1		不锈钢扶手	1、304不锈钢方通 2、油白色金属漆	米	20.55	430	8836.5	
2		百叶窗帘		m²	67.13	68	4564.84	
		室内其他项目合计					13401.34	

图 4-53　分项目室内其他项目工程清单报价

分部分项工程和单价措施项目清单与计价表								
工程名称：有园.大学堂创新园精通教科公司办公室装修工程								
序号	项目编码	项目名称	项目特征描述	计量单位	工程量	金额（元）		
						综合单价	综合合价	其中 暂估价
		分部分项合计						
		措施项目						
1		活动脚手架		m2				
2		活动脚手架		m2	1	100	1000	
3		单独装饰装修工程垂直运输		项	1	1000	1000	
4		地上、地下设施、建筑物的临时保护设施	1.楼地面成品保护	项	1	1000	1000	
5		地上、地下设施、建筑物的临时保护设施		项			0	
		单价措施合计					3000	
合　计							524956.93	

图 4-54　分项目合计工程清单报价

三、学习任务小结

通过本节课的学习，同学们初步了解了室内公装空间装饰工程预算全套案例的文件类型。课后，同学们要结合实际的室内公装空间装饰工程预算全套案例进行学习和分析，理解和掌握室内公装空间装饰工程预算全套案例的编写规范和要求。

四、课后作业

收集一套完整的室内公装空间装饰工程预算案例，并进行分析和学习。

项目五　室内装饰工程招投标

学习任务一　室内装饰工程招投标概述

教学目标

(1) 专业能力：了解室内装饰工程招投标的基本概念和招投标所需的基本文件。

(2) 社会能力：了解室内装饰工程评标程序与方法。

(3) 方法能力：沟通协调能力，组织管理能力。

学习目标

(1) 知识目标：掌握室内装饰工程招投标的程序和流程。

(2) 技能目标：能组织和整理室内装饰工程招投标文件。

(3) 素质目标：具备一定的组织交流能力和沟通协调能力。

教学建议

1. 教师活动

教师讲解室内装饰工程招投标文件的类型和整理技巧，指导学生进行招投标文件整理和归档实训。

2. 学生活动

认真聆听教师讲解室内装饰工程招投标文件的类型和整理技巧，并在教师的指导下进行招投标文件整理和归档实训。

一、学习问题导入

招投标是工程交易的一种形式，招标时需要提供工程量清单，投标报价时需要进行工程量清单计价。例如某院校计划启动新校区办公楼装修项目，为此组建了由后勤部部长及四名管理人员组成的基建处，负责此项目的筹建工作。本工程公开招标，通过资格预审的共有六家承包商，各承包商均按规定的投标截止日期递交了投标文件，在招标文件未标明的情况下，在开标时发生了下列事件。

(1) 根据工程设计文件，基建处自行编制了招标文件和工程量清单。在开标时，由某地招标办公室的工作人员主持开标会议，根据投标书到达的时间安排了唱标顺序，以最后送达的投标文件为第一开标单位，最早送达的单位为最后唱标单位。

(2) 招标文件中明确了有效标的条件，即投标单位的报价在招标单位编制的标底价±3%以内为有效标书，但是六家投标单位的报价均超过了上述要求。

(3) 在此情况下，招标单位通过专家对各家投标单位的经济标和技术标的综合评审打分，以低价中标为原则，选择了价格最低的投标单位为中标单位。

问题：

(1) 本工程由发包方自己编制招标文件是否符合有关法律规定？

(2) 在本工程的开标过程中有哪些不妥之处？请分别说明。

二、学习任务讲解

(一) 我国招标投标体制的发展

我国建设工程招标投标制度大致经历了三个发展阶段。

1. 招投标的初步建立阶段

20 世纪 80 年代，我国招标投标经历了“试行—推广—兴起”的初步建立阶段。这时期的招标投标主要侧重于宣传和实践，还处于社会主义计划经济体制下的探索时期，主要呈现以下几个特点。

(1) 20 世纪 80 年代中期，招标管理机构在全国各地陆续成立。

(2) 有关招标投标方面的法规建设开始起步。1984 年国务院颁布《关于进一步扩大国营工业企业自主权的暂行规定》，提出改变行政手段分配建设任务，实行招标投标，大力推行工程招标承包制。同时，原城乡建设环境保护部印发了《建筑安装工程招标投标试行办法》，根据这些规定，各地也相继制定了适合本地区的招标管理办法，开始探索我国的招标投标管理和操作程序。

(3) 招标方式基本以议标为主，在纳入招标管理项目当中约 90%是采用议标方式发包的，工程交易活动比较分散，没有固定场所，这种招标方式在很大程度上违背了招标投标的宗旨，不能充分体现竞争机制。

(4) 招标投标在很大程度上还流于形式，招标的公正性得不到有效监督，工程大多形成私下交易，暗箱操作，缺乏公开、公平竞争。

2. 招投标的规范发展阶段

20 世纪 90 年代初期到中后期，全国各地普遍加强对招标投标的管理和规范工作，也相继出台一系列法规和规章，招标方式已经从以议标为主转变到以邀请招标为主。这一阶段是我国招投标发展史上最重要的阶段，招标投标制度得到了长足的发展，全国的招标投标管理体系基本形成，为完善我国的招标投标制度打下了坚实的基础。这时期招投标主要呈现以下几个特点。

(1) 全国各省、自治区、直辖市、地级以上城市和大部分县级市都相继成立了招标投标监管机构，工程招标投标专职管理人员不断壮大，全国已初步形成招标投标监督管理网络，招标投标监督管理水平不断提高。

(2) 招标投标法制建设步入正轨。从 1992 年建设部第 23 号令的发布到 1998 年正式施行《中华人民共和国建筑法》，从部分省的《建筑市场管理条例》和《工程建设招标投标管理条例》到各市制定的有关招标投标的政府令，都对全国规范建设工程招标投标行为和制度起到极大的推动作用。特别是有关招标投标程序的管理细则也陆续出台，为招标投标公开、公平、公正地顺利开展提供了有力保障。

(3) 自1995年起，全国各地陆续开始建立建设工程交易中心，它把管理和服务有效地结合起来，初步形成以招标投标为龙头，相关职能部门相互协作的具有“一站式”管理和“一条龙”服务特点的建筑市场监督管理新模式，为招标投标制度的进一步发展和完善开辟了新的道路。工程交易活动已由无形转为有形，隐蔽转为公开，信息公开化和招标程序规范化，已有效遏止了工程建设领域的腐败行为，为在全国推行公开招标创造了有利条件。

3. 招投标的完善阶段

随着建设工程交易中心的有序运行和健康发展，全国各地开始推行建设工程项目的公开招标。《中华人民共和国招标投标法》根据我国投资主体的特点已明确规定我国的招标方式不再包括议标方式，这是个重大的转变，它标志着我国的招标投标的发展进入了全新的历史阶段。这时期招投标主要呈现以下几个特点。

(1) 招标投标法律、法规和规章不断完善和细化，招标程序不断规范，必须招标和必须公开招标范围得到了明确，招标覆盖面进一步扩大和延伸，工程招标已从单一的土建安装延伸到道桥、装潢、建筑设备和工程监理等。

(2) 全国范围内开展的整顿和规范建设市场工作与加大对工程建设领域违法违纪行为的查处力度为招标投标进一步规范提供了有力保障。

(3) 工程质量和优良品率呈逐年上升态势，同时涌现出一大批优秀企业和优秀项目经理，企业正沿着围绕市场和竞争、讲究质量和信誉、突出科学管理的道路迈进。

(4) 招标投标管理全面纳入建设市场管理体系，其管理的手段和水平得到全面提高，正在逐步形成建设市场管理的“五结合”：一是专业人员监督管理与计算机辅助管理相结合；二是建筑现场管理与交易市场管理相结合；三是工程评优治劣与评标定标相结合；四是管理与服务相结合；五是规范市场与执法监督相结合。

(5) 公开招标的全面实施在节约国有资金、保障国有资金有效使用及从源头防止腐败滋生都起到了积极作用。目前我国的市场经济还存在着政企不分、行政干预多、部门和地方保护、市场和招标操作程序不规范、市场主体的守法意识较差、过度竞争、中介组织不健全等现象。《中华人民共和国招标投标法》正是国家通过法律手段来推行招标投标制度，以达到规范招标投标活动、保护国家和公共利益、提高公共采购效益和质量的目的。它的颁布是我国工程招标投标管理逐步走上法制化轨道的重要里程碑，必将对我们目前乃至今后的建设市场管理产生深远的影响，并指导招标投标制度在深度和广度上健康发展。

(二) 我国招投标的发展趋势

随着公开招标和《中华人民共和国招标投标法》的深入实施，建设市场必将形成政府依法监督，招投标活动当事人在建设工程交易中心依据法定程序进行交易活动，各中介组织提供全方位服务的市场运行新格局，我国的招标投标制度也必将走向成熟，这是招标投标发展的必然趋势。

(1) 建设市场规则将趋于规范和完善。市场规则是有关机构制定的或沿袭下来的由法律、法规、制度所规定的市场行为准则，其内容如下。

①市场准入规则：市场的进入需遵循一定的法规和具备相应的条件，对不再具备条件或采取挂靠、出借证书、制造假证书等欺诈行为的，采取清出制度，逐步完善资质和资格管理，特别是进一步加强工程项目经理的动态管理。

②市场竞争规则：这是保证各种市场主体在平等的条件下开展竞争的行为准则，为保证平等竞争的实现，政府制定相应的保护公平竞争的规则。《中华人民共和国招标投标法》《中华人民共和国建筑法》《中华人民共和国反不正当竞争法》等，以及与之配套的法规和规章都制定了市场公平竞争的规则，并通过不断实施将其更加具体和细化。

③市场交易规则：交易必须公开(涉及保密和特殊要求的工程除外)，交易必须公平，交易必须公正。

(2) 建设工程交易中心将办成“程序规范、功能齐全、手段多样、质量一流”的服务型的有形招标投标市场。除提供各种信息咨询服务外，其主要职责是保证招标全过程的公开、公平和公正，确保进场交易的各方主体的合法权益得到保护，特别是要保障法律规定的必须进行招标项目的程序规范、合法。

(3) 招标代理机构将依据《中华人民共和国招标投标法》规定设立评委专家库，而建设工程交易中心则应制定专业齐全、管理统一的评委专家名册，同时应充分发挥评委专家名册的作用，改变目前专家评委只进行评标的现状，充分利用这一有效资源为招标投标管理服务，具体作用如下。

①可作为投标资格审查的评审专家库，提高资格审查的公正性和科学性。

②可作为“工程投标名册”（指由政府组织的每年进行评审的投标免审单位名单）的评审委员库，利用他们的社会知名度和制定科学的评审制度，提高“工程投标名册”的权威性，逐步得到社会各界认可。

③分组设立主任委员，负责定期组织评委讨论和研究新问题及相关政策，开辟专家论坛，倡导招标投标理论研究，并可联系大专院校进行相关课题研究，以便更好地为管理和决策提供理论依据。

④评委专家名册内应增设法律方面的专家，开辟法律方面的咨询服务，并逐步开展招标仲裁活动。

（4）招标管理机构是法律赋予的对招标投标活动实施监督的部门，其应成为独立的行政管理和监督机构。应将目前其具体的实物性监督管理转为程序性监督，并应负责有关工程建设招标法规的制定和检查，负责招标纠纷的协调和仲裁，负责招标代理机构的认定等。

（5）《中华人民共和国招标投标法》明确规定招标代理机构是从事招标代理业务并提供相关服务的社会中介组织，从国际上看，招标代理机构是建筑市场和招标投标活动中不可缺少的重要力量，随着我国建设市场的健康发展和招标投标制度的完善，招标代理机构必将在数量和质量上得到大力发展，同时也将推动我国的招标投标制度尽快与国际接轨。

（6）根据国际工程管理的通行做法，我国的工程保证担保制度将得到大力推行和发展，特别是投标保证、履约保证和支付保证在我国工程管理领域将得到广泛运用，它将是充分保障工程合同双方当事人的合法权益的有效途径，同时必将推动我国的招标投标制度逐步走向成熟。

（三）室内装饰工程招标的基本概念

1. 基本概念

室内装饰工程招标投标是建设单位和施工单位（或买卖双方）进行室内装饰装修工程承发包交易的一种手段和方法。招标即招标人（业主或建设单位）择优选择施工单位（承包方）的一种做法。在室内装饰工程招标之前，将拟建的工程委托设计单位或顾问公司设计，编制概预算或估算，俗称编制标底。标底是个不公开的数字，它是工程招投标中的机密，切不可泄露。招标单位准备好一切条件，发表招标公告或邀请几家施工单位来投标，利用投标企业之间的竞争，从中择优选定承包方（施工单位）。

2. 招标方式

（1）公开招标。

公开招标是通过登载招标启事，公开进行的一种招标方式，凡符合规定条件的施工单位都可自愿参加投标。由于参与投标报名的装饰施工企业很多，所以它属于一种“无限竞争”的招标。公开招标有助于企业之间展开竞争，打破垄断，促使承包企业加强管理，提高工程质量，缩短工期，降低工程成本。公开招标使招标单位选择报价合理、工期短、质量好、信誉高的施工单位承包，达到招标的目的。公开招标促进装饰市场向健康方向发展，完善市场经营管理，力求公平、公正、合理地竞争。

（2）邀请招标。

邀请招标是招标单位根据自己了解或他人介绍的承包企业，发出邀请信，请一些装饰施工企业参加某项工程的投标，被邀请的单位数目一般是3～7个。采用邀请招标，招标单位对被邀请的施工单位一般是较为了解的。因此，被邀请的单位数目不宜过多，以免浪费投标单位的人力、物力。这种招标方式，只有被邀请的施工单位才有资格参加投标，所以它是一种“有限竞争”的投标。

（3）议标。

议标是工程招标的一种形式，由建设单位挑选一个或多个施工单位，采用协商的方法来确定施工单位。一旦达成协议，就把工程发给某一个或某几个施工企业承包。

3. 招标单位应具备的条件

招标人自行组织招标，必须符合下列条件，并设立专门的招标组织，经招标管理机构审核合格后发给招标组织资格证书。

（1）有与招标工程相适应的技术、经济、管理人员。

(2) 有组织编制招标文件的能力。

(3) 有审查投标人资格的能力。

(4) 有组织开标、评标、定标的能力。

不具备上述条件的，招标人必须委托具备相应资质(资格)的招标代理人组织招标。

4. 招标工程应当具备的条件

(1) 项目已经报有关部门备案。

(2) 已经向招投标管理机构办理报建登记。

(3) 概算已经批准，招标范围内所需资金已经落实。

(4) 满足招标需要的有关文件及技术资料已经编制完成，并经过审核。

(5) 招标所需的其他条件已经具备。

5. 招标文件

招标单位在进行招标以前，必须编制招标文件。招标文件是招标单位说明招标工程要求和标准的书面文件，也是投标报价的主要依据，所以应该尽量详细和完善，其内容如下。

(1) 投标人须知。

(2) 招标工程的综合说明。它应该说明招标工程的规模、工程内容、范围和承包的方式，对投标人施工能力和技术力量的要求、工程质量和验收规范、施工现场条件和建设地点等。

(3) 图样和资料。如果是初步设计招标，应有主要结构图样、重要设备安装图样和装饰工程的技术说明。

(4) 工程量清单。

(5) 合同条件。包括计划开、竣工期限，延期罚款的决定、技术规范，以及采用标准。

(6) 材料供应方式和材料、设备订货情况及价格说明。

(7) 特殊工程和特殊材料的要求及说明。

(8) 辅助条款。招标文件交底时间、地点，投标的截止日期，开标日期、时间和地点，组织现场勘察的时间，投标保证的规定，不承担接受最低标的声明，投标的保密要求等。

6. 室内装饰工程合同的确定

室内装饰工程招标单位在招标前，就应根据工程难度、设计深度等因素确定合同的形式。

(1) 合同类型。

室内装饰工程施工合同按付款方式分为以下几类。

①总价合同。

总价合同是指在合同中明确完成项目的总价，承包单位据此完成项目全部内容的合同。总价合同又细分为以下几种。

a. 固定总价合同。施工中若设计图纸、工程质量无变更要求，工期无提前要求，则总价不变，即施工企业承担全部风险。这种合同适用于设计图纸详细、全面，施工工期较短的工程。

b. 可调值总价合同。在合同中双方约定，当合同执行中因通货膨胀引起成本变化达到某限度时，调整合同总价。这种合同由业主承担通货膨胀的风险，施工单位承担其他风险，适用于设计文件明确，但施工工期较长的工程。

c. 固定工程量总价合同。招标单位要求投标单位按单价合同办法分别填报分项工程单价，再计算出工程总价。原定工程项目完成后，按合同总价付款；若发生设计变更，则用合同中已确定的单价来调整计算总价。这种合同适用于工程变化不大的项目。

②单价合同。

单价合同是指投标单位按招标文件列出的各分部分项工程的工程量，分别确定各分部分项工程单价的合同类型。单价合同又细分为以下几种。

a. 估计工程量单价合同。招标文件中列有工程量清单，投标单位填入各分部分项工程单价，并据此计算出合同总价。施工过程中，按实际完成工程量结算。竣工时按竣工图编制竣工结算。这种合同是双方共担风险，所以是比较常用的合同形式。

b. 纯单价合同。招标单位不能准确地计算出分部分项工程量，招标文件仅列出工程范围、工作内容一览表及必要的说明，投标单位给出表中各项目的单价即可。施工时按实际完成的工程量结算。

c. 单价与包干混合式合同。凡能用某种单位计算工程量的工程内容，均报单价；凡不能或很难计算工程量的工作内容则用包干的方法计价。

③成本加酬金合同。

成本加酬金合同是指业主向施工单位支付工程项目的实际成本，并按事先约定的方式支付一定的酬金。这种合同由业主承担实际发生的一切费用，施工单位对降低成本没有积极性，业主很难控制工程造价。这类合同仅适用于业主对施工单位高度信任的新型或试验性工程，或项目风险很大的工程。

(2) 合同类型的选择。

一般说来，选择合同类型时业主占有一定的主动权，但也应考虑施工单位的承受能力，选择双方都能认可的合同类型。影响合同类型选择的因素主要有以下几个方面。

①装饰规模与工期。项目规模小，工期短，业主比较愿意选用总价合同，施工单位也较愿意接受，因为这类工程风险较小。若项目规模大，工期长，不可预见因素多，则此类项目不宜采用总价合同。

②设计深度。若设计详细，工程量明确，则三类合同均可选用。若设计深度可以划分出分部分项工程，但不能准确计算工程量，应优先选用单价合同。

③项目准备时间的长短。装饰工程招投标及签订合同，招标单位与投标单位都要做准备工作，不同的合同类型需要不同的准备时间与准备费用。总价合同需要的准备时间和准备费用最高，成本加酬金合同需要的准备时间和准备费用最低。

④项目的施工难度及竞争情况。项目施工难度大，则对施工单位技术要求高，风险也较大，选择总价合同的可能性较小；项目施工难度小，且愿意施工的单位多，竞争激烈，业主拥有较大的主动权，可按总价合同、单价合同、成本加酬金合同的顺序选择。

此外，选择合同类型时，还应考虑外部环境因素。若外部环境恶劣，例如通货膨胀率高、气候条件差等，则施工成本高、风险大，投标单位很难接受总价合同。

(四) 室内装饰工程投标

1. 基本概念

室内装饰工程施工投标，是指室内装饰施工企业根据业主或招标单位发出的招标文件的各项要求，提出满足这些要求的报价及各种与报价相关的条件。工程施工投标除单指报价外，还包括一系列建议和要求。投标是获取工程施工承包权的主要手段，也是对业主发出要约的承诺。施工企业一旦提交投标文件后，就必须在规定的期限内信守自己的承诺，不得随意反悔或拒不认账。投标是一种法律行为，投标人必须承担因反悔违约可能产生的经济、法律责任。

投标是响应招标、参与竞争的一种法律行为。《中华人民共和国招标投标法》明文规定，投标人应当具备承担招标项目的能力，应当具备国家有关规定及招标文件明文提出的投标资格条件，遵守规定时间，按照招标文件规定的程序和做法，公平竞争，不得行贿，不得弄虚作假，不能凭借关系、渠道搞不正当竞争，不得以低于成本的报价竞标。施工企业根据自己的经营状况有权决定参与或拒绝投标竞争。

2. 投标时必须提交的资料

施工企业投标时或在参与资格预审时必须提供以下资料。

(1) 企业的营业执照和资质证书。

(2) 企业简历。

(3) 自有资金情况。

(4) 全员职工人数：包括技术人员、技术工人数量及平均技术等级等。

(5) 企业自有主要施工机械设备一览表。

(6) 近 3 年承建的主要工程及质量情况。

(7) 现有主要施工任务，包括在建和尚未开工工程一览表。

(8) 招标邀请书(指约请招标)。

(9) 工程报价清单和工程预算书等。

3. 投标文件

投标文件应包括下列内容。

(1) 综合说明。

(2) 按照工程量清单计算的标价及钢材、木材、水泥等主要材料的用量(近年来由于市场经济的逐步发展,很多工程施工投标已不要求列出钢材、木材及水泥用量,投标单位可根据统一的工程量计算规则自主报价)。

(3) 施工方案和选用的主要施工机械。

(4) 保证工程质量、进度、施工安全的主要技术组织措施。

(5) 计划开工、竣工日期和工程总进度。

(6) 对合同条款主要条件的认定。

4. 投标中应注意的问题

(1) 从计算标价开始到工程完工为止往往时间较长,在建设期内工资、材料价格、设备价格等可能上涨,这些因素在投标时应该予以充分考虑。

(2) 公开招标的工程,承包者在接到资格预审合格的通知以后,或采用邀请招标方式的投标者在收到招标者的投标邀请信后,即可按规定购买标书。

(3) 取得招标文件后,投标者首先要详细弄清全部内容,然后对现场进行实地勘察。重点了解劳动力、水、电、材料等供应条件。这些因素对报价影响颇大,招标者有义务组织投标者参观现场,对提出的问题给予必要的介绍和解答。除对图样、工程量清单和技术规范、质量标准等要进行详细审核外,对招标文件中规定的其他事项如开标、评标、决标、保修期、保证金、保留金、竣工日期、拖期罚款等也要进行确定。

(4) 投标者对工程量要认真审核,发现重大错误应通知招标单位,未经许可,投标单位无权变动和修改。投标单位可以根据实际情况提出补充说明或计算出相关费用,写成函件,作为投标文件的一个组成部分。招标单位对于工程量差错而引起的投标计算错误不承担任何责任,投标单位也不能据此索赔。

(5) 估价计算完毕,可根据相关资料计算出最佳工期和可能提前完工的时间,以供决策,报出工期、费用、质量等具有竞争力的报价。

(6) 投标单位准备投标的一切费用,均由投标单位自理。

(7) 注意投标的职业道德,不得行贿、营私舞弊,更不能串通一气、哄抬标价,或出卖标价损害国家和企业的利益。如有违反,即取消投标资格,严重者给予必要的经济和法律制裁。

5. 投标报价原则

投标报价是施工企业根据招标文件和有关工程造价资料计算工程造价,并考虑投标决策及影响工程造价的因素后提出的。投标报价是工程施工投标的关键,应遵循以下原则。

(1) 根据承包方式做到"细算粗报"。如果是固定总价报价,就要考虑材料和人工费调整的因素及风险系数。如果是单价合同,那么工程量只需大致估算。如果总价不是一次全包,而是"调价结算",那么风险系数较高,可少考虑,甚至不考虑。报价的项目不必过细,但是在编制过程中要做到对内细、对外粗,即细算粗报,进行综合归纳。

(2) 报价的计算方法要简明,数据资料要有理有据。影响报价的因素多而复杂,应把实际可能发生的一切费用逐项来算。一个成功的报价,必然应用不同条件下的不同系数,这些系数是许多工程实际经验累积的结果。

(3) 考虑优惠条件和改进设计的影响。投标单位往往在投标竞争激烈的情况下,对建设单位提出种种优惠条件,例如提供贷款或延退付款、提前交工、免费提供一定的维修材料等。在投标报价时,如果发现该工程中某些设计不合理并可改进,或可利用某项新技术以降低造价时,除了按正规的报价以外,还可另附修改设计的比较方案,提出有效措施以降低造价和缩短工期。这种方式往往会得到建设单位的赏识而大大提高中标机会。

(4) 选择合适的报价策略。对于某些专业性强、难度大、技术条件高、工种要求苛刻、工期紧,估计一般施工单位不敢轻易承揽，而本企业这方面又拥有特殊的技术力量和设备的项目，往往可以略微提高利润率；如果为在某一地区打开局面，往往又可考虑低利润报价的策略。

（五）室内装饰工程标底

1. 室内装饰工程标底的内容

室内装饰工程标底主要包括以下内容。

（1）招标工程综合说明，包括招标工程名称、招标工程的设计概算、工程施工质量要求、定额工期、计划工期天数、计划开竣工日期等内容。

（2）室内装饰招标工程一览表，包括工程名称、建筑面积、结构类型、建筑层数、灯具管线、水电工程、庭院绿化工程等内容。

（3）标底价格和各项费用的说明，包括工程总造价和单方造价，主要材料用量和价格，工程项目分部分项单价，措施项目单价和其他项目单价，招标工程直接费、间接费、计划利润、税金及其费用的说明。

2. 室内装饰工程标底的作用

标底的作用表现在以下几个方面。

（1）标底是投资方核实投资的依据，也是施工图预算的转化形态，它必须受概算控制，标底突破概算时，要认真分析。若标底编制正确，应修正概算，并报原审批机关调整。若属于施工图设计扩大了建设规模，就应修改施工图，并重新编制标底。

（2）标底是衡量投标单位报价的准绳。投标单位报价若高于标底，就失去了竞争性。投标单位的报价低于标底过多，招标单位有理由怀疑报价的合理性，并进一步分析报价低于标底的原因。若发现低价的原因是分项工程工料估算不切实际、技术方案片面、节减费用缺乏可靠性或故意漏项等，则可认为该报价不可信；若投标单位通过优化技术方案、节约管理费用、节约各项物质消耗而降低工程造价，这种报价则是合理可信的。

（3）标底是评标的重要尺度。招标工程必须以严肃认真的态度和科学的方法编制标底。只有编制出科学、合理、准确的标底，定标时才能做出正确的选择，否则评标就是盲目的。当然，报价不是选择中标单位的唯一依据，要对投标单位的报价、工期、企业信誉、协作配合条件和企业的其他资质条件进行综合评价，才能选出合适的中标单位。

3. 标底编制原则

室内装饰工程标底价是招标人控制投资，确定招标工程造价的重要手段，在计算时要求科学合理、计算准确。标底价应当参考建设行政主管部门制定的工程造价计价办法和计价依据及其他有关规定，根据市场价格信息，由招标单位或委托有相应资质的招标代理机构和工程造价咨询单位，以及监理单位等中介组织进行编制。在标底的编制过程中，应该遵循以下原则。

（1）根据国家公布的统一工程项目编码、统一工程项目名称、统一计量单位、统一计算规则，以及施工图纸、招标文件，并参照国家、行业或地方批准发布的定额和国家、行业、地方规定的技术标准规范，以及要素市场价格确定的工程量编制标底价。

（2）标底价作为建设单位的期望价格，应力求与市场的实际变化吻合，要有利于竞争和保证工程质量。

（3）按工程项目类别计价。

（4）标底价应由直接费、间接费、利润、税金等组成，一般应控制在批准的总概算（或修正概算）及投资包干的限额内。

（5）标底价应考虑人工、材料、设备、机械台班等价格变化因素，还应包括不可预见费（特殊情况）、预算包干费、措施费（赶工措施费、施工技术措施费）、现场因素费用、保险，以及采用固定价格工程的风险金等。工程要求优良的还应增加相应的费用。

（6）一个工程只能编制一个标底。

（7）标底编制完成后，直至开标时，所有接触过标底价格的人员均负有保密责任，不得泄露。

4. 标底编制的依据

标底编制的依据主要有以下基本资料和文件。

(1) 国家的有关法律、法规，以及国务院和省、自治区、直辖市人民政府建设行政主管部门制定的有关工程造价的文件和规定。

(2) 工程招标文件中确定的计价依据和计价办法，招标文件的商务条款，包括合同条件中规定由工程承包方承担义务而可能发生的费用，以及招标文件的澄清、答疑等补充文件和资料。在标底价格计算时，计算口径和取费内容必须与招标文件中有关取费等的要求一致。

(3) 国家、行业、地方的工程建设标准，包括建设工程施工必须执行的建设技术标准、规范和规程。

(4) 工程设计文件、图纸、技术说明及招标时的设计交底，按设计图纸确定的或招标人提供的工程量清单等相关基础资料。

(5) 采用的施工组织设计、施工方案、施工技术措施等。

(6) 工程施工现场地质、水文勘探资料，现场环境和条件及反映相应情况的有关资料。

(7) 招标时的人工、材料、设备及施工机械台班等要素市场价格信息，以及国家或地方有关政策性调价文件的规定。

5. 影响标底编制的因素

(1) 标底必须适应招标方的质量要求，优质优价，对高于国家施工及验收规范的质量因素有所反映。标底中对工程质量的反映，应按国家相关的施工及验收规范的要求，作为合格的建筑产品，按国家规范来检查验收。但招标方往往还提出要达到高于国家施工及验收规范的质量要求，为此，施工单位要付出比合格水平更多的费用。

(2) 标底价必须适应目标工期的要求，对提前工期因素有所反映。应将目标工期对照工期定额，按提前天数给出必要的赶工费和奖励，并列入标底。

(3) 标底必须适应建筑材料采购渠道和市场价格的变化，考虑材料差价因素，并将差价列入标底。

(4) 标底必须合理考虑招标工程的自然地理条件和招标工程范围等因素。将地下工程及"三通一平"等招标工程范围内的费用正确地计入标底价格。由于自然条件导致的施工不利因素也应考虑计入标底。

(5) 标底价格应根据招标文件或合同条件的规定，按规定的工程发承包模式确定相应的计价方式，考虑相应的风险费用。

6. 编制标底的方法和步骤

(1) 编制标底的方法。

我国目前建设工程施工招标标底的编制，主要采用定额计价法和工程量清单计价法来进行。

①以定额计价法编制标底。定额计价法编制标底采用的是分部分项工程量的直接费单价(或称为工料单价法)，仅仅包括人工、材料、机械费用。采用直接费单价编制标底又包括两种方法，一种是单价法，即利用消耗量定额中各分项工程相应的定额单价来编制标底价。首先按施工图计算各分项工程的工程量，并乘以相应单价，汇总相加，得到单位工程的直接费；再加上按规定程序计算出来的间接费、利润和税金；最后还要加上材料调价系数和适当的不可预见费，汇总后即为标底价的基础。另一种是实物量法，即用实物量编制标底，主要先计算出各分项工程的工程量，分别套取消耗量定额中的人工、材料、机械消耗指标，并按类相加，求出单位工程所需的各种人工、材料、施工机械台班的总消耗量，即实物量，然后分别乘以当时当地的人工、材料、施工机械台班市场单价，求出人工费、材料费、施工机械使用费再汇总求和。对于间接费、利润和税金等费用的计算则根据当时当地建筑市场的供求情况给予具体确定。

②以工程量清单计价法编制标底。工程量清单计价的单价按所综合的内容不同，可以划分为两种形式。一种是 FIDIC 综合单价法，FIDIC 综合单价即分部分项工程的完全单价，综合了直接费、间接费、利润、税金，以及工程的风险费等全部费用。根据统一的项目划分，按照统一的工程量计算规则计算工程量，形成工程量清单。然后估算分项工程综合单价，该单价是根据具体项目分别估算的。FIDIC 综合单价确定以后，再与各部分分项工程量相乘得到合价，汇总之后即可得到标底价格。另一种为清单规范综合单价法，是《建设工程工程量清单计价规范》(GB50500-2013)规定的方法。综合单价是指完成一个规定计量单位的分部分项工程量清单项目或措施项目的人工费、材料费、机械使用费、管理费和利润，并考虑一定的风险因素。用清单规范综合单价编制标底价格，要根据工程量清单(分部分项工程量清单、措施项目清单和其他项目清

单),然后估算各工程量清单综合单价,再与各工程量清单相乘得到合价,最后按规定计算规费和税金,汇总之后即可得到标底价格。

(2) 编制标底的步骤。

①认真研究招标文件。招标文件是招标工作的大纲,编制标底必须以招标文件为准绳,尤其应注意招标文件所规定的招标范围、材料供应方式、材料价格的取定方法、构件加工、材料及施工的特殊要求等影响工程造价的内容。标底的表示方式也应符合招标文件的统一要求。

②熟悉施工图样,勘察现场。编制标底前应充分熟悉施工图纸、设计文件,勘察施工现场,调查现场供水、供电、交通及场地等情况。

③计算工程量。在上述工作的基础上,依据工程量计算规则,分部分项计算工程量。工程量计算是标底编制工作中最重要的数据。若工程量作为招标文件的组成内容,则投标企业可依据工程量清单进行报价。

④确定分部分项工程单价。分项工程单价一般依据当地现行装饰工程预算定额确定,对定额中的缺项或有特殊要求的项目,应编制补充单价表。

⑤确定施工措施费用。正确确定施工措施费用是编制标底十分重要的工作。例如,幕墙工程、石材饰面等施工措施的确定,必须以当地的施工技术水平为基础,正确拟定合理的施工方法、施工工期。所以标底编制人员平时要注意积累和收集相关资料,并认真分析和理解。

⑥计算各项费用并汇总计算标底。在正确计算工程量和分项工程单价的基础上,汇总计算工程直接费;然后按当时当地文件规定计算其他直接费、间接费、材差、计划利润和税金等;最后汇总得到的预算总造价,即为招标工程标底。

(六) 开标、评标和定标

1. 开标

(1) 开标前的准备工作。

开标会是招标投标工作中的一个重要的法定程序。开标会上将公开各投标单位标书、当众宣布标底、宣布评标办法等,这表明招标投标工作进入了一个新的阶段。开标前应做好下列各项准备工作。

①成立评标组织,制定评标办法。

②委托公证,通过公证人的公证,从法律上确认开标是合法有效的。

③按招标文件规定的投标截止日期密封标箱。

(2) 开标会的程序。

开标、评标、定标活动应在招标投标办事机构的有效管理下进行,由招标单位或其上级主管部门主持,公证机关当场公证。开标会的程序一般有以下内容。

①宣布到会的评标专家及有关工作人员,宣布开标会议主持人。

②投标单位代表向主持人及公证人员送验法人代表或授权委托书。

③当众检验和启封标书。

④各投标单位代表宣读标书中的投标报价、工期、质量目标、主要材料用量等内容。

⑤招标单位公布标底。

⑥填写装饰工程施工投标标书开标汇总表。

⑦有关各方签字。

⑧公证人口头发表公证。

⑨主持人布评标办法(也可在启封标书前宣布)及日程安排。

(3) 审查标书有效性。

有下列情况之一的,即为无效标书。

①标书未密封。合格的密封标书,应将标书装入公文袋内,除袋口粘贴外,在封口处用白纸条贴封并加盖骑缝章。

②投标书(包括标书情况汇总表、密封表)未加盖法人印章和法定代表人或其委托代理人的印鉴。

③标书未按规定的时间、地点送达。

④投标人未按时参加开标会。

⑤投标书主要内容不全或与本工程无关，字迹模糊认不清，无法评估。

⑥标书情况汇总表与标书相关内容不符。

⑦标书情况汇总表经涂改后未在涂改处加盖法定代表人或其委托代理人印鉴。

2. 评标

评标是决定中标单位的重要的招投标程序，由评标组织执行。评标组织应由业主及其上级主管部门、代理招标单位、设计单位、资金提供单位（投资公司、基金会、银行），以及建设行政主管部门建立的评委成员组成。评委人数根据工程大小、复杂程度等情况确定，一般为 7～10 人，评标组织负责人由业主单位派人员担任。

为贯彻“合法、合理、公正、择优”的评标原则，应在开标前制定评标办法，并告知各投标单位。通常应将评标办法作为招标文件的组成部分，与招标书同时发出，并组织投标单位答疑，对标书中不清楚的问题要求投标单位予以澄清和确认，按评标办法考核。室内装饰工程评标定标常采用综合评分法和经评审的最低价中标法。

（1）综合评分法。

综合评分法是将报价、施工组织设计、质量和工期、业绩、信誉等评审内容分类后赋予不同权重，分别评审打分。其中报价部分以最低报价（但低于成本的除外）得满分，其余报价按比例折减计算得分。总累计分值反映投标人的综合水平，最后以得分最高的投标人为中标。综合评分法常采用百分比，各评价要素的权重（分值分布）可根据工程具体情况确定。常用分值分布为报价 50～60 分，工期目标 5 分，质量等级目标 5～8 分，施工组织设计 10～30 分，施工实绩 0～10 分，总分 100 分。

综合评分法常将评委分成经济、技术两组分别打分。评分时，可由评委独自对各投标人打分。计分时，去掉一个最高分，去掉一个最低分，其余分值取平均值。各投标得分汇总后，全体评委根据总得分和总报价综合评定，择优选择中标人。

（2）经评审的最低价中标法。

经评审的最低价中标法是指投标人的投标，能够满足招标文件的实质性要求，并且经评审的报价最低者中标的评标定标方法。即投标单位根据招标人提供的工程量清单对每项内容报出单价，评标委员会先对投标单位的资格条件和投标文件进行符合性鉴定，然后对投标文件商务部分进行评审，依据工程量清单对投标单位的投标报价进行评价，并逐项分析投标报价合理性，最后是以经过评审的最低评标价中标，但不一定是最低投标价中标。一般适用于具有通用技术、性能标准或者招标人对其技术性能没有特殊要求的招标项目。

经评审的最低价中标法对技术文件的评审分为可行与不可行两个等级，只定性，不做相互比较。技术文件被定为可行的投标人方可进入价格文件的评审程序。

评标委员会应对投标文件是否满足投标文件的实质性要求，投标价格是否低于其企业成本做出评审，并在此基础上评审确定最低投标价，经评审的最低投标价的投标人应当推荐为中标候选人。

3. 定标

定标又称为决标，是指评标小组对各标书按既定的评标方法和程序确定评标结论。不论采用何种评标办法，均应撰写评标综合报告，向招标（领导）小组推荐中标候选单位，再由招标（领导）小组召开定标（决标）会议，确定中标单位。

确定中标单位后，招标单位及时发出中标通知书，并在规定期限内与中标单位签订工程施工承包合同。若中标单位放弃中标，招标单位有权没收其保证金，并重新评定中标单位。招标单位应将落标消息及时告知其他投标单位，并要求他们在规定期限内退回招标文件等资料，招标单位向投标单位退回保证金和标书，约请投标的，可酌情支付投标补偿费。

三、学习任务小结

通过本节课的学习，同学们对室内装饰工程招投标的概念、程序和规范有了清晰的了解。

四、课后作业

(1) 招标单位制作的招标文件应包含哪些内容？

(2) 投标单位制作的招投标文件应包含哪些内容？

学习任务二　工程量清单计价与室内装饰工程招投标

教学目标

（1）专业能力：了解室内装饰工程工程量清单计价与室内装饰工程招投标的基本知识。

（2）社会能力：具备制作室内装饰工程工程量清单计价表和投标文件的方法。

（3）方法能力：室内装饰工程工程量清单计价表制作能力、招投标报价书制作能力。

学习目标

（1）知识目标：熟悉室内装饰工程工程量清单计价表和投标文件的方法。

（2）技能目标：具备室内装饰工程工程量清单计价表和投标文件的制作能力。

（3）素质目标：能够用专业的态度完成室内装饰工程工程量清单计价计算，培养严谨、细致的工作作风。

教学建议

1. 教师活动

教师讲解室内装饰工程工程量清单计价表和投标文件的制作方法，并指导学生进行室内装饰工程工程量计算和投标文件制作实训。

2. 学生活动

认真聆听教师讲解室内装饰工程工程量清单计价表和投标文件的制作方法，并在教师的指导下进行室内装饰工程工程量计算和投标文件制作实训。

一、学习问题导入

各位同学,大家好!本节课我们学习室内装饰工程工程量清单计价和投标文件制作的知识。传统的工程项目招投标中存在很多缺点,使用工程量清单计价招投标,可以更好地遵循公平、公正的招投标原则。

二、学习任务讲解

1. 工程量清单计价与室内装饰工程招投标

(1) 传统的招标方式及其缺点。

传统招标一般是在施工图设计完成后进行的,主要的招标方式有施工图预算招标、部分子项招标选定施工单位和综合费率招标等。从运行实践看,上述的传统招标方式主要存在如下缺点。

①招标工作需要在施工图设计全面完成后进行,这对工程规模大、出图周期长、进度要求急的建设项目可能导致开工时间严重拖后;而采用部分子项招标确定施工单位或进行费率招标等方法,虽可解决开工时间问题,但不能有效控制工程投资,工程结算难度很大。

②传统招标方式采用"量价合一"的定额计价方法作为编标根据,不能将工程实体消耗和施工技术等其他消耗分离开来,投标企业的管理水平和技术、装备优势难以体现,而且在价格和取费方面未考虑市场竞争因素。同时,评标定标受标底有效范围的限制,往往会将有竞争力的报价视为废标。即使是工程规模大、施工技术复杂、方案选择性大的项目也是如此,这会误导投标单位把注意力放在如何使投标价更靠近标底的"预算竞赛"上来,从而难以体现综合实力的竞争。此外,招、投标多家单位均要重复进行工程量的计算,浪费了大量人力和物力。

(2) 工程量清单计价招投标的基本方法。

工程量清单计价招投标是由招标单位提供统一的工程量清单和招标文件,投标单位以此为投标报价的依据并根据现行计价定额,结合本身特点,考虑可竞争的现场费用、技术措施费用及所承担的风险,最终确定单价和总价进行投标。工程量清单计价招投标的基本做法如下。

①招标单位计算工程量清单。

招标单位在工程方案、初步设计或部分施工图设计完成后,即可委托标底编制单位(或招标代理单位)按照当地统一的工程量计算规则,以单位工程为对象,计算并列出各分部分项工程的工程量清单(应附有有关的施工内容说明),作为招标文件的组成部分发放给各投标单位。其工程量清单的粗细程度、准确程度取决于工程的设计深度及编制人员的技术水平和经验。在工程量清单招标方式中,工程量清单的作用如下:一是为投标者提供一个共同的投标基础,供投标者使用;二是便于评标、定标,进行工程价格比较;三是进行工程进度款的支付;四是作为合同总价调整、工程结算的依据。

②招标单位计算工程直接费并进行工料分析。

标底编制单位按工程量清单计算直接费,并进行工料分析,然后按现行定额或招标单位拟定的工、料、机价格和取费标准、取费程序及其他条件计算综合单价(含完成该项工程内容所需的所有费用,即包括直接费、间接费、材料价差、利润、税金等和综合合价),最后汇总成标底。实际招标中,根据投标单位的报价能力和水平,对分部分项工程中每一子项的单价也可仅列直接费,而材料价差、取费等则以单项工程统一计算。但材料价格、取费标准应同时确定并明确以后不再调整,相应投标单位的报价表也应按相同办法报价。

③投标单位报价投标。

投标单位根据工程量清单及招标文件的内容,结合自身的实力和竞争所需要采取的优惠条件,评估施工期间所要承担的价格、取费等风险,提出有竞争力的综合单价、综合合价、总报价及相关材料进行投标。

④招投标双方合同约定说明。

在项目招标文件或施工承包合同中,规定中标单位投标的综合单价在结算时不做调整。而当实际施工的工程量与原来提供的工程量相比较,出入超过一定范围时,可以按实调整,即量调价不调。对于不可预见的工程施工内容,可进行虚拟工程量招标单价或明确结算时补充综合单价的确定原则。

2. 工程量清单计价模式下的投标报价

(1) 投标报价编制的原则和方法。

采用工程量清单计价模式招标,投标单位才真正有了报价的自主权。但施工企业在充分合理地发挥自身的优势自主定价时,还应遵守有关文件的规定。

①《建筑工程施工发包与承包计价管理办法》中明确指出以下内容。

a. 投标报价应当满足招标文件要求。

b. 应当依据企业定额和市场参考价格信息。

c. 按照国务院和省、自治区、直辖市人民政府建设行政主管部门发布的工程造价计价办法进行编制。

②《建设工程工程量清单计价规范》规定,投标报价应根据以下内容进行。

a. 招标文件中的工程量清单和有关要求。

b. 施工现场实际情况。

c. 拟定的施工方案或施工组织设计。

d. 依据企业定额和市场价格信息。

e. 参照建设行政主管部门发布的社会平均消耗量定额。

(2) 编制投标报价时应注意的问题。

由于《建设工程工程量清单计价规范》在工程造价的计价程序、项目的划分和具体的计量规则上与传统的计价方式有较大的区别,因此,编制人要做好如下准备工作。

①首先应掌握《建设工程工程量清单计价规范》的各项规定,明确各清单项目所包含的工作内容和要求、各项费用的组成等,投标时仔细研究清单项目的描述,真正把自身的管理优势、技术优势和资源优势等落实到细微的清单项目报价中。

②建立企业内部定额,提高自主报价能力。企业定额是指根据本企业施工技术和管理水平,以及有关工程造价资料制定的,供本企业使用的人工、材料和机械台班的消耗量标准。通过制定企业定额,施工企业可以清楚地计算出完成项目所需耗费的成本与工期,从而可准确投标报价。

③在投标报价书中,没有填写单价和合价的项目将不予支付。因此,投标企业应仔细填每一单项的单价和合价,做到报价时不漏项、不缺项。

④若需编制技术标及相应报价,应避免技术标报价与商务标报价出现重复,尤其是技术标中已经包括的措施项目,投标时应注意区分。

⑤掌握一定的投标报价策略和技巧,根据各种影响因素和工程具体情况灵活机动地调整报价,提高企业的市场竞争力。

3. 工程量清单计价招投标的特点和优点

(1) 工程量清单计价招投标的特点。

工程量清单计价均采用综合单价形式。综合单价中包含了工程直接费、工程间接费、利润和应上缴的各种税费等。不像传统定额计价方式,单位工程造价由直接工程费、间接费、利润、税金构成,计价时先计算直接费,再以直接费(或其中的人工费)为基数计算各项费用、利润、税金,汇总为单位工程造价。相比之下,工程量清单计价简单明了,更适合工程的招投标。与其他行业一样,室内装饰工程的招投标很大程度上应是工程单价的竞争,如仍采用以往定额计价模式,就不能体现竞争,招标投标也失去了意义。

采用工程量清单计价模式的招投标,可以将各种经济、技术、质量、进度、风险等因素充分细化和量化,并体现在综合单价的确定上。可以依据工程量计算规则划分工程量计算单位,便于工程管理和工程计量。与传统的招投标方式相比,工程量清单计价招投标具有以下特点。

①符合我国招标投标法的各项规定,符合我国当前工程造价体制改革"控制量、指导价、竞争费"的大原则,真正实现通过市场机制决定工程造价。

②有利于室内装饰工程项目进度控制,提高投资效益。在工程方案、初步设计完成后,施工图设计之前即可进行招投标工作,使工程开工时间提前,有利于工程项目的进度控制及提高投资效益。

③有利于业主在极限竞争状态下获得最合理的工程造价。因为投标单位不必在工程量计算上煞费苦

心，可以减少投标标底的偶然性技术误差，让投标企业有足够的余地选择合理标价的下浮幅度；同时，也增加了综合实力强、社会信誉好的企业的中标机会，更能体现招标投标宗旨。此外，通过极限竞争，按照工程量招标确定的中标价格，在不提高设计标准的情况下与最终结算价基本是一致的，这样可为建设单位的工程成本控制提供准确、可靠的依据。

④有利于中标企业精心组织施工，控制成本。中标后，中标企业可以根据中标价及投标文件中的承诺，通过对本单位工程成本、利润进行分析，统筹考虑，精心选择施工方案。并根据企业定额或劳动定额合理确定人工、材料、施工机械要素的投入与配置，实行优化组合，合理控制现场费用和施工技术措施费用等，以便更好地履行承诺，抓好工程质量和工期。

⑤有利于控制工程索赔，做好合同管理。在传统的招标方式中，施工单位的"低报价、高索赔"策略屡见不鲜。设计变更、现场签证、技术措施费用及价格、取费调整是索赔的主要内容。在工程量清单计价招投标中，由于单项工程的综合单价不因施工数量变化、施工难易不同、施工技术措施差异、价格及取费变化而调整，这就消除了施工单位不合理索赔的可能。

(2) 工程量清单计价招投标的优点。

由于工程量清单明细表反映了工程的实物消耗和有关费用，因此，这种计价模式易于结合建设工程的具体情况，变现行以预算定额为基础的静态计价模式为将各种因素考虑在单价内的动态计价模式。过去的招标投标是招投标双方针对某一建筑产品，依据同一施工图样，运用相同的预算定额和取费标准，一个编制招标标底，一个编制投标报价。由于两者角度不同，出发点不同，工程造价差异很大，而且大多数招标工程实施标底评标制度，评标定标时将报价控制在标底的一定范围内，超过者即废标，扩大了标底的作用，不利于市场竞争。

采用工程量清单计价模式的招投标，要求招投标双方严格按照规范的工程量清单标准格式填写，招标人在表格中详细、准确地描述应该完成的工程内容，投标人根据清单表格中描述的工程内容，结合工程情况、市场竞争情况和本企业实力，充分考虑各种风险因素，自主填报清单，列出包括工程直接成本、间接成本、利润和税金等项目在内的综合单价与汇总价，并以所报综合单价作为竣工结算调整价。工程量清单计价模式明确划分了招投标双方的工作，招标人计算量，投标人确定价，互不交叉、重复，不仅有利于业主控制造价，也有利于承包商自主报价。这样不仅提高了业主的投资效益，还促使承包商在施工中采用新技术、新工艺、新材料，努力降低成本、增加利润，在激烈的市场竞争中保持优势地位。

4. 室内装饰工程工程量清单计价招投标的作用

室内装饰工程工程量清单计价招投标的作用体现在以下几个方面。

(1) 充分引入市场竞争机制，规范招标投标行为。

1984 年 11 月，国家出台了《建设工程招标投标暂行规定》，在工程施工发包与承包中开始实行招标投标制度，但无论是业主编制标底，还是承包商编制报价，在计价规则上均未超出定额规定的范畴。这种传统的以定额为依据、施工图预算为基础、标底为中心的计价模式和招标方式，因为建筑市场发育尚不成熟，监管尚不到位，加上定额计价方式的限制，使得原本通过实行招标投标制度引入竞争机制的作用没有完全发挥出来。

对于市场主体的企业，应具有根据其自身的生产经营状况和市场供求关系自主决定其产品价格的权利，而原有工程预算由于定额项目和定额水平总是与市场相脱节。价格由政府确定，投标竞争往往蜕变为预算人员水平的较量，还容易诱导投标单位采取不正当手段去探听标底，严重阻碍了招投标市场的规范化运作。

把定价权交还给企业和市场，取消定额的法定作用，在工程招标投标程序中增加"询标"环节，让投标人对报价的合理性、低价的依据、如何确保工程质量及落实安全措施等进行详细说明。通过询标，不但可以及时发现错、漏、重等报价问题，保证招投标双方当事人的合法权益，还能将不合理的报价、低于成本的报价排除在中标范围之外，有利于维护公平竞争和市场秩序，又可改变过去"只看投标总价，不看价格构成"的现象，排除了"投标价格严重失真也能中标"的可能性。

（2）实行量价分离、风险分担，强化中标价的合理性。

现阶段工程预算定额及相应的管理体系在工程发承包计价中调整双方利益和反映市场实际价格、需求方面还有许多不相适应的地方。市场供求失衡，使一些业主不顾客观条件，人为压低工程造价，导致标底不能真实反映工程价格，招标投标缺乏公平公正，承包商的利益受到损害。还有一些业主在发包工程时带有强烈的主观性，或因收受贿赂，或因碍于关系、情面，总是希望自己想用的承包商中标，所以标底泄漏现象时有发生，保密性差。

"量价分离、风险分担"，是指招标人只对工程内容及其计算的工程量负责，承担量的风险；投标人仅根据市场的供求关系自行确定人工、材料、机械价格和利润、管理费，只承担价的风险。由于成本是价格的最低界限，投标人减少了投标报价的偶然性技术误差，就有足够的余地选择合理标价的下浮幅度，掌握一个合理的临界点，即使报价最低，也有一定的利润空间。另外，由于制定了合理的衡量投标报价的基础标准，并把工程量清单作为招标文件的重要组成部分，既规范了投标人计价行为，又在技术上避免了招标中弄虚作假的暗箱操作。

合理低价中标是在其他条件相同的前提下，选择所有投标人中价格最低但又不低于成本的报价，力求工程价格更加符合价值基础。在评标过程中增加询标环节，通过综合单价、工料机价格分析，对投标报价进行全面的经济评价，以确保中标价是合理低价。

（3）增加招投标的透明度，提高评标的科学性。

当前，招标投标工作中存在着许多弊端，有些工程招标人也发布了公告，开展了登记、审查、开标、评标等一系列程序，表面上按照程序操作，实际上却存在着出卖标底、互相串标、互相陪标等现象。有的承包商为了中标，打通业主、评委，打人情牌、受贿牌，或者干脆编造假投标文件，提供假证件、假资料，甚至有的工程开标前就已暗定了承包商。

要体现招标投标的公平合理，评标定标是最关键的环节，必须有一套公正合理、科学先进、操作准确的评标办法。且前国内还缺乏这样一套评标办法，一些业主仍单纯看重报价高低，以取低标为主。评标过程中自由性、随意性大，规范性不强。评标中定性因素多，定量因素少，缺乏客观公正。开标后议标现象仍然存在，甚至把公开招标演变为透明度极低的议标。

工程量清单的公开，提高了招投标工作的透明度，为承包商竞争提供了一个共同的起点。由于淡化了标底的作用，把它仅作为评标的参考条件，设与不设均可，不再作为中标的直接依据，消除了编制标底给招标活动带来的负面影响，彻底避免了标底的跑、漏、靠现象，使招标工程真正做到了符合"公开、公平、公正和诚实信用的原则"。

承包商"报价权"的回归和"合理低价中标"的评定标原则，杜绝了建设市场可能的权钱交易，堵住了建设市场恶性竞争的漏洞，净化了建筑市场环境，确保了建设工程的质量和安全，促进了我国有形建筑市场的健康发展。

总之，工程量清单计价是建筑业发展的必然趋势，是市场经济发展的必然结果，也是适应国际国内建筑市场竞争的必然选择，它对招标投标机制的完善和发展，建立有序的建设市场公平竞争秩序都将起到非常积极的推动作用。

三、学习任务小结

通过本节课的学习，同学们已经对室内装饰工程工程量清单计价与投标文件制作的基本方法有了一定的了解，能够分析解读工程量清单招标的特点和优点，也能注意编制投标报价时应注意的问题。同学们课后还要通过实践练习提升自己的室内装饰工程工程量清单计价与投标文件制作能力。

四、课后作业

收集全套室内装饰工程工程量清单计价与投标文件进行分析，将自己理解的部分和同学们分享。

学习任务三　室内装饰工程招投标报价实例

教学目标

(1) 专业能力：掌握室内装饰工程工程量清单制作和预算报价，以及招投标的做法。

(2) 社会能力：了解室内装饰工程招投标的流程及做法。

(3) 方法能力：表格制作能力、计算能力、文件制作能力。

学习目标

(1) 知识目标：掌握室内装饰工程招投标的全流程。

(2) 技能目标：能根据室内装饰工程工程量清单制作和预算报价进行项目招投标。

(3) 素质目标：具备招投标项目的文件撰写能力和组织实施能力。

教学建议

1. 教师活动

教师讲解室内装饰工程工程量清单和预算报价表的制作方法，通过实际工程案例展示让学生直观的认识具体制表方法，并依次为依托讲解室内装饰工程招投标的全流程。

2. 学生活动

认真听教师讲解室内装饰工程工程量清单和预算报价表的制作方法，熟悉室内装饰工程招投标的全流程。

一、学习问题导入

各位同学，大家好！本节课我们一起学习室内装饰工程工程量清单和预算报价表的制作方法，本学习任务会通过实际工程案例展示让同学们直观地认识室内装饰工程预算报价表的具体项目和表格内的数据如何填报，同时讲解室内装饰工程招投标的全流程。

二、学习任务讲解

（一）实例背景资料、施工图纸、工程量清单

本工程项目位于广东省江门市某住宅小区住宅楼首层铺位，钢筋混凝土剪力墙结构，共两层，层高 3.0 m，建筑面积 206.6 m^2。

本工程招投标范围：在一、二层按新房间布局，完成拆除原有部分砖砌内间墙，门窗、楼地面及墙面原砂浆抹灰，天棚原有面层清扫等工作后，要求按照管委会的统一风格来装饰，项目施工做法详见施工图及设计说明。工程招投标控制价为 264565.32 元，其中绿色施工安全防护措施费为 9758.38 元，暂列金额 10000.00 元；招投标采用综合评标法（投标报价不能超出控制价，报价下浮率如超 15%，则需提供施工成本分析资料），以评标时计算各投标人综合得分（其中商务评分为 45 分、技术评分为 35 分、报价评分为 20 分）最高者为中标人，其中绿色施工安全防护措施费和暂列金额不作为投标竞争费用。

附件如下：

（1）施工做法一览表；

（2）施工图（图 5-1～图 5-6）；

（3）招标工程量清单。

附件 1：施工做法一览表

序号	工程部位	工 程 做 法
1	首层、二层卫生间地面	座砌 300 mm×300 mm 防滑砖；25 厚 1：2.5 水泥砂浆黏结层；涂 2 mm 厚聚氨酯防水涂料；纵横各扫水泥浆一道；20 厚 1：2 水泥砂浆找平层；原地面
2	二层卫生间厕位蹲台地面	座砌 300 mm×300 mm 防滑砖；20 厚 1：2.5 水泥砂浆找平层；现浇 50 厚 C20 细石混凝土；215 轻质陶粒填充层；涂 2 mm 厚聚氨酯防水涂料；原结构楼板
3	走廊、大厅、会议室、办公室地面	水泥加界面剂铺贴 600 mm×600 mm 抛光地砖（白水泥或嵌缝剂嵌缝）；50 厚 1：3 干硬性水泥砂浆找平；原地面或原结构楼板
4	门口地槛	水泥加界面剂铺贴橘红花岗岩石；找平层及基层与抛光砖地面相同
5	楼梯面	水泥膏贴 600 mm×600 mm 抛光砖；每踏步级刻三道 6 mm×5 mm 防滑槽；20 厚1：2 水泥砂浆扫平层；原楼梯结构
6	踢脚线及楼梯踏步三角空位	600 mm×100 mm 抛光砖；10 厚 1：2.5 水泥砂浆底层抹灰；原墙体
7	内墙面	底层 20 mm 厚度 1：2 水泥砂浆抹灰；10 mm 厚度 1：2 水泥砂浆面层；刮腻子一遍；刷白色乳胶漆底一遍、面两遍
8	卫生间墙面	10 mm 厚 1：1：6 水泥石灰砂浆找平层；涂 2 mm 厚聚氨酯防水涂料（上墙 500 mm）；5 mm 水泥膏贴 300 mm×600 mm 白色瓷片；白水泥勾缝
9	窗台下墙面	20 mm 厚 1：2.5 水泥砂浆找平层；5 mm 水泥膏贴仿古（深啡色）抛光砖
10	办事大厅背景墙	30 mm×40 mm 木枋龙骨；9 mm 夹板底架；4 mm 米黄色和深灰色铝塑板
11	天棚	原天棚面清理；刮腻子灰两遍；刷白色乳胶漆底一遍、面一遍
12	卫生间天棚	中距轻钢天棚龙骨；300 mm×300 mm×0.8 mm 铝扣板；与墙身交接处用∟ 20×2 铝角线收边

序号	工程部位	工 程 做 法
13	办事大厅及会议室天棚	中距轻钢天棚龙骨；600 mm×600 mm×1.0 mm 铝扣板；与墙身交接处用 50 mm 实木角线收边
14	走廊天棚	中距轻钢天棚龙骨；80×80U 形铝条天花；铝条喷木色漆面
15	门、窗	100 mm×50 mm×2.0 mm 铝合金框 12 mm 钢化玻璃地弹门、150 mm×44 mm×2.0 mm 铝方管 12 mm 钢化玻璃平开门、150 mm×44 mm×2.0 mm 铝方管双层 6 mm 钢化玻璃内设不锈钢片百叶平开门、铝合金玻璃推拉门、铝合金玻璃平开门、不锈钢平开门；铝合金玻璃推拉窗、100 mm×50 mm×2.0 mm 铝合金框 12 mm 钢化玻璃(带肋)固定窗
16	玻璃隔断	75 mm×44 mm×2.0 mm 铝方管双层 6 mm 钢化玻璃内设不锈钢片百叶隔断、75 mm×44 mm×2.0 mm 铝方管 12 mm 钢化玻璃隔断
17	夹板防火板饰面柜	难燃夹板厚 9 mm、12 mm、15 mm、18 mm 底架，面贴 1.0 mm、0.8 mm 木纹防火板，实木压条或饰面板条封边，不锈钢五金件
18	免漆夹板柜	难燃免漆夹板 18 mm，12 mm 钢化玻璃背板，饰面板条封边，不锈钢五金件
19	柜台	难燃夹板厚 9 mm、12 mm、15 mm、18 mm 底架，面贴 1.0 mm 木纹防火板或角钢龙骨、夹板基层、面 4 mm 铝塑板，实木压条或饰面板条封边，粘搁 20 mm 厚云/大理石台面，拉丝不锈钢脚线，不锈钢五金件
20	其他(埃特板包下水管、埃特板隔断、花岗岩洗手台等)	略

附件 2：施工图

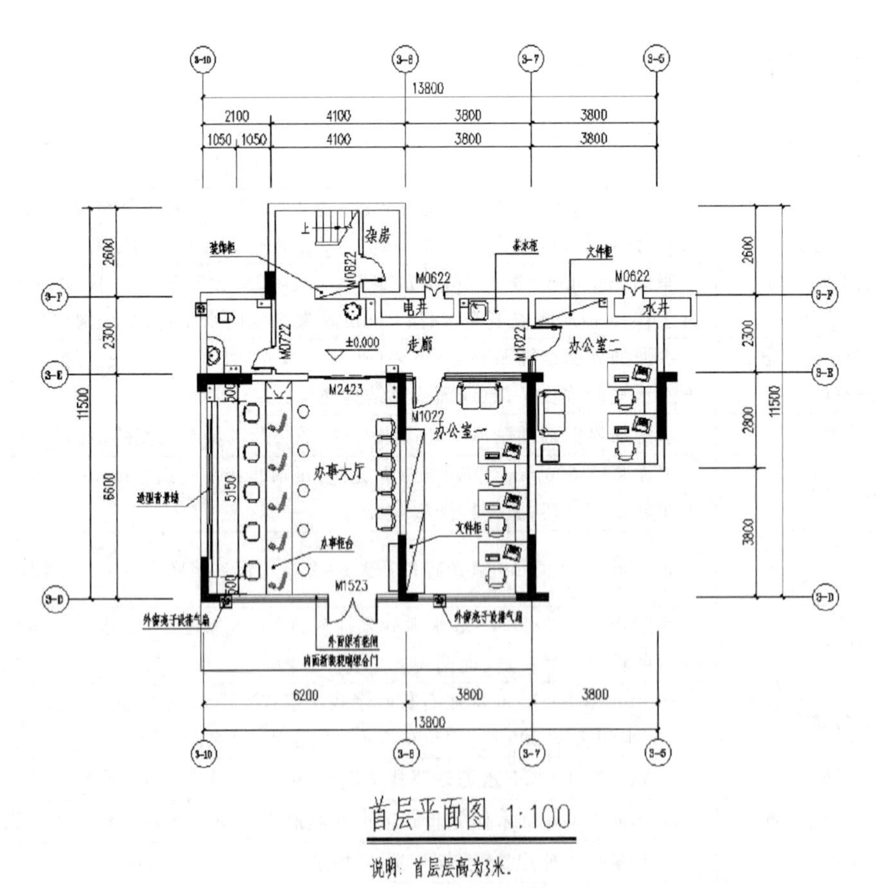

图 5-1　首层平面布置图

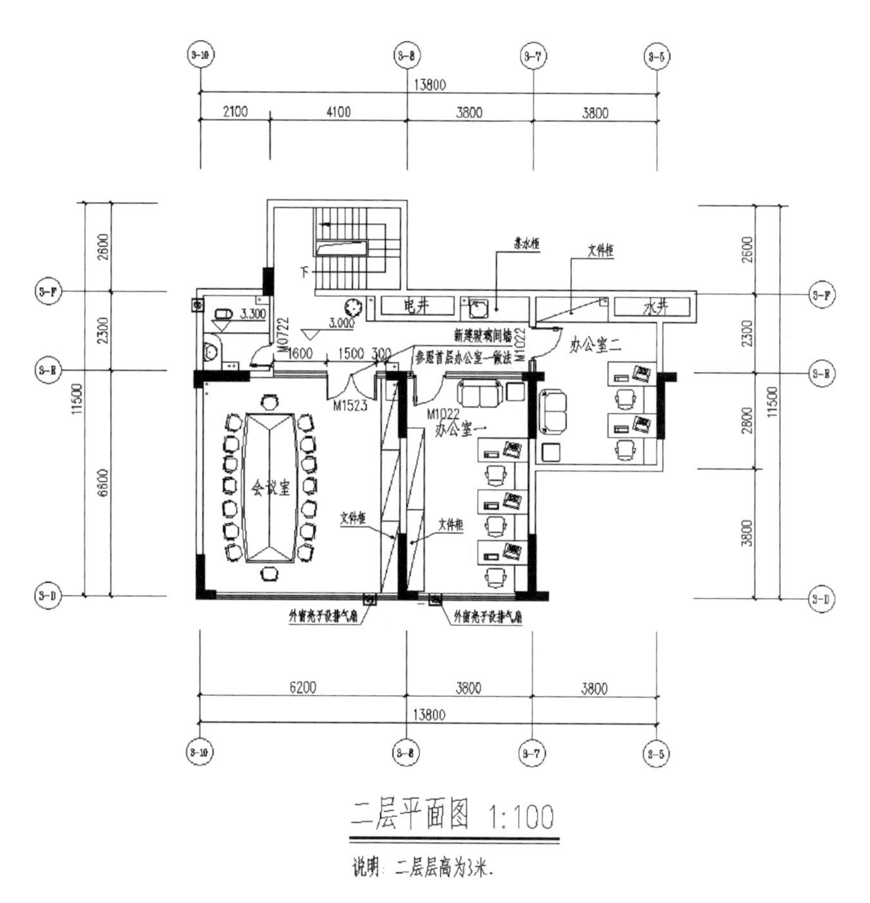

图 5-2　二层平面布置图

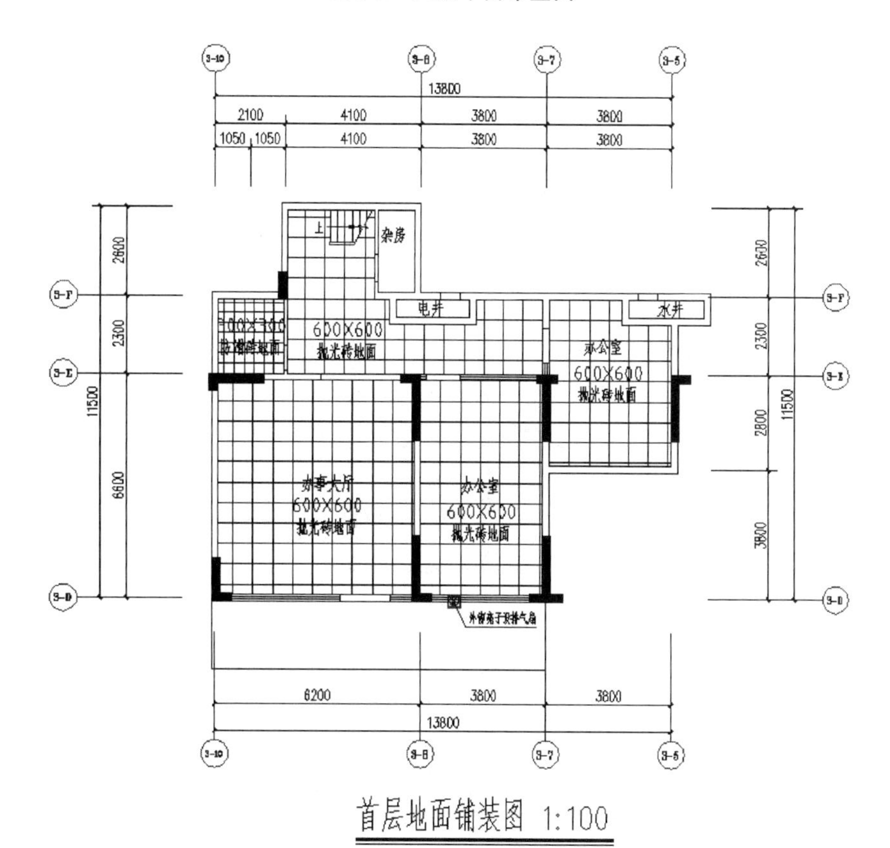

图 5-3　首层地面铺装图

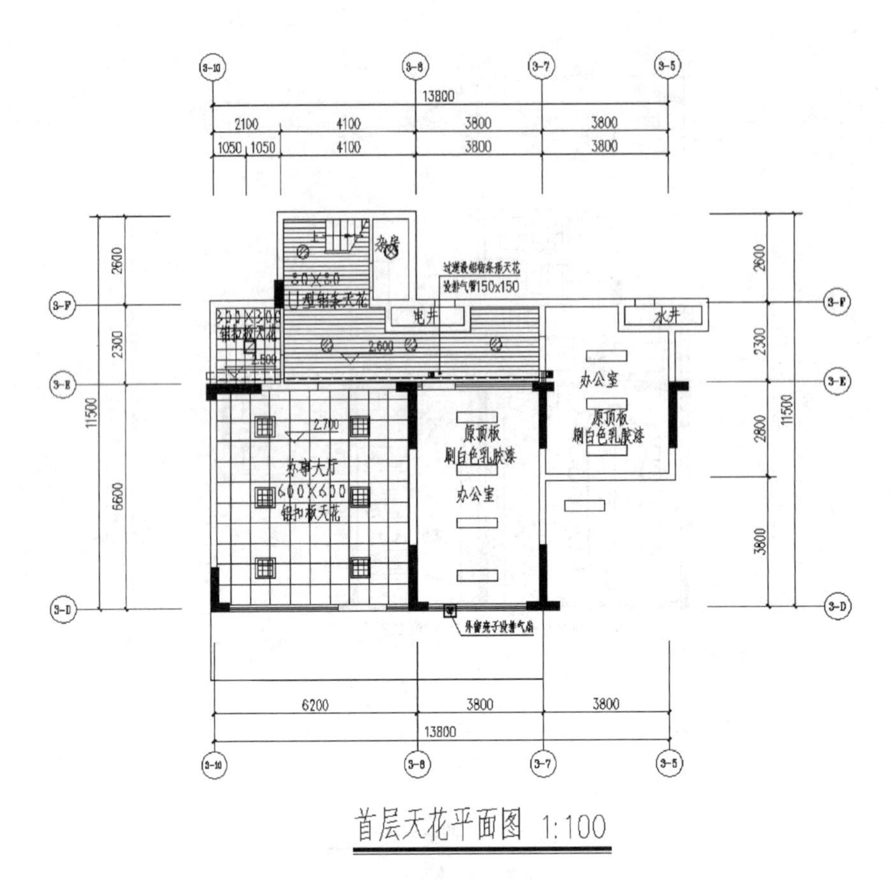

图 5-4　首层天花布置图

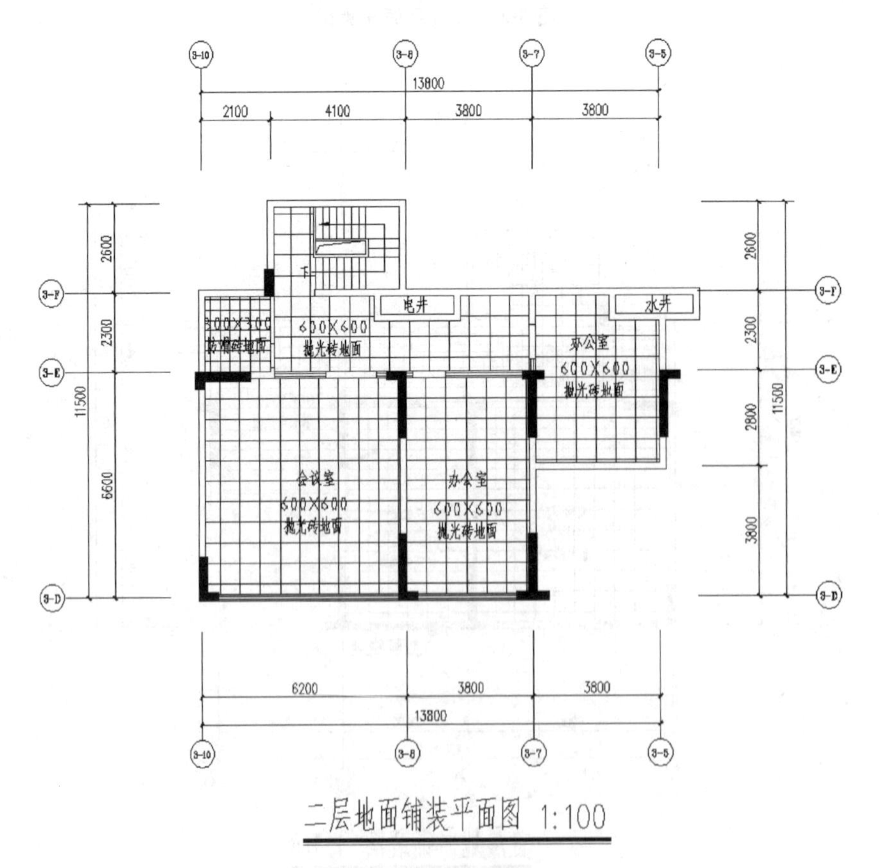

图 5-5　二层地面铺装图

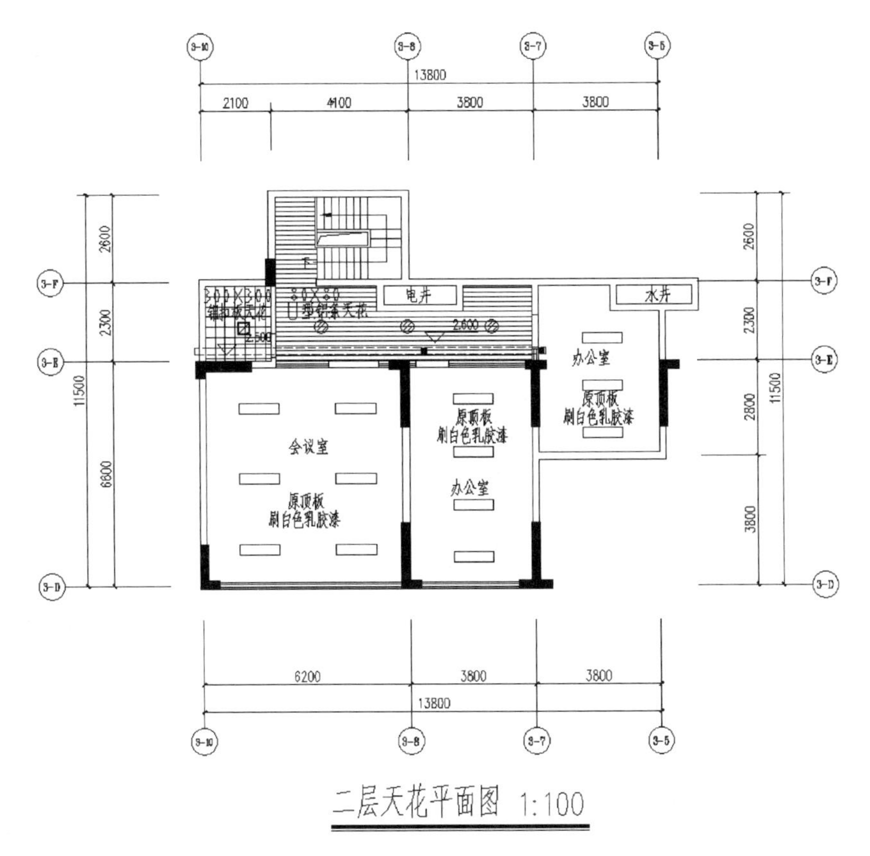

图 5-6　二层天花布置图

附件 3:招标工程量清单

内容如下：

(1) 封面(略)；

(2) 扉页面(略)；

(3) 表-01 总说明；

(4) 表-08 分部分项工程和单价措施项目清单与计价表；

(5) 表-12 其他项目清单与计价汇总表；

(6) 表-12-1 暂列金额明细表(略)；

(7) 表-13 税金项目计价表；

(8) 表 21 承包人提供主要材料和工程设备一览表(略)。

表-01　总说明

工程名称:景柏湾社区服务中心装饰工程(装饰部分)

一、工程概况

本工程为钢筋混凝土剪力墙结构,两层,层高 3.0 m,建筑面积 206.6 m^2,业主为某街道办。

本工程招投标范围:在一、二层按新房间布局,完成拆除原有部分砖砌内间墙,门窗、楼地面及墙面原砂浆抹灰,天棚原有面层清扫等工作后,要求按照管委会的统一风格装饰,施工做法详见施工图、设计说明及工程量清单。

二、工程招标和分包范围

(1) 工程招标范围:施工图范围内的装饰装修工程,详见工程量清单。

(2) 分包范围:无分包工程。

三、清单编制依据

(1)《建设工程工程量清单计价规范》(GB50500-2013)、《房屋建筑与装饰工程工程量计算规范》(GB50854-2013)及解释和勘误。

(2) 本工程的施工图。
(3) 与本工程有关的标准(包括标准图集)、规范、技术资料。
(4) 招标文件、补充通知。
(5) 其他有关文件、资料。
四、其他说明事项
(1) 工现场情况:以现场情况为准。
(2) 交通运输情况:以现场踏勘情况为准。
(3) 自然地理条件:位于广东省江门市某住宅小区某幢住宅楼下首层铺位。
(4) 环境保护要求:满足省、市及当地政府对环境保护的相关要求和规定,法定节假日及星期六、星期日不能进行发出噪声项目的施工。
(5) 本工程投标报价按《建设工程工程量清单计价规范》(GB50500-2013)、《房屋建筑与装饰工程工程量计算规范》(GB50854-2013)、《广东省建设工程计价依据(2018)》的规定及要求,使用表格及格式按《建设工程工程量清单计价规范》要求执行,有更正的以勘误和解释为准。
(6) 工程量清单中每一个项目,都需填入综合单价及合价。
(7) 承包人提供材料和工程设备一览表中的材料价格应与综合单价及综合单价分析表中的材料价格一致。
(8) 本工程量清单中的分部分项工程量及措施项目工程量均是根据本工程施工图,按照"工程量计算规范"的规定进行计算的,仅作为施工企业投标报价的共同基础,不能作为最终结算与支付价款的依据,工程量的变化以业主与承包商签字的合同约定为准,按《建设工程工程量清单计价规范》有关规定执行。
(9) 工程量单及其格式中的任何内容不随意除修改,若有误,在招投标答疑时及时提出,以"补遗"资料为准。
(10) 分部分项工程量清单中对工程项目特征描述及具体做法只作重点描述,详细情况见施工图设计、技术说明及相关标准图集。组价时应结合投标人现场勘察情况包括完成所有工序作内容的全部费用。
(11) 投标人应充分考虑施工现场周边的实际情况对施工的影响,编制施工方案,并作出报价。
(12) 绿色施工安全防护措施费为 9758.38 元、暂列金额 10000.00 元,不作为投标竞争费用。
(13) 本说明未尽事项,以计价规范、工程量计算规范、计价管理办法、招投标文件以及有关的法律、法规、建设行政主管部门颁发的文件为准。

表-08　分部分项工程和单价措施项目清单与计价表

工程名称:景柏湾社区服务中心装修工程(装饰部分)　　第 1 页　共 8 页

序号	项目编码	项目名称	项目特征描述	计量单位	工程量	金额/元		
						综合单价	合价	其中 暂估价
		第四章　砌筑工程						
1	010401012001	卫生间蹲位	1. 卫生间蹲位(砖砌)	个	2.000			
		第八章　门窗工程						
2	010802001001	铝合金玻璃推拉门	1. 门代号及洞口尺寸:M2423 2. 门框尺寸:70 mm×35 mm 3. 门框、扇材质:铝合金型材 4. 玻璃品种、厚度:6 mm 厚钢化玻璃	m^2	5.520			
3	010802001002	铝合金平开玻璃门	1. 门代号及洞口尺寸:M0722 2. 门框尺寸:70 mm×35 mm 3. 门框、扇材质:铝合金型材 4. 玻璃品种、厚度:6 mm 厚普通玻璃	m^2	3.080			

续表

序号	项目编码	项目名称	项目特征描述	计量单位	工程量	金额/元		
						综合单价	合价	其中
								暂估价
4	010802001003	12 mm 钢化玻璃地弹门	1. 门代号及洞口尺寸:M1523 2. 门框、扇材质:铝合金型材 3. 玻璃品种、厚度:12 mm 厚钢化玻璃	m^2	3.450			
5	010802001004	单扇不锈钢平开门	1. 门代号及洞口尺寸:M0822 2. 门框、扇材质:不锈钢型材	m^2	1.760			
6	010802001005	铝合金平开双层玻璃门	1. 门代号及洞口尺寸:M1523、M1022 2. 门框尺寸:150 mm×44 mm×2.0 mm 3. 门框、扇材质:铝合金方管 4. 玻璃品种、厚度:6 mm 厚双层钢化玻璃(内嵌不锈钢片百叶)	m^2	7.850			
7	010802001006	12 mm 钢化玻璃平开门	1. 门代号及洞口尺寸:M1022 2. 门框尺寸:150 mm×44 mm×2.0 mm 3. 门框、扇材质:铝合金方管 4. 玻璃品种、厚度:12 mm 厚钢化玻璃	m^2	4.400			
8	010807001001	12 mm 钢化玻璃固定窗	1. 窗洞口尺寸:650 mm×1800 mm、3300 mm×1800 mm 2. 窗框尺寸:100 mm×50 mm×2.0 mm 3. 框、扇材质:铝合金型材 4. 玻璃品种、厚度:12 mm 钢化玻璃 5. 固定肋:12 mm 钢化玻璃、宽150 mm	m^2	7.110			
9	010807001002	铝合金推拉窗	1. 窗洞口尺寸:2950 mm×1500 mm、5600 mm×1500 mm 2. 窗框材质:铝合金窗型材 3. 玻璃品种、厚度:6 mm 厚钢化玻璃	m^2	17.250			
10	010807005001	不锈钢防盗网	1. 类型:不锈钢防盗网 2. 框、扇材质:详见设计图	m^2	17.250			
11	010809004001	石材窗台板	1. 黏结:建筑胶 2. 窗台板材质:深啡网大理石20 mm	m^2	1.521			

续表

序号	项目编码	项目名称	项目特征描述	计量单位	工程量	金额/元		
						综合单价	合价	其中 暂估价
12	010810003001	窗帘盒	1. 规格:200 mm×200 mm 2. 材质:18 mm 难燃夹板 3. 其他要求:面漆灰黑色手扫漆	m	5.450			
		第九章　屋面及防水工程						

表-08　分部分项工程和单价措施项目清单与计价表

工程名称:景柏湾社区服务中心装修工程(装饰部分)　　　　第 2 页　共 8 页

序号	项目编码	项目名称	项目特征描述	计量单位	工程量	金额/元		
						综合单价	合价	其中 暂估价
13	010904002001	卫生间防水	1. 防水膜品种:聚氨酯涂膜防水 2. 涂膜厚度、遍数:2 mm、两遍 3. 部位:卫生间地面(上墙 500 mm 高)	m²	17.072			
		第十一章　楼地面装饰工程						
14	011102003001	300 mm×300 mm 防滑砖地面	1. 工程部位:首层卫生间 2. 找平层厚度、砂浆配合比:20 mm 厚 1∶2 水泥砂浆 3. 结合层厚度、砂浆配合比:25 mm 厚 1∶2.5 水泥砂浆 4. 面层材料品种、规格、颜色:防滑砖 300 mm×300 mm	m²	4.356			
15	011102003003	300 mm×300 mm 防滑砖地面	1. 工程部位:二层卫生间 2. 蹲位台挡基:M7.5 水泥石灰砂浆 1/2 砖厚灰砂砖,高 267 mm 3. 填充层:217 厚轻持陶粒 4. 找平层(1)厚度、材料:50 mm 厚细石混凝土 C20 5. 找平层(2)厚度、砂浆配合比:20 mm 厚 1∶2 水泥砂浆 6. 结合层厚度、砂浆配合比:20 mm 厚 1∶2.5 水泥砂浆 7. 面层材料品种、规格、颜色:防滑砖 300 mm×300 mm	m²	4.356			

续表

序号	项目编码	项目名称	项目特征描述	计量单位	工程量	金额/元		
						综合单价	合价	其中 暂估价
16	011102003002	600 mm×600 mm 抛光砖地面	1. 找平层厚度、砂浆配合比：50 mm 厚 1∶3 干硬性水泥砂浆 2. 结合层厚度、砂浆配合比：5 mm 厚 42.5 号水泥加界面剂 3. 面层材料品种、规格、颜色：抛光砖 600 mm×600 mm 4. 嵌缝材料：白水泥	m^2	192.88			
17	011105003001	块料踢脚线	1. 部位：墙脚及楼梯踏步三角位 2. 踢脚线高度：100 mm、0～158 mm 3. 粘贴层厚度、材料种类：1∶2.5 水泥砂浆 4. 面层材料品种、规格、颜色：抛光砖 100 mm×800 mm	m^2	14.440			
18	011106002001	块料楼梯面层	1. 找平层厚度、砂浆配合比：50 mm 厚 1∶3 干硬性水泥砂浆 2. 结合层厚度、砂浆配合比：5 mm 厚 42.5 号水泥加界面剂 3. 面层材料品种、规格、颜色：抛光砖梯级砖 600 mm×600 mm 4. 防滑条：抛光砖面开缝 6 mm×5 mm 三道	m^2	5.760			
19	011108001001	橘红色花岗岩门槛石	1. 找平层厚度、砂浆配合比：45 mm 厚 1∶3 干硬性水泥砂浆 2. 结合层厚度、砂浆配合比：5 mm 厚 42.5 号水泥加界面剂 3. 面层材料品种、规格、颜色：橘红色花岗岩 4. 嵌缝材料：白水泥	m^2	2.144			

表-08　分部分项工程和单价措施项目清单与计价表

工程名称：景柏湾社区服务中心装修工程（装饰部分）　　　　第 3 页　共 8 页

序号	项目编码	项目名称	项目特征描述	计量单位	工程量	金额/元		
						综合单价	合价	其中 暂估价
		第十二章　墙、柱面装饰与隔断、幕墙工程						
20	011201001001	墙面一般抹灰	1. 墙体类型：砌块墙 2. 底层厚度、砂浆配合比：20 mm 厚 1∶2 水泥砂浆 3. 面层厚度、砂浆配合比：10 mm 厚 1∶2 水泥砂浆	m^2	399.680			
21	011204003001	卫生间墙面	1. 墙体类型：内墙 2. 安装方式：镶贴 3. 找平层厚度、配合比：20 mm 厚 1∶2.5 水泥砂浆 4. 结合层厚度、配合比：5 mm 厚 42.5 号水泥 5. 面层材料品种、规格、颜色：白色 300 mm×600 mm 瓷片 6. 缝宽、嵌缝材料种类：白水泥勾缝	m^2	38.000			
22	011204003002	块料墙面	1. 墙体类型：内墙 2. 安装方式：镶贴 3. 找平层厚度、配合比：20 mm 厚 1∶2.5 水泥砂浆 4. 结合层厚度、配合比：5 mm 厚 42.5 号水泥 5. 面层材料品种、规格、颜色：仿石（深啡网）抛光砖 6. 缝宽、嵌缝材料种类：白水泥勾缝	m^2	2.088			
23	011207001001	墙面装饰板	1. 龙骨材料种类、规格、中距：木方龙骨 30 mm×40 mm 2. 基层材料种类、规格：难燃夹板 9 mm 3. 面层材料品种、规格、颜色：米黄色铝塑板、银灰色铝塑板 4 mm	m^2	12.865			
24	011207001002	埃特板包下水管	1. 龙骨材料种类、规格、中距：∟40×4 角钢龙骨 2. 基（面）层材料种类、规格：埃特墙板 18 mm 3. 面层材料品种、规格、颜色：面刷乳胶漆两遍	m^2	26.390			

表-08　分部分项工程和单价措施项目清单与计价表

工程名称：景柏湾社区服务中心装修工程(装饰部分)　　　　第 4 页　共 8 页

序号	项目编码	项 目 名 称	项目特征描述	计量单位	工程量	金额/元		
						综合单价	合价	其中 暂估价
25	011207001003	下水管包隔音棉	下水管包隔音棉	m^2	22.011			
26	011210003001	双层钢化玻璃隔断	1. 边框材料种类、规格：75 mm×44 mm×2.0 mm 铝方管 2. 玻璃品种、规格、颜色：6 mm 双层钢化玻璃(内嵌不锈钢片百叶)	m^2	17.370			
27	011210003002	钢化玻璃隔断	1. 边框材料种类、规格：75 mm×44 mm×2.0 mm 铝方管 2. 玻璃品种、规格、颜色：12 mm 钢化玻璃	m^2	5.830			
28	011210006001	埃特板隔断	1. 龙骨材料种类、规格、中距：木方龙骨 30 mm×30 mm 2. 基(面)层材料种类、规格：埃特板 12 mm	m^2	3.120			
		第十三章 天棚工程						
29	011302001001	吊顶天棚	1. 龙骨材料种类、规格、中距：轻钢天棚龙骨 2. 面层材料品种、规格：80 mm×80 mm U 形铝条天花 3. 面处理：喷木色漆	m^2	37.160			
30	011302001002	吊顶天棚	1. 龙骨材料种类、规格、中距：轻钢天棚龙骨 2. 面层材料品种、规格：铝扣板、300 mm×300 mm×0.6 mm 3. 收边：∟20×2 铝角线	m^2	8.712			
31	011302001003	吊顶天棚	1. 龙骨材料种类、规格、中距：轻钢天棚龙骨 2. 面层材料品种、规格：铝扣板、600 mm×600 mm×0.8 mm 3. 收边：50 mm 实木角线(扫白色手扫漆)	m^2	35.010			

续表

序号	项目编码	项目名称	项目特征描述	计量单位	工程量	金额/元		
						综合单价	合价	其中 暂估价
		第十四章　油漆、涂料、裱糊工程						
32	011406001001	乳胶漆天棚	1. 基层类型:天棚一般抹灰面 2. 腻子种类:成品腻子粉 3. 刮腻子遍数:两遍 4. 油漆品种、刷漆遍数:白色乳胶漆底一遍、面一遍	m^2	124.458			
33	011406001002	墙面乳胶漆	1. 基层类型:墙面一般抹灰面 2. 腻子种类:成品腻子粉 3. 刮腻子遍数:两遍 4. 油漆品种、刷漆遍数:白色乳胶漆底一遍、面一遍	m^2	399.680			
		第十五章　其他装饰工程						
34	011501001001	走廊洗手盆柜台	1. 台柜规格:2050 mm×220 mm×350(600) mm(长、高、厚) 2. 材料种类、规格:12 mm夹板基层,1.0厚白橡木纹防火板饰面 3. 台面材料:20 mm爵士白大理石台面 4. 1.2厚拉丝不锈钢脚线 5. 五金:不锈钢拉手、阻尼缓冲不锈钢门铰	m	4.100			
35	011501006001	办事大厅文件柜	1. 台柜规格:5150 mm×800 mm×350 mm(长、高、厚) 2. 材料种类、规格:9 mm、15 mm、18 mm夹板基层,0.8 mm厚白色防火板饰面、1.0厚白橡木纹防火板饰面 3. 台面材料:20 mm白沙米黄大石台面 4. 五金:不锈钢拉手、阻尼缓冲不锈钢门铰	m	5.150			

表-08　分部分项工程和单价措施项目清单与计价表

工程名称：景柏湾社区服务中心装修工程(装饰部分)　　第5页　共8页

序号	项目编码	项目名称	项目特征描述	计量单位	工程量	金额/元		
						综合单价	合价	其中 暂估价
36	011501006002	办公室文件柜	1. 台柜规格：2400(2100) mm×2400 mm×600 mm(长、高、厚) 2. 材料种类、规格：9 mm、12 mm、18 mm 夹板基层，0.8 mm 厚白色防火板饰面、1.0 厚白橡木纹防火板饰面 3. 五金：不锈钢拉手、阻尼缓冲不锈钢门铰、双趟门导轨(槽)	m	15.900			
37	011501006003	办公室二文件柜	1. 台柜规格：2200 mm×2600 mm×600 mm(长、高、厚) 2. 材料种类、规格：9 mm、12 mm、18 mm 夹板基层，0.8 mm 厚白色防火板饰面、1.0 厚白橡木纹防火板饰面 3. 五金：不锈钢拉手、阻尼缓冲不锈钢门铰	m	4.400			
38	011501008001	走廊装饰柜	1. 台柜规格：1380 mm×1500 mm×400 mm(长、高、厚) 2. 材料种类、规格：18 mm 白橡木免漆板，背面贴 12 mm 玻璃挡板 3. 五金：不锈钢拉手、阻尼缓冲不锈钢门铰	m	1.380			
39	011501020001	服务柜台	1. 台柜规格：5650 mm×800 mm×800 mm(长、高、厚) 2. 柜体材料种类、规格：9 mm、18 mm 夹板基层，1.0 厚樱桃木纹防火板饰面 3. 柜后材料种类、规格：50 mm×50 mm×5 mm 角钢龙骨、15 mm 夹板基层，4.0 厚银灰色铝塑板饰面 4. 台面材料：20 mm 米黄色云石台面 5. 拉丝不锈钢脚线 6. 五金：不锈钢拉手、阻尼缓冲不锈钢抽屉导轨	m	5.650			

续表

序号	项目编码	项目名称	项目特征描述	计量单位	工程量	金额/元		
						综合单价	合价	其中 暂估价
40	011505001001	洗手台	1. 材料品种、规格、颜色：黑金砂花岗岩 20 mm 2. 支架、配件品种、规格：38 mm×38 mm×1.0 mm 不锈钢支架 3. 其他：综合考虑石材开孔及磨边	m^2	1.210			
41	011505010001	镜面玻璃	镜面玻璃品种、规格：车边银镜、5 mm 厚	m^2	2.310			
		第十六章 拆除工程						
42	011601001001	砖砌体拆除	1. 砌体名称：砌块墙 2. 砌体材质：实心砖 3. 拆除废料外运	m^3	0.892			
43	011604001001	楼地面抹灰层拆除	1. 拆除部位：楼地面 2. 抹灰层种类、厚度：水泥砂浆结合层、饰面灰 3. 拆除废料外运	m^2	181.500			
44	011604002001	墙面抹灰层拆除	1. 拆除部位：墙面 2. 抹灰层种类、厚度：水泥砂浆结合层、饰面灰 3. 拆除废料外运	m^2	321.950			
45	011610002001	玻璃组合门拆除	1. 门类型：玻璃组合门 2. 拆除废料外运	m^2	10.560			
		措施项目						
	AQFHWMSG	绿色施工安全防护措施费						
46	粤 011701012001	墙柱面活动脚手架	墙柱面活动脚手架	m^2	525.671			
47	粤 011701012002	天棚活动脚手架	天棚活动脚手架	m^2	209.847			

表-08　分部分项工程和单价措施项目清单与计价表

工程名称：景柏湾社区服务中心装修工程(装饰部分)　　　　第 6 页　共 8 页

序号	项目编码	项 目 名 称	项目特征描述	计量单位	工程量	金额/元		
						综合单价	合价	其中 暂估价
48	011707001001	按系数计算的绿色施工安全防护措施费(包括绿色施工、临时设施、安全施工和用工实名管理)		项	56501.79			
	QTCSF	其他措施项目费						
49	粤011703002001	单独装饰装修工程垂直运输	人工垂直运输、水泥、3 层以内	t	1.250			
50	粤011703002002	单独装饰装修工程垂直运输	人工垂直运输、中砂、3 层以内	m^3	0.100			
51	粤011703002003	单独装饰装修工程垂直运输	人工垂直运输、碎石、3 层以内	m^3	0.800			
52	粤011703002004	单独装饰装修工程垂直运输	人工垂直运输、砌块、3 层以内	m^3	0.200			
53	粤011703002005	单独装饰装修工程垂直运输	人工垂直运输、陶瓷面砖、3 层以内	m^2	121.000			
54	粤011703002006	单独装饰装修工程垂直运输	人工垂直运输、金属板、3 层以内	m^2	59.000			
55	粤011703002007	单独装饰装修工程垂直运输	人工垂直运输、涂料、防火、防水等材料，3 层以内	t	0.504			
56	粤011703002008	单独装饰装修工程垂直运输	人工垂直运输、砂浆、3 层以内	t	13.200			
57	粤011703002009	单独装饰装修工程垂直运输	人工垂直运输、建筑废料、3 层以内	m^3	6.745			
58	粤011703002010	单独装饰装修工程垂直运输	人工垂直运输、胶合板、3 层以内	m^2	187.500			
59	粤011703002011	单独装饰装修工程垂直运输	人工垂直运输、玻璃、3 层以内	m^2	18.500			
60	粤011703002012	单独装饰装修工程垂直运输	人工垂直运输、石板材、3 层以内	m^2	7.300			
61	粤011703002013	单独装饰装修工程垂直运输	人工垂直运输、铝合金门窗、3 层以内	m^2	22.000			
62	CSQTFY001	其他费用		项	1.000			
合计								

表-12　其他项目清单与计价汇总表

工程名称：景柏湾社区服务中心装修工程(装饰部分)　　　　第7页　共8页

序号	项目名称	金额/元	结算金额/元	备注
1	暂列金额	10000.00		
2	预算包干费			按分部分项的人工费与施工机具费之和的7.00%计算
3	其他费用			
	总计			

表-13　税金项目计价表

工程名称：景柏湾社区服务中心装修工程(装饰部分)　　　　第8页　共8页

序号	项目名称	计算基础	计算基数	计算费率/(%)	金额/元
1	增值税销项税额	税前工程造价		9	
	合计				

（二）工程投标报价

编制工程投标报价，需掌握和熟悉的有关编制依据和编制方法如下。

1. 编制依据

工程投标报价编制依据如下：

(1) 工程招标文件；

(2)《建设工程工程量清单计价规范》(GB50500-2013)、《房屋建筑与装饰工程工程量计算规范》(GB50854-2013)；

(3) 招标人提供的设计图纸及有关的技术说明书等；

(4) 工程所在地现行的综合定额、行业预算定额及与之配套执行的各种造价信息、规定等；

(5) 招标人书面答复的有关资料；

(6) 类似工程的成本核算资料；

(7) 国家或省级、行业建设主管部门颁发的计价定额，或施工企业自编的计价定额；

(8) 工程量清单及其补充通知、答疑纪要；

(9) 建设工程设计文件及相关资料；

(10) 施工现场情况、工程特点及拟定的投标施工组织设计或施工方案；

(11) 与建设项目相关的标准、规范等技术资料；

(12) 市场价格信息或工程造价管理机构发布的工程造价信息；

(13) 其他与报价有关的各项政策、规定及有关技术或经济指标系数等。

在投标报价的计算过程中，对于不可预见费用的计算必须慎重考虑，不要遗漏。

2. 编制方法

(1) 严格按照招标人提供的工程量清单填报价格，所填写的项目编码、项目名称、项目特征描述、计量单位、工程量必须与招标人提供的一致。

(2) 分部分项工程费应包括完成该项目所需的人工费、材料费、施工机械使用费、企业管理费和利润，以及一定范围内的风险费用，并按招标文件中分部分项工程量清单项目特征描述计算确定综合单价，且应考虑招标文件中要求投标人承担的风险费用。

(3) 招标文件中提供了暂估单价的材料，应按暂估的单价计入综合单价。

(4) 措施项目费应根据招标文件中的措施项目清单及投标时拟定的施工组织设计或施工方案确定。凡是可以计算工程量的措施项目，应按分部分项工程是清单的方式采用综合单价计价；不能计算工程量的措施项目可以"项"为单位的方式计价，应包括除规费、税金之外的全部费用。但要注意绿色施工安全防护措施费应按照国家或省级、行业主管部门的规定计价，不得作为竞争性费用。

(5) 工程招标文件或工程量清单总说明中明确不作为投标竞争的费用(如绿色施工安全防护措施费、暂列金额)应按招标人所列的金额填写，不可更改。

(6) 材料暂估价应按招标人所列出的单价计入综合单价，其价款不在其他项目费中汇专业工程暂估价应按招标人列出的金额填写。

(7) 计日工按招标人在其他项目清单中列出的项目和数量，投标人自主确定综合单价并计算计日工费用。

(8) 总承包服务费根据招标文件中列出的内容和提出的要求自主确定。

(9) 规费和税金应按规定的计算基础和费率计算。

3. 实践中的投标报价

一般的投标报价工作分为两步，第一步是编制该工程正常的施工图预算，第二步是确定投标报价。

(1) 正常施工图预算的编制。

这是报价工作的基础，必须做好。其编制要点如下。

①领取招标文件后，对招标文件、施工设计图、工程量清单进行对照检查，或进行现场勘察等，详细了解本工程的施工范围、工程特点、施工现场条件、分部分项工程项目的具体施工做法等。

②根据施工现场情况、工程特点等拟定及编制投标施工组织设计或施工方案。

③根据工程专业，除执行《建设工程工程量清单计价规范》(GB50500-2013)、《房屋建筑与装饰工程工程量计算规范》(GB50854-2013)外，还可选择国家或省级、行业建设主管部门颁发的计价定额。本工程执行《广东省房屋建筑与装饰工程综合定额(2018)》和《广东省房屋建筑与装饰工程综合定额(2010)》及其配套计价规定等。

确定工程专业最直接的方法为：根据招标工程量清单之分部分项工程和单价措施项目单价与计价表中[项目编码]的第一、二位代码可得出其工程专业(01-房屋建筑与装饰工程；02-仿古建筑工程；03-通用安装工程；04-市政工程；05-园林绿化工程；06-矿山工程；07-构筑物工程；08-城市轨道交通工程；09-爆破工程)。

④将招标工程量清单之分部分项工程和单价措施项目单价及计价表的各项目[项目编码]对应的[项目特征描述]，与《房屋建筑与装饰工程工程量计算规范》(GB50854-2013)的[项目特征描述]、[工作内容]、设计施工图对应的施工做法、《广东省房屋建筑与装饰工程综合定额(2018)》相应定额子目的工作内容等对照，拟定该清单项目综合单价组价的定额子目。

实例：011102003002[项目编码]、600×600 抛光砖地面[项目名称]、“1. 找平层厚度、砂浆配合比：50 mm 厚 1：3 干硬性水泥砂浆；2. 结合层厚度、砂浆配合比：5 mm 厚 42.5 号水泥加界面剂；3. 面层材料品种、规格、颜色：抛光砖 600×600；4. 嵌缝材料：白水泥”[项目特征描述]，对照设计施工图该项目的施工做法，初步拟定其项目综合单价由水泥砂浆找平、陶瓷地砖块料面层两个定额子目组成。

⑤计算工程量。

计算工程量包括两个步骤，一是按设计施工图、依据《房屋建筑与装饰工程工程量计算规范》(GB50854-2013)对招标文件提供的工程量清单各清单项目进行核对计算，即清单工程量计算。

二是对各清单项目拟定其项目综合单价组成计价的定额子目工程量进行二次计算，即计价工程量计算，依据《广东省房屋建筑与装饰工程综合定额(2018)》的章说明及其工程量计算规则计算。

经比较，绝大部分的清单工程量与计价工程量计算规则是相同的，小部分不同，甚至计量单位也不同(如其他装饰的柜类、货架计量单位是个或 m 或 m^3，而定额子目的计算单位则是：柜的计量单位是 m^2、台的计量单位是 m)。

工程量的计算可采用普通的手工计算，或用工程造价工程量计算软件计算。

实例：

a. 01110203002 编码、600×600 抛光砖地面清单项目，清单工程量为 192.88 m^2，综合单价由两个定额子目组价，按《广东省房屋建筑与装饰工程综合定额(2018)》的工程量计算规则计算 A1-12-1 找平层、A1-12-74 陶瓷地砖块料面层的工程量是 194.17 m^2。

b. 011106002001 编码、块料楼梯面层清单项目，清单工程量为 5.76 m^2，综合单价由三个定额子目组价，按《广东省房屋建筑与装饰工程综合定额(2018)》的工程量计算规则计算 A1-12-4 找平层、A1-12-77 楼梯铺陶瓷地砖的工程量是 5.76 m^2、A1-16-203 石材开防滑槽的工程量为 12.2 m。

c. 011204003001 编码、卫生间墙面清单项目，清单工程量为 38.00 m^2，综合单价由两个定额子目组价，按《广东省房屋建筑与装饰工程综合定额(2018)》的工程量计算规则计算 A1-13-1 找平层、A1-13-154 水泥砂浆墙面贴陶瓷面砖的工程量是 39.67 m^2(墙面镶贴块料有吊顶天棚时，如设计图示高度为室内地面或楼面至天棚底时，则高度由室内地面或楼面计至吊顶天棚另加 100 mm)。

d. 011302001003 编码、吊顶天棚(600×600 铝扣板)清单项目，清单工程量为 35.01 m^2，综合单价由两个定额子目组价，按《广东省房屋建筑与装饰工程综合定额(2018)》的工程量计算规则计算 A1-14-39 龙骨工程量为 35.01 m^2，A1-14-133 方形铝扣板面层的工程量是 34.6 m^2。

e. 011501020001 编码、服务柜台(正面为型钢龙骨、夹板底架、铝塑板面；台背面为夹板底架、防火板饰面、云石台面)清单项目，清单工程量为 5.65 m，综合单价由四个定额子目组价，按《广东省房屋建筑与装饰工程综合定额(2018)》和《广东省房屋建筑与装饰工程综合定额(2010)》的工程量计算规则计算 A1-13-213 龙骨工程量为 8.9 m^2，A1-13-220 夹板基层工程量为 8.0 m^2，A1-13-235 铝塑板面层的工程量是 3.37 m^2，A15-70(注：套《广东省房屋建筑与装饰工程综合定额(2010)》)服务台工程量为 5.15 m(按正面中心线长度计算)；同时，也需计算出服务台各种夹板、饰板、板边封条、龙骨重量、柜台配套五金等的工程量。

⑥计价。

计价可以利用市场上流行的工程造价计算软件进行。

a. 依照招标文件提供的工程量清单格式(项目编码、项目名称、项目特征描述、计量单位及工程量等五大内容的文字及其数值必须一致)编制分部分项工程和单价措施项目清单与计价表(一般计价软件在选择计价规范、综合定额后，会弹出清单项目、清单项目综合单价可能组成的定额子目列表供点击选择)，完成工程量清单所有分部分项工程和措施项目清单的录入后，再输入各项目的清单工程量、项目综合组成的定额子目的工程量，再按项目特征描述和施工设计图的施工做法，对组价的定额子目进行必要的调整(如人工系数、配合比及其厚度、有关材料消耗量、材料的增加或删除、材料规格的修改、砂浆及混凝土搅拌方式)。

实例：

011501020001 编码、服务柜台(柜台正面为型钢龙骨、夹板底架、铝塑板面；柜台背面为夹板底架、防火板饰面、云石台面)清单项目，清单工程量为 5.65 m。

柜台正面套《广东省房屋建筑与装饰工程综合定额(2018)》，综合单价由三个定额子目组价，A1-13-213 龙骨，计量单位是 100 m^2、工程量为 8.9 m^2，而计算出的角钢龙骨重量为 256.0 kg，按计价规则需对子目中角钢消耗量进行调整，消耗量改为 3044.0 kg/100 m^2；A1-13-220 夹板基层，计量单位是 100 m^2、工程量为 8.0 m^2；A1-13-235 铝塑板面层，计量单位是 100 m^2、工程量是 3.37 m^2，按计价规则修改铝塑板规格，同时增加拉丝不锈钢踢脚线主材，消耗量为 16.8 m^2/100 m^2。

柜台背面套《广东省房屋建筑与装饰工程综合定额(2010)》，综合单价为单个定额子目 A15-70，计量单位为 m、工程量为 5.15 m(按正面中心线长度计算)，按计价规则调整如下材料的消耗量：9 mm 夹板 2.471 m^2/m、18 mm 夹板 4.394 m^2/m、1 mm 樱桃木纹防水饰板 2.659 m^2/m、9 mm 板边封条 6.536 m/m、20 mm 板边封条 8.875 m/m、不锈钢拉手 2.92 个/m、不锈钢阻尼缓冲抽屉导轨 3.89 副/m、20 mm 米黄云石板 0.93m^2/m。

b. 绿色施工安全防护措施费的报价。绿色施工安全防护措施费一般由钢筋混凝土的模板、支撑、脚手架费和按系数计算的绿色施工安全防护措施费(包括绿色施工、临时设施、安全施工和用工实名管理)等组成，其费用一般不作为投标竞争费用，即需按招标工程量清单列出的金额报价，方法有两种：一是钢筋混凝土的模板、支撑、脚手架费不报价，而是在按系数计算的绿色施工安全防护措施费(包括绿色施工、临时设施、安全施工和用工实名管理)费用中采用直接输入，金额采用招标工程量清单所列金额；二是钢筋混凝土的模板、支撑、脚手架费按招标工程量清单所列的项目和数量计价，后在按系数计算的绿色施工安全防护措施费(包括绿色施工、临时设施、安全施工和用工实名管理)费用中采用直接输入，输入的金额＝招标工程量清单所列金额一(模板、支撑、脚手架费)合计的计价金额。

本案例采用方法二,模板、支撑、脚手架费计价,合计金额为2222.46元,按招标工程量清单所列绿色施工安全防护措施费不作为投标竞争费用,则按系数计算的绿色施工安全防护措施费=9758.38−2222.46=7535.92(元)。

c. 其他项目清单与计价、税金项目计价。按招标工程量清单所列的项目、计算基础、费率等计算。注意暂列金额是不作为投标竞争费用的,应按招标工程量清单所列的金额填写。

d. 完成上述所有工作,然后列出或打印承包人提供主要材料和工程设备一览表,按表中所列的人工、材料和工程设备查询其当地最新的信息价格或市场价格,在预算上输入人工、材料和工程设备的价格后,点计算,进入单位工程计价汇总,最后得出本工程量正常施工图预算(投标原始价)。

e. 对正常施工图预算(投标原始价)进行详细审查,结果与招标控制价对比,如两者相差超过±3%,再次深入审查;最终结果中,如施工图预算高出招标控制价,则可能招标控制价已进行了一定幅度的下浮,或咨询招标人有无此操作。

(2) 确定投标报价。

①投标报价的要点。

投标报价的目的就是要获得工程施工的资格,报出本企业拟定的施工合同价。报价要点如下。

a. 计算本工程施工的实际施工成本。

要做到能正确计算,第一,需平时善于积累和运用各项技术经济指标。这项工作主要是把自己过往的每一项投标报价资料,按不同的结构类型分别加以分析解剖,统计出各项技术经济指标,如工程内容、工作量、结构特征、实物指标(主要材料)、货币指标(综合造价和单位造价)和形象化指标(占直接费的百分)等。第二,利用积累的各项目施工的人工成本,如钢筋混凝土项目制作安装人工费/t、安装拆除模板人工费/m^2、浇筑混凝土人工费/m^3、砌筑墙体人工费/m^3、铺贴地砖人工费/m^2等。第三,了解工程造价管理部门颁发的材料价格与市场真实价格的差异或差异幅度。

通过这些工作,最大限度计算出完成招标工程量清单中的所有施工项目所需的人工、材料、机械设备(主要电、燃油、施工机械维修及折旧摊销费)、管理费、税金、暂列金额、有关风险等全部成本。

将自编的施工图预算与实际施工成本比较,了解完成本工程的大致利润。

b. 根据工程特点、实际情况、招标文件的评标方法、工程施工做法、施工方案、实际施工成本、参加本次招投标的施工企业实力等,以既能中标又能利润最大化为目标确定报价金额。

故此,确定投标报价时,需了解本地区近段时间同类工程采用该评标方法中标的下浮幅度,以此为参考估计该工程各企业投标报价下浮率,最终确定拟定投标报价金额。

本工程在市区、工程规模小、分项工程项目多、施工做法简单,招标控制价264565.32元,经计算实际施工成本约23.5元,采用综合评分评标方法(其中商务标满分45分,技术标满分35分,报价满分20分(按合格报价的各投标报价计算评标基准价,以谁最接近评标基准价为最高得分,其余的则按名次减2分(在评标基准价之下)或减3分(在评标基准价之上),以此类推),各参投施工企业实力平均,本公司实力属平均偏上水平,同时,统计本地区同类工程采用综合评分评标方法的招投标平均中标降幅3%左右,故投标报价采用下浮3%,即25.7万左右报价。只要做好商务标书及技术标书,该评标办法对本公司有利。

c. 计算拟定投标报价下浮率,计算公式为投标下浮率=(1−(拟定报价金额−绿色施工安全防护措施费−暂列金额)/(招标控制价金额−绿色施工安全防护措施费−暂列金额))×100%。

d. 以此下浮率,对"分部分项工程和单价措施项目清单与计价表"的各项目按投标报价技巧与策略,采用平均或不平衡分摊(调整),最终使单位工程计价汇总所列的工程造价金额与拟定的投标报价金额大体一致,形成投标报价书。

最终结果:投标报价257133.35元,其中绿色施工安全防护措施费9758.38元,暂列金额10000.00元。

②报价技巧与策略。

a. 本单位现阶段任务不足或对某一工程有兴趣时，报价应适当降低，反之报价可适当高些，即取所谓的“陪标标价”。

b. 对于一般性的工程，由于一般单位都能施工，其报价可适当低些；而对于特殊工程，由于一般单位较难施工，其报价可适当高些。

c. 对工程量大但技术不复杂的工程，报价宜低些，对于技术较复杂或位于偏远地区、施工条件差的工程，报价可高些。

d. 竞争对手多的工程报价宜较低；自己有专长、竞争对手又较少的工程，报价可较高。

e. 对国内建设单位的工程报价宜低些，对外资或中外合资的工程，因现行定额与单价不适用，而且其质量、工期、管理等要求较高，故其报价应适当提高。

f. 针对采用以最低合理报价的评标办法有利。至于对某一具体工程，究竟以什么样的标价作为投标的正式报价，则应由决策人根据竞争情况和自身条件作出决策。

g. 确定项目综合单价的技巧。

在一项工程报价中，确定拟投标报价总金额后，在投标总价不变的情况下，每个综合单价的高低要根据具体情况来确定，即通常所说的不平衡报价。通过不平衡报价，有意识地对投标者进行不平衡分配，从而使施工企业加快收回工程费用，增加流动资金，同时尽可能获得较高的利润。

（三）投标报价的工程量清单

（1）封面（略）。

（2）扉页面（略）。

（3）表-01 总说明。

（4）表-04 单位工程投标报价汇总表。

（5）表-08 分部分项工程和单价措施项目清单与计价表。

（6）表-09 综合单价分析表（略）。

（7）表-12 其他项目清单与计价汇总表。

（8）表-12-1 暂列金额明细表。

（9）表-13 税金项目计价表。

（10）表-21 承包人提供主要材料和工程设备一览表（略）。

表-01　总说明

工程名称：景柏湾社区服务中心装饰工程（装饰部分）

一、工程概况

本工程为钢筋混凝土剪力墙结构，两层，层高 3.0 m，建筑面积 206.6 m^2，业主为某街道办。

本工程招投标范围：在一、二层按新房间布局，完成拆除原有部分砖砌内间墙，门窗、楼地面及墙面原砂浆抹灰，天棚原有面层清扫等工作后，要求按照管委会的统一风格装饰，施工做法详见施工图、设计说明及工程量清单。

二、工程招标和分包范围

（1）工程招标范围：施工图范围内的装饰装修工程，详见工程量清单。

（2）分包范围：无分包工程。

三、投标报价编制依据

（1）招标文件、招标工程量清单和有关报价要求，招标文件的补充通知和答疑纪要；景柏湾社区服务中心装修工程（装饰部分）施工图。

（2）施工图及投标施工组织设计。

（3）《建设工程工程量清单计价规范》（GB50500-2013）、《房屋建筑与装饰工程工程量计算规范》（GB50854-2013）以及有关的技术标准、规范和安全管理规定等。

（4）《广东省房屋建筑与装饰工程综合定额（2018）》《广东省房屋建筑与装饰工程综合定额（2010）》和计价办法及相关计价文件。

(5) 人工、材料价格根据广东省江门工程造价管理机构公布招投标期间前最新月份“江门市建筑工程造价信息人工材料信息价”及市场价。

四、其他需要说明的问题

(1) 承包人按施工图的做法要求完成本工程招标工程量清单的分部分项工程项目的内容。

(2) 其他详见招标文件、招标工程量清单。

表-04　单位工程投标报价汇总表

工程名称:景柏湾社区服务中心装修工程(装饰部分)　　　　第1页　共10页

序号	汇总内容	金额/元	其中:暂估价/元
1	分部分项工程费	208299.80	
1.1	第四章　砌筑工程	1437.72	
1.2	第八章　门窗工程	24754.94	
1.3	第九章　屋面及防水工程	1452.14	
1.4	第十一章　楼地面装饰工程	41620.82	
1.5	第十二章　墙、柱面装饰与隔断、幕墙工程	43423.53	
1.6	第十三章　天棚工程	15967.27	
1.7	第十四章　油漆、涂料、裱糊工程	17199.39	
1.8	第十五章　其他装饰工程	56036.87	
1.9	第十六章　拆除工程	6407.12	
2	措施项目费	13546.36	
2.1	绿色施工安全防护措施费	9758.38	
2.2	其他措施项目费	3787.98	
3	其他项目费	14055.81	
3.1	暂列金额	10000.00	
3.2	预算包干费	4055.81	
4	税前工程造价	235901.97	
5	增值税销项税额	21231.18	
6	工程造价	257133.15	
7	其中:人工费	59547.16	
投标报价合计		257133.15	

表-08　分部分项工程和单价措施项目清单与计价表

工程名称:景柏湾社区服务中心装修工程(装饰部分)　　　　第2页　共10页

序号	项目编码	项目名称	项目特征描述	计量单位	工程量	金额/元		
						综合单价	合价	其中 暂估价
		第四章　砌筑工程					1437.72	
1	010401012001	卫生间蹲位	卫生间蹲位(砖砌)	个	2.000	718.86	1437.72	
		第八章　门窗工程					24754.94	

续表

序号	项目编码	项目名称	项目特征描述	计量单位	工程量	金额/元		
						综合单价	合价	其中 暂估价
2	010802001001	铝合金玻璃推拉门	1. 门代号及洞口尺寸:M2423 2. 门框尺寸:70 mm×35 mm 3. 门框、扇材质:铝合金型材 4. 玻璃品种、厚度:6 mm厚钢化玻璃	m^2	5.520	256.00	1413.12	
3	010802001002	铝合金平开玻璃门	1. 门代号及洞口尺寸:M0722 2. 门框尺寸:70 mm×35 mm 3. 门框、扇材质:铝合金型材 4. 玻璃品种、厚度:6 mm厚普通玻璃	m^2	3.080	293.00	902.44	
4	010802001003	12 mm钢化玻璃地弹门	1. 门代号及洞口尺寸:M1523 2. 门框、扇材质:铝合金型材 3. 玻璃品种、厚度:12 mm厚钢化玻璃	m^2	3.450	628.67	2168.91	
5	010802001004	单扇不锈钢平开门	1. 门代号及洞口尺寸:M0822 2. 门框、扇材质:不锈钢型材	m^2	1.760	750.00	1320.00	
6	010802001005	铝合金平开双层玻璃门	1. 门代号及洞口尺寸:M1523、M1022 2. 门框尺寸:150 mm×44 mm×2.0 mm 3. 门框、扇材质:铝合金方管 4. 玻璃品种、厚度:6 mm厚双层钢化玻璃(内嵌不锈钢片百叶)	m^2	7.850	741.00	5816.85	
7	010802001006	12 mm钢化玻璃平开门	1. 门代号及洞口尺寸:M1022 2. 门框尺寸:150 mm×44 mm×2.0 mm 3. 门框、扇材质:铝合金方管 4. 玻璃品种、厚度:12 mm厚钢化玻璃	m^2	4.400	293.00	1289.20	
8	010807001001	12 mm钢化玻璃固定窗	1. 窗洞口尺寸:650 mm×1800 mm、3300 mm×1800 mm 2. 窗框尺寸:100 mm×50 mm×2.0 mm 3. 框、扇材质:铝合金型材 4. 玻璃品种、厚度:12 mm钢化玻璃 5. 固定肋:12 mm钢化玻璃、宽150 mm	m^2	7.110	288.39	2050.45	

续表

序号	项目编码	项 目 名 称	项目特征描述	计量单位	工程量	金额/元		
						综合单价	合价	其中 暂估价
9	010807001002	铝合金推拉窗	1. 窗洞口尺寸:2950 mm×1500 mm、5600 mm×1500 mm 2. 窗框材质:铝合金窗型材 3. 玻璃品种、厚度:6 mm 厚钢化玻璃	m^2	17.250	265.00	4571.25	
10	010807005001	不锈钢防盗网	1. 类型:不锈钢防盗网 2. 框、扇材质:详见设计图	m^2	17.250	235.00	4053.75	
11	010809004001	石材窗台板	1. 黏结:建筑胶 2. 窗台板材质:深啡网大理石 20 mm	m^2	1.521	481.29	732.04	
12	010810003001	窗帘盒	1. 规格:200 mm×200 mm 2. 材质:18 mm 难燃夹板 3. 其他要求:面漆灰黑色手扫漆	m	5.450	80.17	436.93	
		第九章 屋面及防水工程					1452.14	
13	010904002001	卫生间防水	1. 防水膜品种:聚氨酯涂膜防水 2. 涂膜厚度、遍数:2 mm、两遍 3. 部位:卫生间地面(上墙 500 mm 高)	m^2	17.072	85.06	1452.14	

表-08 分部分项工程和单价措施项目清单与计价表

工程名称:景柏湾社区服务中心装修工程(装饰部分)　　　　第 3 页　共 10 页

序号	项目编码	项 目 名 称	项目特征描述	计量单位	工程量	金额/元		
						综合单价	合价	其中 暂估价
		第十一章 楼地面装饰工程					41620.82	
14	011102003001	300 mm×300 mm 防滑砖地面	1. 工程部位:首层卫生间 2. 找平层厚度、砂浆配合比:20 mm 厚 1∶2 水泥砂浆 3. 结合层厚度、砂浆配合比:25 mm 厚 1∶2.5 水泥砂浆 4. 面层材料品种、规格、颜色:防滑砖 300 mm×300 mm	m^2	4.356	110.88	482.99	

续表

序号	项目编码	项目名称	项目特征描述	计量单位	工程量	金额/元		
						综合单价	合价	其中
								暂估价
15	011102003003	300 mm×300 mm 防滑砖地面	1. 工程部位:二层卫生间 2. 蹲位台挡基:M7.5 水泥石灰砂浆 1/2 砖厚灰砂砖,高 267 mm 3. 填充层:217 厚轻持陶粒 4. 找平层(1)厚度、材料:50 mm 厚细石混凝土 C20 5. 找平层(2)厚度、砂浆配合比:20 mm 厚 1∶2 水泥砂浆 6. 结合层厚度、砂浆配合比:20 mm 厚 1∶2.5 水泥砂浆 7. 面层材料品种、规格、颜色:防滑砖 300 mm×300 mm	m^2	4.356	166.26	724.23	
16	011102003002	600 mm×600 mm 抛光砖地面	1. 找平层厚度、砂浆配合比:50 mm 厚 1∶3 干硬性水泥砂浆 2. 结合层厚度、砂浆配合比:5 mm 厚 42.5 号水泥加界面剂 3. 面层材料品种、规格、颜色:抛光砖 600 mm×600 mm 4. 嵌缝材料:白水泥	m^2	192.880	183.02	35300.90	
17	011105003001	块料踢脚线	1. 部位:墙脚及楼梯踏步三角位 2. 踢脚线高度:100 mm、0～158 mm 3. 粘贴层厚度、材料种类:1∶2.5 水泥砂浆 4. 面层材料品种、规格、颜色:抛光砖 100 mm×800 mm	m^2	14.440	187.10	2701.72	
18	011106002001	块料楼梯面层	1. 找平层厚度、砂浆配合比:50 mm 厚 1∶3 干硬性水泥砂浆 2. 结合层厚度、砂浆配合比:5 mm 厚 42.5 号水泥加界面剂 3. 面层材料品种、规格、颜色:抛光砖梯级砖 600 mm×600 mm 4. 防滑条:抛光砖面开缝 6 mm×5 mm 三道	m^2	5.760	318.74	1835.94	
19	011108001001	橘红色花岗岩门槛石	1. 找平层厚度、砂浆配合比:45 mm 厚 1∶3 干硬性水泥砂浆 2. 结合层厚度、砂浆配合比:5 mm 厚 42.5 号水泥加界面剂 3. 面层材料品种、规格、颜色:橘红色花岗岩 4. 嵌缝材料:白水泥	m^2	2.144	268.21	575.04	

续表

序号	项目编码	项目名称	项目特征描述	计量单位	工程量	金额/元		
						综合单价	合价	其中 暂估价
		第十二章 墙、柱面装饰与隔断、幕墙工程					43423.53	
20	011201001001	墙面一般抹灰	1. 墙体类型:砌块墙 2. 底层厚度、砂浆配合比:20 mm厚1∶2水泥砂浆 3. 面层厚度、砂浆配合比:10 mm厚1∶2水泥砂浆	m^2	399.680	44.01	17589.92	

表-08 分部分项工程和单价措施项目清单与计价表

工程名称:景柏湾社区服务中心装修工程(装饰部分)　　　　第4页　共10页

序号	项目编码	项目名称	项目特征描述	计量单位	工程量	金额/元		
						综合单价	合价	其中 暂估价
21	011204003001	卫生间墙面	1. 墙体类型:内墙 2. 安装方式:镶贴 3. 找平层厚度、配合比:20 mm厚1∶2.5水泥砂浆 4. 结合层厚度、配合比:5 mm厚42.5号水泥 5. 面层材料品种、规格、颜色:白色300 mm×600 mm瓷片 6. 缝宽、嵌缝材料种类:白水泥勾缝	m^2	38.000	180.00	6840.00	
22	011204003002	块料墙面	1. 墙体类型:内墙 2. 安装方式:镶贴 3. 找平层厚度、配合比:20 mm厚1∶2.5水泥砂浆 4. 结合层厚度、配合比:5 mm厚42.5号水泥 5. 面层材料品种、规格、颜色:仿石(深啡网)抛光砖 6. 缝宽、嵌缝材料种类:白水泥勾缝	m^2	2.088	181.68	379.35	
23	011207001001	墙面装饰板	1. 龙骨材料种类、规格、中距:木方龙骨30 mm×40 mm 2. 基层材料种类、规格:难燃夹板9 mm 3. 面层材料品种、规格、颜色:米黄色铝塑板、银灰色铝塑板4 mm	m^2	12.865	275.61	3545.72	

续表

序号	项目编码	项目名称	项目特征描述	计量单位	工程量	金额/元		
						综合单价	合价	其中 暂估价
24	011207001002	埃特板包下水管	1. 龙骨材料种类、规格、中距:∟40×4角钢龙骨 2. 基(面)层材料种类、规格:埃特墙板18 mm 3. 面层材料品种、规格、颜色:面刷乳胶漆两遍	m^2	26.390	150.07	3960.35	
25	011207001003	下水管包隔音棉	下水管包隔音棉	m^2	22.011	41.11	904.87	
26	011210003001	双层钢化玻璃隔断	1. 边框材料种类、规格:75 mm×44 mm×2.0 mm铝方管 2. 玻璃品种、规格、颜色:6 mm双层钢化玻璃(内嵌不锈钢片百叶)	m^2	17.370	422.20	7333.61	
27	011210003002	钢化玻璃隔断	1. 边框材料种类、规格:75 mm×44 mm×2.0 mm铝方管 2. 玻璃品种、规格、颜色:12 mm钢化玻璃	m^2	5.830	354.62	2067.43	
28	011210006001	埃特板隔断	1. 龙骨材料种类、规格、中距:木方龙骨30 mm×30 mm 2. 基(面)层材料种类、规格:埃特板12 mm	m^2	3.120	257.14	802.28	
		第十三章 天棚工程					15967.27	
29	011302001001	吊顶天棚	1. 龙骨材料种类、规格、中距:轻钢天棚龙骨 2. 面层材料品种、规格:80 mm×80 mm U形铝条天花 3. 面处理:喷木色漆	m^2	37.160	228.11	8476.57	
30	011302001002	吊顶天棚	1. 龙骨材料种类、规格、中距:轻钢天棚龙骨 2. 面层材料品种、规格:铝扣板、300 mm×300 mm×0.6 mm 3. 收边:∟20×2铝角线	m^2	8.712	139.28	1213.41	
31	011302001003	吊顶天棚	1. 龙骨材料种类、规格、中距:轻钢天棚龙骨 2. 面层材料品种、规格:铝扣板、600 mm×600 mm×0.8 mm 3. 收边:50 mm实木角线(扫白色手扫漆)	m^2	35.010	179.30	6277.29	

表-08　分部分项工程和单价措施项目清单与计价表

工程名称:景柏湾社区服务中心装修工程(装饰部分)　　　　第5页　共10页

序号	项目编码	项目名称	项目特征描述	计量单位	工程量	金额/元		
						综合单价	合价	其中 暂估价
		第十四章　油漆、涂料、裱糊工程					17199.39	
32	011406001001	乳胶漆天棚	1. 基层类型:天棚一般抹灰面 2. 腻子种类:成品腻子粉 3. 刮腻子遍数:两遍 4. 油漆品种、刷漆遍数:白色乳胶漆底一遍、面一遍	m^2	124.458	32.99	4105.87	
33	011406001002	墙面乳胶漆	1. 基层类型:墙面一般抹灰面 2. 腻子种类:成品腻子粉 3. 刮腻子遍数:两遍 4. 油漆品种、刷漆遍数:白色乳胶漆底一遍、面一遍	m^2	399.680	32.76	13093.52	
		第十五章　其他装饰工程					56036.87	
34	011501001001	走廊洗手盆柜台	1. 台柜规格:2050 mm×220 mm×350(600) mm(长、高、厚) 2. 材料种类、规格:12 mm夹板基层,1.0厚白橡木纹防火板饰面 3. 台面材料:20 mm爵士白大理石台面 4. 1.2厚拉丝不锈钢脚线 5. 五金:不锈钢拉手、阻尼缓冲不锈钢门铰	m	4.100	1369.65	5615.57	
35	011501006001	办事大厅文件柜	1. 台柜规格:5150 mm×800 mm×350 mm(长、高、厚) 2. 材料种类、规格:9 mm、15 mm、18 mm夹板基层,0.8 mm厚白色防火板饰面、1.0厚白橡木纹防火板饰面 3. 台面材料:20 mm白沙米黄大石台面 4. 五金:不锈钢拉手、阻尼缓冲不锈钢门铰	m	5.150	676.56	3484.28	

续表

序号	项目编码	项目名称	项目特征描述	计量单位	工程量	金额/元		
						综合单价	合价	其中 暂估价
36	011501006002	办公室文件柜	1. 台柜规格:2400(2100) mm×2400 mm×600 mm(长、高、厚) 2. 材料种类、规格:9 mm、12 mm、18 mm 夹板基层,0.8 mm 厚白色防火板饰面、1.0 厚白橡木纹防火板饰面 3. 五金:不锈钢拉手、阻尼缓冲不锈钢门铰、双趟门导轨(槽)	m	15.900	1676.42	26655.08	
37	011501006003	办公室二文件柜	1. 台柜规格:2200 mm×2600 mm×600 mm(长、高、厚) 2. 材料种类、规格:9 mm、12 mm、18 mm 夹板基层,0.8 mm 厚白色防火板饰面、1.0 厚白橡木纹防火板饰面 3. 五金:不锈钢拉手、阻尼缓冲不锈钢门铰	m	4.400	1940.48	8538.11	
38	011501008001	走廊装饰柜	1. 台柜规格:1380 mm×1500 mm×400 mm(长、高、厚) 2. 材料种类、规格:18 mm 白橡木免漆板,背面贴 12 mm 玻璃挡板 3. 五金:不锈钢拉手、阻尼缓冲不锈钢门铰	m	1.380	1568.62	2164.70	

表-08　分部分项工程和单价措施项目清单与计价表

工程名称:景柏湾社区服务中心装修工程(装饰部分)　　　　第 6 页　共 10 页

序号	项目编码	项目名称	项目特征描述	计量单位	工程量	金额/元		
						综合单价	合价	其中 暂估价
39	011501020001	服务柜台	1. 台柜规格:5650 mm×800 mm×800 mm(长、高、厚) 2. 柜体材料种类、规格:9 mm、18 mm 夹板基层,1.0 厚樱桃木纹防火板饰面 3. 柜后材料种类、规格:50 mm×50 mm×5 mm 角钢龙骨、15 mm 夹板基层,4.0 厚银灰色铝塑板饰面 4. 台面材料:20 mm 米黄色云石台面 5. 拉丝不锈钢脚线 6. 五金:不锈钢拉手、阻尼缓冲不锈钢抽屉导轨	m	5.650	1412.28	7979.38	

续表

序号	项目编码	项目名称	项目特征描述	计量单位	工程量	金额/元 综合单价	合价	其中 暂估价
40	011505001001	洗手台	1. 材料品种、规格、颜色：黑金砂花岗岩 20 mm 2. 支架、配件品种、规格：38 mm×38 mm×1.0 mm 不锈钢支架 3. 其他：综合考虑石材开孔及磨边	m^2	1.210	847.09	1024.98	
41	011505010001	镜面玻璃	镜面玻璃品种、规格：车边银镜、5 mm 厚	m^2	2.310	248.82	574.77	
		第十六章 拆除工程					6407.12	
42	011601001001	砖砌体拆除	1. 砌体名称：砌块墙 2. 砌体材质：实心砖 3. 拆除废料外运	m^3	0.892	173.99	155.20	
43	011604001001	楼地面抹灰层拆除	1. 拆除部位：楼地面 2. 抹灰层种类、厚度：水泥砂浆结合层、饰面灰 3. 拆除废料外运	m^2	181.500	13.40	2432.10	
44	011604002001	墙面抹灰层拆除	1. 拆除部位：墙面 2. 抹灰层种类、厚度：水泥砂浆结合层、饰面灰 3. 拆除废料外运	m^2	321.950	11.35	3654.13	
45	011610002001	玻璃组合门拆除	1. 门类型：玻璃组合门 2. 拆除废料外运	m^2	10.560	15.69	165.69	
		措施项目					13546.36	
	AQFHWMSG	绿色施工安全防护措施费					9758.38	
46	粤 011701012001	墙柱面活动脚手架	墙柱面活动脚手架	m^2	525.671	2.16	1135.45	
47	粤 011701012002	天棚活动脚手架	天棚活动脚手架	m^2	209.847	5.18	1087.01	
48	011707001001	按系数计算的绿色施工安全防护措施费（包括绿色施工、临时设施、安全施工和用工实名管理）		项	7535.920		7535.92	
	QTCSF	其他措施项目费					3787.98	

续表

序号	项目编码	项目名称	项目特征描述	计量单位	工程量	金额/元		
						综合单价	合价	其中 暂估价
49	粤 011703002001	单独装饰装修工程垂直运输	人工垂直运输、水泥、3层以内	t	1.250	99.38	124.23	
50	粤 011703002002	单独装饰装修工程垂直运输	人工垂直运输、中砂、3层以内	m^3	0.100	156.15	15.62	

表-08　分部分项工程和单价措施项目清单与计价表

工程名称：景柏湾社区服务中心装修工程(装饰部分)　　　　第7页　共10页

序号	项目编码	项目名称	项目特征描述	计量单位	工程量	金额/元		
						综合单价	合价	其中 暂估价
51	粤 011703002003	单独装饰装修工程垂直运输	人工垂直运输、碎石、3层以内	m^3	0.800	175.43	140.34	
52	粤 011703002004	单独装饰装修工程垂直运输	人工垂直运输、砌块、3层以内	m^3	0.200	128.30	25.66	
53	粤 011703002005	单独装饰装修工程垂直运输	人工垂直运输、陶瓷面砖、3层以内	m^2	121.000	2.66	321.86	
54	粤 011703002006	单独装饰装修工程垂直运输	人工垂直运输、金属板、3层以内	m^2	59.000	0.87	51.33	
55	粤 011703002007	单独装饰装修工程垂直运输	人工垂直运输、涂料、防火、防水等材料，3层以内	t	0.504	99.38	50.09	
56	粤 011703002008	单独装饰装修工程垂直运输	人工垂直运输、砂浆、3层以内	t	13.200	128.88	1701.22	
57	粤 011703002009	单独装饰装修工程垂直运输	人工垂直运输、建筑废料、3层以内	m^3	6.745	156.15	1053.23	
58	粤 011703002010	单独装饰装修工程垂直运输	人工垂直运输、胶合板、3层以内	m^2	187.500	1.00	187.50	
59	粤 011703002011	单独装饰装修工程垂直运输	人工垂直运输、玻璃、3层以内	m^2	18.500	3.37	62.35	
60	粤 011703002012	单独装饰装修工程垂直运输	人工垂直运输、石板材、3层以内	m^2	7.300	4.85	35.41	
61	粤 011703002013	单独装饰装修工程垂直运输	人工垂直运输、铝合金门窗、3层以内	m^2	22.000	0.87	19.14	
62	CSQTFY001	其他费用		项	1.000			
合计							221846.16	

表-12　其他项目清单与计价汇总表

工程名称:景柏湾社区服务中心装修工程(装饰部分)　　　　第8页,共10页

序号	项 目 名 称	金额/元	结算金额/元	备　注
1	暂列金额	10000.00		
2	预算包干费	4055.81		按分部分项的人工费与施工机具费之和的7.00%计算
3	其他费用			
总计		14055.81		

表-12-1　暂列金额明细表

工程名称:景柏湾社区服务中心装修工程(装饰部分)　　　　第9页　共10页

序号	项 目 名 称	计量单位	暂列金额/元	备　注
1	暂列金额		10000.00	发包人约定金额
合计			10000.00	

表-13　税金项目计价表

工程名称:景柏湾社区服务中心装修工程(装饰部分)　　　　第10页,共10页

序号	项 目 名 称	计 算 基 础	计 算 基 数	计算费率/(%)	金额/元
1	增值税销项税额	税前工程造价	235901.97	9	21231.18
合计					21231.18

三、学习任务小结

通过本节课的学习,同学们全面掌握了室内装饰工程工程量清单和预算报价表的制作方法。通过实际工程案例的展示、分析与讲解,同学们直观地认识了室内装饰工程预算报价表的具体项目和表格内数据的填报方式,也了解了室内装饰工程招投标的全流程。课后,大家还要结合实际的工程项目案例进行进一步的学习,提高室内装饰工程预算报价的实践操作技能。

四、课后作业

根据自己设计的室内设计项目,制作一份预算报价表。

参 考 书 目

[1] 王军霞.建筑工程计量与计价[M].北京:机械工业出版社,2017.

[2] 郭洪武,刘毅.室内装饰工程预算与投标报价[M].3版.北京:中国水利水电出版社,2015.

[3] 刘嘉.装饰工程计量与计价[M].上海:上海交通大学出版社,2017.

[4] 刘晓燕.装饰工程计量与计价[M].天津:天津大学出版社,2016.

[5] 殷会斌,常晓文,罗莉.建筑装饰概预算与招投标[M].天津:天津科学技术出版社,2018.

[6] 孙来忠,王银.建筑装饰工程概预算[M].北京:机械工业出版社,2017.

[7] 陈祖建,等.室内装饰工程概预算与招投标报价[M].北京:电子工业出版社,2016.

[8] 王平.工程招投标与合同管理[M].2版.北京:清华大学出版社,2020.